计算机系列教材

大学信息技术
基础教程（第3版）

安世虎 主编
隋丽红 周恩锋 谭 峤 副主编

清华大学出版社
北京

内 容 简 介

本书是按照大学信息技术基础教育的知识体系和 MS Office 办公软件高级应用能力需求，结合当前计算机发展的状况而编写的。全书内容共分 10 章，包括计算机基础知识、操作系统技术、网络技术、文字处理软件 Word 2016、电子表格软件 Excel 2016、演示文稿软件 PowerPoint 2016、多媒体技术、软件开发技术、信息安全技术、计算机发展新技术。本书配有《大学信息技术基础学习与实验指导教程》（第3版）（书号：9787302669524），帮助学生提高动手能力以及知识的综合运用能力。本书内容翔实、图文并茂，注重基本原理的专业性、基本操作的实用性，适合作为培养应用型人才的本科院校非计算机专业"大学信息技术基础"和"计算机应用基础"课程的教材，也可作为计算机应用培训教材或者读者自学教材。

版权所有，侵权必究。举报：010-62782989，beiqinquan@tup.tsinghua.edu.cn。

图书在版编目（CIP）数据

大学信息技术基础教程 / 安世虎主编；隋丽红，周恩锋，谭峤副主编. -- 3 版. -- 北京：清华大学出版社，2024.8. -- （计算机系列教材）. -- ISBN 978-7-302-67030-8

Ⅰ. TP3

中国国家版本馆 CIP 数据核字第 2024BL0424 号

责任编辑：白立军　薛　阳
封面设计：常雪影
责任校对：李建庄
责任印制：刘海龙

出版发行：清华大学出版社
网　　址：https://www.tup.com.cn，https://www.wqxuetang.com
地　　址：北京清华大学学研大厦 A 座　　　邮　编：100084
社 总 机：010-83470000　　　邮　购：010-62786544
投稿与读者服务：010-62776969，c-service@tup.tsinghua.edu.cn
质量反馈：010-62772015，zhiliang@tup.tsinghua.edu.cn
课件下载：https://www.tup.com.cn，010-83470236

印 装 者：三河市铭诚印务有限公司
经　　销：全国新华书店
开　　本：185mm×260mm　　印　张：22　　字　数：508 千字
版　　次：2014 年 8 月第 1 版　　2024 年 8 月第 3 版　　印　次：2024 年 8 月第 1 次印刷
定　　价：69.80 元

产品编号：105495-01

前　言

信息技术基础知识和计算机应用能力是当代非计算机专业学生的知识结构和能力结构的重要组成部分。为了增加对信息技术基础和计算机发展新技术的学习，强化高版本办公软件的高级应用能力的培养，第3版教程进行了相应修改。

将原教程 Windows 7 的内容替换为 Windows 10 的内容，将文字处理软件 Word 2010、电子表格软件 Excel 2010、演示文稿软件 PowerPoint 2010 的内容替换为文字处理软件 Word 2016、电子表格软件 Excel 2016、演示文稿软件 PowerPoint 2016 的内容。

本教程具有如下特点。

（1）知识体系完整，符合高等学校非计算机专业"大学信息技术基础"课程的基本知识要求，选用隐含计算思维能力培养的案例，引导学生建立基于计算思维的知识体系。

（2）按照应用驱动模式组织教材内容，符合从实践、理论、再实践的认知规律，采用文字、图表相结合的知识表现方式，方便教学和自学。

（3）注重基本原理的专业性、基本操作的实用性，体现"教学做"一体化的教学理念，适合机房教学。

本教程由三部分组成：第一部分是计算机系统与网络，包括计算机基础知识、操作系统技术、网络技术；第二部分是办公信息处理，包括文字处理软件 Word 2016、电子表格软件 Excel 2016、演示文稿软件 PowerPoint 2016；第三部分是计算机应用技术，包括多媒体技术、软件开发技术、信息安全技术、计算机发展新技术。

教学过程中，教师可根据学制、专业、教学时数、教学要求、教学目标等实际情况对讲授内容进行取舍。为了方便学生进行上机操作练习和课后复习，同时也为教师灵活、高效地组织教学提供便利，本书配有《大学信息技术基础学习与实验指导教程》（第3版）（书号：9787302669524）作为配套使用的实验教材。建议本课程按 60~70 学时安排教学，讲课学时与实验学时之比为 1∶1。

参与本书编写的人员均在教学一线，具有丰富的教学经验。各章编写分工如下：第1章由安世虎编写，第2章和第8章由周恩锋编写，第3章和第9章由孙青编写，第4章由谢蕙编写，第5章由谭峤编写，第6章和第10章由朱波编写，第7章由隋丽红编写，全书由安世虎统稿。本书的写作团队根据多年的教学实践，在内容的甄选、全书组织形式等方面既借鉴了同类书的成功经验，也做出了自己的努力。由于信息技术的发展日新月异以及编者学识水平所限，书中难免有疏漏和错误之处，敬请广大读者批评指正。

编　者

2024 年 6 月 20 日

目 录

第一部分 计算机系统与网络

第 1 章 计算机基础知识 ··· 3
  1.1 计算机概述 ·· 3
    1.1.1 现代计算机的发展 ·· 3
    1.1.2 计算机的分类及其特点 ·· 4
    1.1.3 计算机的应用领域 ·· 5
  1.2 计算机系统的组成 ·· 8
    1.2.1 计算机的硬件结构 ·· 8
    1.2.2 计算机的软件 ··· 10
  1.3 计算机信息处理基础 ·· 14
    1.3.1 数制 ·· 14
    1.3.2 数制间的转换 ··· 17
    1.3.3 计算机中数的表示 ··· 20
    1.3.4 信息编码 ··· 22
  1.4 微型计算机的硬件组成 ··· 26
  1.5 计算机常用术语 ·· 35
  1.6 信息科学技术的长期发展趋势 ·· 36
    1.6.1 对信息科学技术认识的转变 ·· 36
    1.6.2 信息科学技术面临的重大突破 ··· 40

第 2 章 操作系统技术 ·· 45
  2.1 操作系统基础 ··· 45
    2.1.1 操作系统的概念与作用 ·· 45
    2.1.2 操作系统的主要功能 ··· 46
    2.1.3 操作系统的分类 ··· 47
    2.1.4 典型操作系统的介绍 ··· 47
  2.2 Windows 10 的操作界面 ··· 49
    2.2.1 Windows 10 的启动与退出 ·· 49
    2.2.2 Windows 10 的操作方式 ··· 50
    2.2.3 Windows 10 的桌面、任务栏和开始菜单 ··································· 52

    2.2.4 Windows 10 的窗口 ·· 56
    2.2.5 Windows 10 的菜单 ·· 59
    2.2.6 Windows 10 的对话框 ·· 59
  2.3 Windows 10 的主要功能 ·· 60
    2.3.1 文件和文件夹管理 ·· 60
    2.3.2 磁盘管理 ·· 70
    2.3.3 程序管理 ·· 71
    2.3.4 任务管理 ·· 74
    2.3.5 设备管理 ·· 75
  2.4 Windows 10 的系统设置 ·· 77
    2.4.1 设置打印机 ·· 78
    2.4.2 设置鼠标与键盘 ·· 78
    2.4.3 设置声音设备 ·· 80
    2.4.4 设置显示属性 ·· 80
    2.4.5 日期、时间和区域语言的设置 ·· 83
    2.4.6 使用管理工具 ·· 86
    2.4.7 备份与还原 ·· 90

第 3 章 网络技术 ·· 93
  3.1 计算机网络基础 ·· 93
    3.1.1 计算机网络的定义 ·· 93
    3.1.2 计算机网络的功能 ·· 93
    3.1.3 计算机网络的分类 ·· 94
    3.1.4 计算机网络的拓扑结构 ·· 94
    3.1.5 网络体系结构 ·· 95
  3.2 局域网 ·· 97
    3.2.1 局域网的传输介质 ·· 97
    3.2.2 局域网的连接 ·· 99
    3.2.3 Windows 10 操作系统下的局域网共享 ··· 101
  3.3 Internet 基础 ··· 104
    3.3.1 Internet 的发展历程及主要功能 ··· 104
    3.3.2 Internet 的地址 ··· 105
  3.4 移动互联网 ·· 108
    3.4.1 移动互联网的定义 ·· 108
    3.4.2 移动互联网的特点 ·· 109
    3.4.3 移动互联网的体系架构 ·· 110
    3.4.4 移动互联网的发展趋势 ·· 111

第二部分　办公信息处理

第 4 章　文字处理软件 Word 2016 … 115
4.1　Word 2016 的主要功能 … 115
4.2　Word 2016 的基本操作 … 118
- 4.2.1　Word 2016 的启动、退出与窗口 … 118
- 4.2.2　文档的创建、保存与打印 … 122

4.3　Word 2016 的文本编辑 … 128
- 4.3.1　文本的选定 … 128
- 4.3.2　删除、复制和移动 … 129
- 4.3.3　撤销和恢复 … 130
- 4.3.4　查找、替换和定位 … 130

4.4　Word 2016 文档的格式设置 … 134
- 4.4.1　视图 … 134
- 4.4.2　字符格式设置 … 135
- 4.4.3　段落格式设置 … 136
- 4.4.4　页面格式设置 … 142

4.5　长文档的编辑 … 146
- 4.5.1　格式重用和模板 … 146
- 4.5.2　划分页面板块 … 148
- 4.5.3　页眉和页脚 … 150
- 4.5.4　插入目录 … 152
- 4.5.5　在文档中添加引用内容 … 153

4.6　表格的操作 … 156
- 4.6.1　创建表格 … 156
- 4.6.2　输入表格内容 … 159
- 4.6.3　编辑表格 … 159
- 4.6.4　表格和文本的转换 … 163
- 4.6.5　表格中数据的排序和计算 … 165

4.7　其他对象的操作 … 166
- 4.7.1　图片 … 167
- 4.7.2　图形 … 170
- 4.7.3　文本框 … 171
- 4.7.4　艺术字 … 171
- 4.7.5　SmartArt 智能图形 … 172
- 4.7.6　公式 … 174

4.8 修订文档与邮件合并 …… 174
    4.8.1 审阅和修订文档 …… 174
    4.8.2 共享文档 …… 176
    4.8.3 邮件合并 …… 178
4.9 在文档中使用宏与控件 …… 184
    4.9.1 使用宏自动化处理文档 …… 184
    4.9.2 使用控件制作交互式文档 …… 187

第5章 电子表格软件 Excel 2016 …… 189

5.1 Excel 2016 的主要功能 …… 189
5.2 Excel 2016 的基本操作 …… 190
    5.2.1 Excel 2016 的启动与退出 …… 190
    5.2.2 工作簿文件的基本操作 …… 192
    5.2.3 工作表的基本操作 …… 192
    5.2.4 单元格的基本操作 …… 195
5.3 工作表的编辑与格式化 …… 195
    5.3.1 数据的输入 …… 195
    5.3.2 数据的类型 …… 195
    5.3.3 数据的编辑 …… 197
    5.3.4 工作表的格式化 …… 200
5.4 公式和函数 …… 204
    5.4.1 单元格引用和区域引用 …… 204
    5.4.2 公式 …… 206
    5.4.3 函数 …… 207
    5.4.4 Excel 常用函数 …… 209
5.5 数据图表 …… 215
    5.5.1 图表结构 …… 215
    5.5.2 创建图表 …… 216
    5.5.3 图表的格式化与编辑 …… 217
5.6 数据管理 …… 220
    5.6.1 数据清单 …… 220
    5.6.2 数据的排序 …… 223
    5.6.3 数据筛选 …… 224
    5.6.4 数据的分类汇总 …… 227
    5.6.5 数据透视表 …… 230
    5.6.6 数据透视图 …… 231
    5.6.7 宏 …… 232

5.7 页面设置与打印 ·············· 235
　　5.7.1 页面设置 ·············· 235
　　5.7.2 打印预览 ·············· 237
　　5.7.3 打印工作表 ·············· 237

第 6 章　演示文稿软件 PowerPoint 2016 ·············· 238
　6.1 PowerPoint 2016 的主要功能 ·············· 238
　6.2 演示文稿的创建及幻灯片内容的编辑 ·············· 239
　　6.2.1 PowerPoint 2016 窗口的组成 ·············· 239
　　6.2.2 新建演示文稿 ·············· 240
　　6.2.3 幻灯片的制作 ·············· 241
　　6.2.4 幻灯片视图 ·············· 246
　　6.2.5 演示文稿的保存和简单放映 ·············· 248
　6.3 幻灯片的改进和美化 ·············· 249
　　6.3.1 幻灯片内容的改进 ·············· 249
　　6.3.2 幻灯片的组织和管理 ·············· 249
　　6.3.3 主题的应用 ·············· 251
　　6.3.4 幻灯片母版的使用 ·············· 254
　　6.3.5 设置占位符格式 ·············· 258
　　6.3.6 添加媒体对象 ·············· 259
　6.4 添加动态效果 ·············· 259
　　6.4.1 设置幻灯片的切换效果 ·············· 260
　　6.4.2 设置幻灯片的动画效果 ·············· 260
　6.5 超链接与动作设置 ·············· 263
　　6.5.1 添加超链接 ·············· 263
　　6.5.2 动作按钮 ·············· 265
　6.6 演示文稿的放映 ·············· 266
　　6.6.1 幻灯片放映的控制 ·············· 266
　　6.6.2 排练计时 ·············· 266
　　6.6.3 录制旁白 ·············· 267
　　6.6.4 自定义放映 ·············· 268
　　6.6.5 设置幻灯片的放映方式 ·············· 269
　6.7 演示文稿的输出 ·············· 270
　　6.7.1 演示文稿的打印 ·············· 270
　　6.7.2 演示文稿的打包 ·············· 272
　　6.7.3 演示文稿的网上发布 ·············· 272

第三部分 计算机应用技术

第7章 多媒体技术 ... 275
7.1 多媒体技术概述 ... 275
7.1.1 多媒体技术的概念 ... 275
7.1.2 多媒体技术的特征 ... 275
7.1.3 多媒体技术研究的内容 ... 276
7.1.4 流媒体技术 ... 276
7.2 多媒体计算机系统的组成 ... 279
7.2.1 多媒体计算机的硬件系统 ... 279
7.2.2 多媒体计算机的软件系统 ... 282
7.3 音频信息 ... 283
7.3.1 数字音频 ... 283
7.3.2 音频文件的格式 ... 283
7.3.3 音频处理软件 ... 284
7.4 图像信息的获取与处理 ... 285
7.4.1 图像文件 ... 285
7.4.2 图像文件的格式 ... 285
7.4.3 图像处理软件 ... 287
7.5 视频信息 ... 287
7.5.1 视频的概念 ... 287
7.5.2 视频文件 ... 288
7.5.3 视频处理软件 ... 289
7.6 多媒体数据的存储技术 ... 289
7.6.1 光存储技术 ... 289
7.6.2 光存储介质 ... 290

第8章 软件开发技术 ... 292
8.1 算法与数据结构 ... 292
8.1.1 算法 ... 292
8.1.2 数据结构 ... 293
8.1.3 线性表 ... 295
8.1.4 树与二叉树 ... 298
8.1.5 查找 ... 301
8.1.6 排序 ... 301
8.2 程序设计基础 ... 303
8.2.1 程序设计风格 ... 303
8.2.2 结构化程序设计 ... 304
8.2.3 面向对象程序设计 ... 305

8.3 软件工程 ·· 306
  8.3.1 软件工程的基本概念 ·· 306
  8.3.2 需求分析及其方法 ··· 309
  8.3.3 软件设计及其方法 ··· 310
  8.3.4 软件测试 ··· 313
  8.3.5 程序调试 ··· 316

第 9 章 信息安全技术 ·· 317
  9.1 信息安全 ·· 317
  9.2 计算机网络安全 ·· 318
  9.3 计算机病毒与防范 ·· 320
    9.3.1 计算机病毒的定义 ··· 320
    9.3.2 计算机病毒的特征 ··· 320
    9.3.3 计算机病毒的危害 ··· 321
    9.3.4 计算机病毒的分类及传播路径 ································ 322

第 10 章 计算机发展新技术 ·· 324
  10.1 大数据 ·· 324
    10.1.1 大数据的概念 ·· 324
    10.1.2 大数据的特征 ·· 324
    10.1.3 大数据处理的流程 ·· 324
    10.1.4 相关技术 ·· 326
  10.2 云计算 ·· 327
    10.2.1 云计算的概念 ·· 327
    10.2.2 云计算的主要特征 ·· 327
    10.2.3 云计算的分类 ·· 328
  10.3 人工智能 ··· 328
    10.3.1 人工智能的概念 ··· 328
    10.3.2 人工智能的发展 ··· 329
    10.3.3 人工智能的相关技术 ··· 329
    10.3.4 人工智能的分支 ··· 332
  10.4 量子计算 ··· 333
    10.4.1 基本原理 ·· 333
    10.4.2 量子计算的发展 ··· 334

附录 A 全国计算机等级考试二级 MS Office 高级应用考试大纲（2023 年版）········ 336

参考文献 ·· 338

第一部分　计算机系统与网络

第一部分是计算机系统与网络,包括第 1~3 章。第 1 章主要介绍现代计算机分类和应用领域、计算机的系统组成、计算机信息处理基础、微型计算机的硬件组成、计算机常用术语及信息科学技术的长期发展趋势;第 2 章主要介绍操作系统基本知识、Windows 10 的安装与操作界面、Windows 10 的主要功能和 Windows 10 的系统设置;第 3 章主要介绍计算机网络的功能、分类、结构、局域网的组成、Internet 基础及移动互联网等内容。

第 1 章 计算机基础知识

随着计算机技术的快速发展,计算机的应用已经渗透到人们生活中的各行各业,熟练使用计算机已成为每个现代人必备的基本技能之一。本章在回顾现代计算机发展历史的基础上,介绍现代计算机的分类和应用领域、计算机的系统组成、计算机信息处理基础、微型计算机的硬件组成、计算机常用术语及信息科学技术的长期发展趋势。

1.1 计算机概述

1.1.1 现代计算机的发展

20 世纪 40 年代中期,美国宾夕法尼亚大学电工系由莫利奇和艾克特领导,为美国陆军军械部阿伯丁弹道研究实验室研制了一台用于炮弹弹道轨迹计算的电子数字积分计算机(Electronic Numerical Integrator And Calculator,ENIAC),如图 1-1 所示。这台称为"埃尼阿克"的计算机占地面积 170m^2,总质量 30t,使用了 18 000 个电子管、6000 个开关、7000 个电阻、10 000 个电容、50 万条线,耗电量 140kW,每秒可进行 5000 次加法运算,原来需要 20 多分钟才能计算出来的一条弹道,使用 ENIAC 只需短短的 30s。这个庞然大物于 1946 年 2 月 15 日在美国宾夕法尼亚大学问世。ENIAC(见图 1-1)是采用先进的电子技术代替以往的机械齿轮或继电器技术的计算机,它的问世,标志着现代计算机的开始。

图 1-1 ENIAC

计算机(computer)全称为电子计算机,俗称电脑。从第一台计算机 ENIAC 的诞生算起,计算机已经走过了 70 多年的发展历程,人们根据计算机所使用的电子逻辑元器件的更替发展来描述计算机的发展过程(见表 1-1)。

表 1-1 计算机的发展过程

发展过程	起止年代	主要元器件	主要元器件图例	速度/(次/秒)	特点与应用领域
第一代	1946—1957	电子管		5000 至 10 000	计算机发展的初期阶段,体积巨大,耗电量大,运算速度慢,存储容量小,价格昂贵。主要用来进行科学计算
第二代	1958—1964	晶体管		几万至几十万	体积减小,耗电较少,运算速度较快,价格下降,不仅用于科学计算,还用于数据处理和事务管理,并逐渐用于工业控制
第三代	1965—1970	中小规模集成电路		几十万至几百万	体积、功耗进一步减小,可靠性及速度进一步提高。应用领域进一步拓展到文字处理、企业管理、自动控制和城市交通管理等方面
第四代	1970 年至今	大规模和超大规模集成电路		几千万至千万亿	性能大幅提高,价格大幅下降,广泛应用于社会生活的各个领域,逐步进入办公室和家庭。在办公室自动化、电子编辑排版、数据库管理、图像识别、语音识别和专家系统等领域大显身手

第一代计算机:电子管计算机(1946—1957)。采用电子管作为主要电子元器件,其特点是体积巨大、耗电量大、运算速度慢、存储容量小、价格昂贵,只用于军事研究和科学计算。

第二代计算机:晶体管计算机(1958—1964)。采用晶体管代替电子管作为主要电子元器件,计算机运算速度提高了,体积变小了,成本也降低了,并且耗电量大幅降低,可靠性大幅提高。同时这个阶段还创造了程序设计语言。

第三代计算机:中小规模集成电路计算机(1965—1970)。随着半导体工艺的发展,成功制造了集成电路,计算机也采用中小规模集成电路作为元件,其主要特点是速度快、体积小,开始应用于社会各个领域。

第四代计算机:大规模和超大规模集成电路计算机(1970 年至今)。以大规模、超大规模集成电路作为计算机的主要功能部件,主存储器采用半导体存储器,容量大幅增加,外存储器主要有磁盘、光盘,运算速度可达每秒几亿次。这个阶段出现了微处理器,而且软件技术也得到飞速发展,操作系统、高级语言、数据库和应用软件的研究及开发向深层次发展,计算机开始向标准化、模块化、系列化、多元化的方向前进。

目前计算机主要朝着巨型化、微型化、网络化、智能化、多媒体化等方向发展,未来计算机发展的总体趋势是运算速度越来越快,体积越来越小,质量越来越轻,能耗越来越少,应用领域越来越广,使用越来越方便。

1.1.2 计算机的分类及其特点

数字式计算机采用的是数字技术,所处理的电信号在时间上是离散的(称为数字量)。

计算机信息数字化之后具有易保存、易表示、易计算和方便硬件实现等优点,所以数字式计算机已成为信息处理的主流。

通常所说的计算机都是数字式计算机,它具有运算速度快、计算精度高、自动化程度高、记忆能力强和逻辑判断能力强等特点。

计算机按功能和用途可分为两大类,即专用计算机和通用计算机。通用计算机具有功能强、兼容性强、应用面广和操作方便等优点,通常使用的计算机都是通用计算机。专用计算机一般功能单一,操作复杂,用于完成特定的工作任务。

通用计算机按性能规模可以分为巨型机、大型机、小型机、微型机、工作站。

1. 巨型机

巨型机又称为超级计算机(supercomputer),是指具有超大存储能力、超强运算能力和超快处理能力的超大型计算机系统。与普通计算机相比,其主要特点包括处理器众多、体量庞大、有超大的存储容量和超高的运算速度。例如中国超级计算机"天河二号"的峰值速度为每秒5.49亿亿次,"神威·太湖之光"峰值速度为每秒12.5亿亿次,美国超级计算机"顶点"的峰值速度为每秒20亿亿次。巨型机主要用来承担重大的科学研究、国防尖端技术和国民经济领域的大型计算课题及数据处理任务。如大范围天气预报、卫星照片整理、情报处理和分析、军事通信、高超声速武器研发、国民经济发展计划的制订等。

2. 大型机

大型机的特点表现在通用性强、具有很强的综合处理能力和性能覆盖面广等,主要应用于公司、银行、政府部门、社会管理机构和制造厂家等部门,通常人们称大型机为企业计算机。大型机在未来将被赋予更多的使命,如大型事务处理、企业内部的信息管理与安全保护和科学计算等。

3. 小型机

小型机具有规模小、结构简单、设计周期短等特点,便于及时采用先进工艺。这类机器可靠性高,对运行环境要求低,易于操作且便于维护。小型机符合部门性的要求,为中小型企事业单位所常用。具有规模较小、成本低、维护方便等优点。

4. 微型机

微型机即微型计算机,又称为个人计算机(Personal Computer,PC),俗称微机或电脑。微型计算机是在大小、性能以及价位等多个方面适合个人使用,并由最终用户直接操控的计算机的统称,桌面机、游戏机、笔记本计算机和平板计算机,以及种类众多的手持设备都属于微型计算机。

5. 工作站

工作站是一种高端的通用微型计算机。工作站是为了单用户使用并提供比个人计算机更强大的性能,尤其是图形处理、任务并行方面的能力。通常配有高分辨率的大屏、多屏显示器及容量很大的内存储器和外部存储器。

1.1.3 计算机的应用领域

计算机的应用已渗透到社会的各个领域,正在改变人们的工作、学习和生活方式,推动社会的发展。概括起来,计算机的应用领域主要有以下几方面。

1. 科学计算

科学计算也称为数值计算,是计算机最基本的应用领域之一,计算机最开始是为了解决科学研究和工程设计中遇到的大量数值计算而研制的计算工具,随着现代科学技术的发展,数值计算在现代科学研究中的地位不断提高,在尖端科学领域显得尤为重要。例如,人造卫星轨迹的计算、房屋抗震强度的计算、火箭宇宙飞船的研究设计以及人们每天收听收看的天气预报,都离不开计算机的精确计算。

2. 数据处理

数据处理是对数据的采集、存储、检索、加工、变换和传输。数据是对事实、概念或指令的一种表达形式,可由人工或自动化装置进行处理。数据的形式可以是数字、文字、图形或声音等。数据经过解释并赋予一定的意义之后便成为信息。数据处理的基本目的是从大量的、可能是杂乱无章的、难以理解的数据中抽取并推导出对于某些特定人群来说是有价值、有意义的数据。数据处理贯穿于社会生产和生活的各个领域,通过计算机进行数据处理已成为计算机的主要应用领域。目前,文字处理软件、电子表格软件的使用已经十分广泛,在办公自动化中发挥了巨大的作用。利用数据库技术开发的管理信息系统和决策支持系统等也大幅提高了企业或政府部门的现代化管理水平,这些都是计算机在数据处理领域的典型应用。

3. 实时控制

实时控制是利用计算机及时采集检测数据、快速地进行处理并自动地控制被控对象的动作,实现生产过程的自动化。采用计算机进行过程控制,不仅可以大幅提高控制的自动化水平,而且可以提高控制的及时性和准确性,从而改善劳动条件、提高产品质量及合格率。因此,计算机过程控制已在机械、冶金、石油、化工、纺织、水电、航天等行业得到广泛的应用。例如,在汽车工业方面,利用计算机控制机床和整个装配流水线,不仅可以实现精度要求高、形状复杂的零件加工自动化,还可以实现整个车间或工厂自动化。

4. 计算机辅助工程和辅助教育

计算机辅助工程主要包括计算机辅助设计(Computer Aided Design,CAD)、计算机辅助制造(Computer Aided Manufacturing,CAM)、计算机集成制造系统(Computer Integrated Manufacturing System,CIMS)和计算机辅助教学(Computer Aided Instruction,CAI)。

1) CAD

CAD是利用计算机的计算、逻辑判断、数据处理以及绘图等功能,并与人的经验和判断能力相结合,共同完成各种产品或者工程项目的设计工作,实现设计过程的自动化或半自动化。如建筑、机械、汽车、飞机、船舶、大规模集成电路等设计领域都广泛地使用了CAD系统,使得设计过程的部分工作实现了自动化,这样不但提高设计速度,而且可以大幅提高设计质量。在CAD中所涉及的主要技术有图形处理技术、工程分析技术、数据库管理技术、软件设计技术和接口技术等。

2) CAM

CAM是使用计算机辅助人们完成工业产品的制造任务。从对设计文档、工艺流程、生产设备等的管理,到对加工与生产装置的控制和操作,都可以在计算机的辅助下完成。

例如,计算机监视系统、计算机过程控制系统和计算机生产计划与作业调度系统等都属于 CAM 系统的应用,由于生产过程中的所有信息都可以利用计算机来存储和传送,而且可以把 CAD 的输出(即设计文档)作为 CAM 设备的输入,所以将 CAD 系统与 CAM 系统相结合能够实现无图纸加工,使得设计和制造过程的部分工作实现自动化,进一步提高生产的自动化水平。

3) CIMS

CIMS 是将计算机技术集成到制造工厂的整个制造过程中,使企业内的信息流、物流、能量流和人员活动形成一个统一协调的整体。CIMS 的对象是制造业,手段是计算机信息技术,实现的关键是集成,集成的关键核心是数据库管理。在 CIMS 中,利用计算机将接收订单、产品设计、生产制造、入库与销售以及经营管理的整个过程连接起来,形成一个自动的流水线,从而建立企业现代化的生产管理模式。

4) CAI

CAI 所涉及的层面很广,从校园网到 Internet,从 CAI 课件的制作到远程教学,从儿童的智力到中小学教学以及大学的教学,从辅助学生自学到辅助教师备课,从计算机辅助实验到学校教学管理等,都可以在计算机的辅助下进行,从而可以提高教学质量和学校管理水平与工作效率。在 CAI 中使用的主要技术有多媒体技术、校园网技术、Internet 与 Web 技术、数据库与管理系统技术等。

5. 人工智能

人工智能(Artificial Intelligence,AI)是计算机模拟人类的智能活动,如感知、判断、理解、学习、问题求解和图像识别等。人工智能研究领域包括模式识别、景物分析、自然语言理解、自然语言生成、博弈、自动定理证明、自动程序设计、专家系统和机器人等。其中,最具有代表性和最尖端的两个领域是专家系统和机器人。

专家系统以计算机为基础,收集存储专家们所具有的广泛的经验,以及处理问题的专门知识,然后专家系统用专家推理方法的计算机模型来解决实际问题,并且得到的结论和专家相同,如能模拟高水平医学专家进行疾病诊疗的专家系统。专家系统的重要部分是推理,正是由于这一点,使专家系统不同于一般的资料库系统和知识库系统。一般的系统只是简单地存储答案,然后在其中直接搜索答案。在专家系统中所存储的不是答案,而是进行推理的规则与知识。

人工智能研究日益受到重视的另一个分支是具有一定思维能力的机器人学,其中包括对操作机器装置程序的研究、从机器人手臂的最佳移动到实现机器人目标的动作序列的规划方法研究以及视觉信息处理研究等。目前,正在工业上运行的成千上万台机器人,都是一些按预先编好的程序执行某些重复作业的简单装置,大多数是"盲人"。某些机器人能够用摄像机来"看"并且能够识别可见景物的实体和阴影,甚至能够辨别出两幅图像间的细小差别,如无人驾驶飞机、水下机器人、太空探测机器人等。

6. 电子商务

电子商务(Electronic Commerce,EC 或 Electronic Business,EB)是指利用计算机和网络进行商务活动,具体地说,是指综合利用 LAN(局域网)、Intranet(内联网)和 Internet (因特网)进行商品交易服务、金融汇兑、网络广告或提供娱乐节目等商业活动。电子商务是一种比传统商务更好的商务方式,它旨在通过网络完成核心业务,改善售后服务,缩短周转周期,从有限的资源中获得更大的收益,从而达到销售商品的目的,它向人们提供新的商业机会、市场需求以及各种挑战。

电子商务随着其应用领域的不断扩大和信息服务方式的不断创新,其模式也层出不穷,主要可以分为以下4种类型。

(1) 企业与消费者之间的电子商务(Business to Consumer,B2C)。如京东商城。

(2) 企业与企业之间的电子商务(Business to Business,B2B)。如阿里巴巴。

(3) 消费者与消费者之间的电子商务(Consumer to Consumer,C2C)。C2C商务平台就是通过为买卖双方提供一个在线交易平台,使卖方可以主动提供商品上网拍卖,而买方可以自行选择商品进行竞价,如淘宝网。

(4) 互联网与线下商务之间的电子商务(Online to Offline,O2O)。即将线下商务的机会与互联网结合在一起,让互联网成为线下交易的前台。这样线下服务可以线上揽客,消费者可以线上筛选服务,还可以在线结算。O2O的特点是把信息流、资金流放在线上进行,而把物流和商流放在线下进行。最直观地看,那些无法通过快递送达的有形产品要应用电子商务,适合O2O。像音乐下载、在线视频这样的产品,就很难发挥O2O的作用。

7. 多媒体技术应用

多媒体(multimedia)是20世纪80年代发展起来的一种技术,由于多媒体一开始就被用于教学,许多人都从教学的角度来理解它,认为多媒体是将两种以上的媒体源融合在一起的教学系统。时至今日,多媒体在医疗、教育、商业、银行、保险、行政管理、军事、工业、广播和出版等领域中均得到广泛应用。多媒体是以交互方式将视频、音频、图像等多种媒体信息,经过计算机进行综合处理后,再以单独或合成的形式表示出来的一种技术和方法。通过多媒体使得人们非常生动和更加直观地接受用来表达客观事物的信息。

多媒体是一种综合性技术,它包括数字化信息处理技术、音频和视频技术、图形和图像技术、人工智能和模式识别技术、数字与模拟数据通信技术和计算机技术。多媒体技术是一种以计算机技术为主体的跨学科的综合性高新技术。

1.2 计算机系统的组成

计算机系统由两大部分组成:一部分是存储数据并执行各种运算和处理的电子设备,称为计算机的硬件;另一部分是指挥计算机一步一步完成任务的指令序列,称为计算机的软件。

1.2.1 计算机的硬件结构

现代计算机是一个自动化的信息处理装置,它之所以能实现自动化信息处理,是由于采用了"存储程序"工作原理。这一原理是1946年由冯·诺依曼和他的同事们在一篇题为《关于电子计算机逻辑设计的初步讨论》的论文中提出并论证的,存储程序工作原理确立了现代计算机的基本组成和工作方式。

计算机硬件系统一般由运算器、控制器、存储器、输入设备和输出设备5个基本部件组成(见图 1-2)。

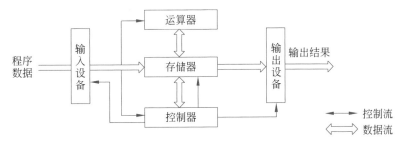

图 1-2　计算机硬件系统基本部件组成及简单工作原理

　　计算机硬件的五大部件中每一个部件都有相对独立的功能,分别完成不同的工作,运算器、存储器、输入设备、输出设备都是在控制器的控制下协调统一地工作,其工作原理如下:首先,把表示计算步骤的程序和计算中需要的原始数据,在控制器输入命令的控制下,通过输入设备送入计算机的存储器存储;其次,当计算开始时,在取指令作用下把程序指令逐条送入控制器,控制器对指令进行译码,并根据指令的操作要求向存储器和运算器发出存储、取数命令和运算命令,经过运算器计算并把结果存放在存储器内;最后在控制器的取数和输出命令作用下,通过输出设备输出计算结果。

　　五大部件结合形成的计算机的硬件结构如图 1-3 所示。其中:

$$中央处理器(CPU)＝运算器＋控制器$$
$$主机＝中央处理器＋内存储器$$

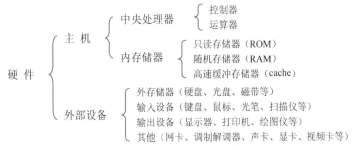

图 1-3　计算机的硬件结构

　　五大部件的功能和作用如下。

1. 运算器

　　运算器也称为算术逻辑部件(Arithmetic Logic Unit,ALU),它的功能是完成算术运算和逻辑运算。算术运算是指加、减、乘、除及它们的复合运算,逻辑运算是指"与""或""非"等逻辑比较和逻辑判断操作。在计算机中,任何复杂运算都转换为基本的算术运算与逻辑运算,然后在运算器中完成。

2. 控制器

　　控制器(Controller Unit,CU)是计算机的指挥系统,一般由指令寄存器、指令译码器、时序电路和控制电路组成。它的基本功能是从内存储器取指令和执行指令。指令是指示计算机执行某种操作的命令,由操作码(操作方法)及操作数(操作对象)两部分组成。控制器通过地址访问存储器,逐条取出选中单元指令,分析指令,并根据指令产生的控制信号作用于其他各部件来完成指令要求的工作。上述工作周而复始,保证计算机能自动连续地工作。

通常将运算器和控制器统称为中央处理器(Central Processing Unit,CPU),它是整个计算机的核心部件,是计算机的"大脑"。它控制了计算机的运算、处理、输入输出等工作。微型机中的 CPU 部件又称为微处理器(microprocessor),微处理器由特殊集成电路组成,其所有元件固化到一块或数块集成电路内。

3. 存储器

存储器(memory)是计算机的记忆装置,它的主要功能是存放程序和数据。程序是计算机操作的依据,数据是计算机操作的对象。

根据存储器与 CPU 联系的密切程度可分为内存储器(主存储器)和外存储器(辅助存储器)两大类。内存储器在计算机主机内,直接与运算器、控制器交换信息,存储容量虽小,但存取速度快,一般只存储那些正在运行的程序和待处理的数据。为了扩大内存储器的容量,引入了外存储器,外存储器作为内存储器的延伸和后援,间接和 CPU 联系,用来存储一些系统必须使用但又不急于使用的程序和数据,程序必须将这部分程序和数据调入内存储器方可执行。外存储器存取速度慢,但存储容量大,可以长时间地保存大量信息。CPU 访问内存储器、外存储器的方式如图 1-4 所示。

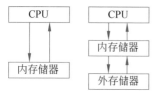

图 1-4　CPU 访问内存储器、外存储器的方式

现代计算机系统中广泛应用半导体存储器,从使用功能角度看,半导体存储器可以分成两大类:断电后数据会丢失的易失性(volatile)存储器和断电后数据不会丢失的非易失性(non-volatile)存储器。微型计算机中的随机存储器(Random Access Memory,RAM)属于可随机读写的易失性存储器,而只读存储器(Read-Only Memory,ROM)属于非易失性存储器。

4. 输入设备

输入设备是从计算机外部向计算机内部传送信息的装置。其功能是将数据、程序及其他信息,从人们熟悉的形式转换为计算机能够识别和处理的形式输入计算机内部。常用的输入设备有键盘、鼠标、光笔、扫描仪、数字化仪和条形码阅读器等。

5. 输出设备

输出设备是将计算机的处理结果传送到计算机外部供计算机用户使用的装置。其功能是将计算机内部二进制形式的数据信息转换成人们所需要的或其他设备能接受和识别的信息形式。常用的输出设备有显示器、打印机、绘图仪等。通常将输入设备和输出设备统称为 I/O(Input/Output)设备,它们都属于计算机的外部设备。

1.2.2　计算机的软件

"软件"一词在 20 世纪 60 年代初传入我国。国际标准化组织(International Standards

Organization,ISO)将软件定义为电子计算机程序及运用数据处理系统所必需的手续、规则和文件的总称。对此定义,一种公认的解释是软件由程序和文档两部分组成。程序由计算机最基本的指令组成,是计算机可以识别和执行的操作步骤;文档是指用自然语言或者形式化语言所编写的用来描述程序的内容、组成、功能规格、开发情况、测试结构和使用方法的文字资料和图表。程序是具有目的性和可执行性的,文档则是对程序的解释和说明。

程序是软件的主体。软件按其功能的不同可分为系统软件和应用软件两大类型,如图 1-5 所示。

图 1-5　计算机软件系统的组成

1. 系统软件

常见的系统软件主要指操作系统,当然也包括语言处理程序(汇编和编译程序等)、服务性程序(支撑软件)和数据库管理系统等。

1) 操作系统

操作系统(Operating System,OS)是管理计算机硬件与软件资源的程序,同时也是计算机系统的内核与基石。操作系统是控制其他程序运行,管理系统资源并为用户提供操作界面的系统软件的集合。它具备 5 方面的功能,即 CPU 管理、作业管理、存储器管理、设备管理及文件管理。主流操作系统分四大类,分别是微软公司开发的视窗化操作系统 Windows 系列、为企业用户使用的 UNIX 系列、苹果机专用的 Mac 系列和开源 Linux 系列。

2) 语言处理程序

在介绍语言处理程序之前,有必要先介绍一下计算机程序设计语言的发展。程序是用计算机语言来描述的指令序列。计算机语言是人与计算机交流的一种工具,这种交流称为计算机程序设计。程序设计语言按其发展演变过程可分为 3 种:机器语言、汇编语言和高级语言,前两者统称为低级语言。

(1) 机器语言(machine language)是直接由机器指令(二进制)构成的,因此,由它编写的计算机程序无须翻译就可直接被计算机系统识别并运行。这种由二进制代码指令编写的程序最大的优点是执行速度快、效率高,同时也存在严重的缺点,机器语言很难掌握,编程烦琐、可读性差、易出错,并且依赖于具体的机器,通用性差。

(2) 汇编语言(assemble language)采用一定的助记符号表示机器语言中的指令和数据,是符号化的机器语言,也称为"符号语言"。汇编语言程序指令的操作码和操作数全都用符号表示,大大方便了记忆,但用助记符号表示的汇编语言,它与机器语言归根到底是一一对应的关系,都依赖于具体的计算机,因此都是低级语言。同样具备机器语言的缺点,如缺乏通用性、编程烦琐、易出错等,只是程度上不同。用汇编语言编写的程序(汇编程序)不能在计算机上直接运行,必须首先被汇编程序的系统程序"翻译"成机器语言程序序,才能由计算机执行,如图 1-6 所示。任何一种计算机都配有只适用于自己的汇编程序。

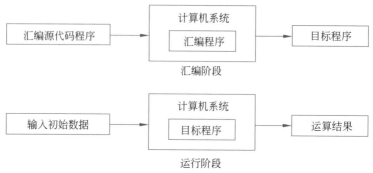

图 1-6 计算机系统执行汇编源程序的过程

(3) 高级语言又称为算法语言,它与机器无关,是近似于人类自然语言或数学公式的计算机语言。高级语言克服了低级语言的诸多缺点,它易学易用、可读性好、表达能力强(语句用较为接近自然语言的英文来表示)、通用性好(用高级语言编写的程序能使用在不同的计算机系统上)。但是,高级语言编写的程序仍不能被计算机直接识别和执行,它也必须经过某种转换才能执行。

高级语言种类很多,功能很强,常用的高级语言有:面向过程的 Basic、用于科学计算的 FORTRAN、支持结构化程序设计的 Pascal、用于商务处理的 COBOL、支持现代软件开发的 C 语言,现在又出现了面向对象的 VB(Visual Basic)、VC++(Visual C++)、Delphi、Java 等语言,使得计算机语言解决实际问题的能力得到了很大提高。

① FORTRAN 语言在 1954 年提出,1956 年实现。适用于科学和工程计算,它已经具有相当完善的工程设计计算程序库和工程应用软件。

② Pascal 语言是结构化程序设计语言,适用于教学、科学计算、数据处理和系统软件开发等,目前逐渐被 C 语言取代。

③ C 语言是美国 Bell 实验室开发成功的,是一种具有很高灵活性的高级语言。C 语言程序简洁、功能强,适用于系统软件、数据计算、数据处理等。

④ Visual Basic 语言是在 Basic 语言的基础上发展起来的、面向对象的程序设计语言,它既保留了 Basic 语言简单易学的特点,同时又具有很强的可视化界面设计功能,能够迅速开发 Windows 应用程序,是重要的多媒体编程工具语言。

⑤ VC++ 语言是一种面向对象的语言。面向对象的技术在系统程序设计、数据库及多媒体应用等诸多领域得到广泛应用。专家预测,面向对象的程序设计思想将会主导未来程序设计语言的发展。

⑥ Java 语言是一种新型的跨平台分布式程序设计语言。Java 语言以其简单、安全、可移植、面向对象、多线程处理和具有动态等特性引起世界范围的广泛关注。Java 语言是在 C++ 语言的基础上发展起来的,其最大的特色在于"一次编写,处处运行",它已逐渐

成为网络化软件的核心语言。

语言处理程序的功能是将除机器语言以外,利用其他计算机语言编写的程序,转换成机器所能直接识别并执行的机器语言程序。它可以分为3种类型:汇编程序、编译程序和解释程序。通常将汇编语言及各种高级语言编写的计算机程序称为源程序(source program),把由源程序经过翻译(汇编或者编译)而生成的机器指令程序称为目标程序(object program)。语言处理程序中的汇编程序与编译程序具有一个共同的特点,即必须生成目标程序,然后通过执行目标程序得到最终结果,如图1-7所示。解释程序是对源程序进行解释(逐句翻译),翻译一句执行一句,边解释边执行,从而得到最终结果,如图1-8所示。解释程序不产生将被执行的目标程序,而是借助解释程序直接执行源程序本身。

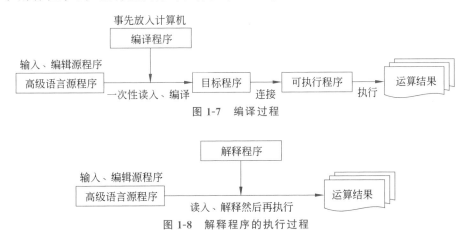

图 1-7　编译过程

图 1-8　解释程序的执行过程

应该注意的是,除机器语言外,每种计算机语言都应具备一种与之对应的语言处理程序。

3)服务性程序(支撑软件)

服务性程序(支撑软件)是指为了帮助用户使用与维护计算机,提供服务性手段,支持其他软件开发而编制的一类程序。此类程序内容广泛,主要有以下4种。

(1)工具软件。工具软件主要是帮助用户使用计算机和开发软件的软件工具。例如,Visual Studio是目前最流行的Windows平台应用程序开发环境,美国Sybase公司开发的Power Designer开发工具则是用来对管理信息系统进行分析设计。

(2)编辑程序。编辑程序能够为用户提供一个良好的书写环境。如UltraEdit、写字板等。现在一般的开发工具都自带编辑程序,而UltraEdit是一种专业的文本编辑器,一般人们喜欢用它来修改EXE或DLL文件,使用它甚至能编辑超过4GB的超大型文件。

(3)调试程序。调试程序用来检查计算机程序有哪些错误以及错误位置,以便于修正,如DEBUG。现在一般的开发工具软件都自带调试程序。

(4)诊断程序。诊断程序主要用于对计算机系统的硬件进行检测和维护,能对CPU、内存、软硬驱动器、显示器、键盘及I/O接口的性能和故障进行检测。

4)数据库管理系统

数据库技术是计算机技术中发展最快、用途最广泛的一个分支。可以说,在未来的各项计算机应用开发中都离不开数据库技术。数据库管理系统是对计算机中所存放的大量数据进行组织、管理和查询的大型系统软件。它主要分为两类：一类是基于微型计算机的小型数据库管理系统，如 MySQL 等；另一类是大型数据库管理系统，如 Oracle、DB2 数据库等。

2. 应用软件

应用软件是指在计算机各个应用领域中，为解决各类实际问题而编制的程序，它用来帮助人们完成在特定领域中的各种工作。应用软件主要包括以下内容。

1）文字处理软件

文字处理软件是用来进行文字录入、编辑、排版、打印输出的程序，如 Microsoft Word、WPS 等。

2）电子表格处理软件

电子表格处理软件是用来对电子表格进行计算、加工、打印输出的程序，如 Excel 等。

3）辅助设计软件

辅助设计软件是为用户进行各种应用程序的设计而提供的程序或软件包。常用的有 AutoCAD、Photoshop、3ds Max 等。另外，上述的各种语言及语言处理程序也为用户提供了应用程序设计的工具，也可视为软件开发程序。

4）实时控制软件

在现代化工厂里，计算机普遍用于生产过程的自动控制，称为实时控制。例如，在化工厂中，用计算机控制配料、温度、阀门的开闭等；在炼钢车间，用计算机控制加料、炉温、冶炼时间等；在发电厂，用计算机控制发电机组等。这类控制对计算机的可靠性要求很高，否则会生产出不合格产品或造成重大事故。目前，较流行的实时控制软件有 iFIX、InTouch、Lookout 等。

5）用户应用程序

用户应用程序是指用户根据某一具体任务，使用上述各种语言、软件开发程序而设计的程序。例如，银行存取款软件、税收征管软件、网上购物管理软件、人事档案管理程序、计算机辅助教学软件、各种游戏程序等。

1.3 计算机信息处理基础

目前，计算机能够处理文本、图像、音频、视频等多种信息和数据，这些信息都是以二进制编码表示的，之所以使用二进制编码表示，是因为二进制易于用电子器件实现。本节将介绍数制、二进制的运算规则、数制间的转换、计算机中数的表示以及常见的信息编码。

1.3.1 数制

按进位的原则进行计数称为进位计数制，简称数制。在日常生活中最常用的数制是十进制。此外，也使用许多非十进制的计数方法。例如，计时采用六十进制，即 60 秒为 1 分钟，60 分钟为 1 小时；1 星期有 7 天，采用七进制；1 年有 12 个月，采用十二进制。由于在计算机中是使用电子器件的不同状态来表示数的，而电信号一般只有两种状态，如导通与截止、通路与断路等。因此,计算机采用的是二进制。由于二进制数书写起来不方便,因此常常根据需要使用八进制数和十六进制数。

1. 十进制数

十进制使用数字 0、1、2、3、4、5、6、7、8、9 来表示数值,且采用"逢 10 进 1"的进位计数制。因此十进制数中处于不同位置上的数字代表不同的值。例如,小数点左面第 1 位为个位,小数点左面第 2 位为十位,小数点左面第 3 位为百位等;而小数点右面第 1 位则为 1/10,小数点右面第 2 位则为 1/100 等,这称为数的位权。每个数字的位权由 10 的幂次决定,这个 10 称为十进制的基数。例如,2897.56 可表示为

$$2897.56 = 2 \times 10^3 + 8 \times 10^2 + 9 \times 10^1 + 7 \times 10^0 + 5 \times 10^{-1} + 6 \times 10^{-2}$$

事实上,无论哪一种数制,其计数和运算都具有共同的规律与特点。采用位权表示的数制具有以下 3 个特点。

(1) 数字的总个数等于基数,如十进制数使用 10 个数字(0~9)。

(2) 最大的数字比基数小 1,如十进制中最大的数字为 9。

(3) 每个数字都要乘以基数的幂次,该幂次由每个数字所在的位置决定,基数的幂次称为位权。

一般地,对于 N 进制而言,基数为 N,使用 N 个数字表示数值,其中最大的数字为 $N-1$,任何一个 N 进制数 A:

$$A = A_n A_{n-1} A_{n-2} \cdots A_0 . A_{-1} A_{-2} \cdots A_{-m}$$

均可表示为如下的形式:

$$\begin{aligned} A &= A_n A_{n-1} A_{n-2} \cdots A_1 A_0 . A_{-1} A_{-2} \cdots A_{-m} \\ &= A_n \times N^n + A_{n-1} \times N^{n-1} + A_{n-2} \times N^{n-2} + \cdots + \\ &\quad A_1 \times N^1 + A_0 \times N^0 + A_{-1} \times N^{-1} + \cdots + A_{-m} \times N^{-m} \\ &= \sum_{i=0}^{n} A_i \times N^i + \sum_{i=-m}^{-1} A_i \times N^i \\ &= \sum_{i=-m}^{n} A_i \times N^i \end{aligned}$$

2. 二进制数

二进制使用数字 0、1 来表示数值,且采用"逢 2 进 1"的进位计数制。二进制数中处于不同位置上的数字代表不同的值。每个数字的位权由 2 的幂次决定,二进制数的基数为 2。二进制数也具有以下与十进制数相类似的 3 个特点。

(1) 数字的总个数等于基数,即二进制数仅使用 0 和 1 两个数字。

(2) 最大的数字比基数小 1,即二进制中最大的数字为 1,最小的数字为 0。

(3) 每个数字都要乘以基数的幂次,该幂次由每个数字所在的位置决定。例如,二进制数$(1101.1011)_2$ 可表示为

$$\begin{aligned}(1101.1011)_2 = &1 \times 2^3 + 1 \times 2^2 + 0 \times 2^1 + 1 \times 2^0 + 1 \times 2^{-1} + \\ &0 \times 2^{-2} + 1 \times 2^{-3} + 1 \times 2^{-4}\end{aligned}$$

二进制的表示方式是"逢 2 进 1",即每位计数满 2 时向高位进 1。对于二进制数,小数点向右移一位,数就扩大 2 倍;反之,小数点向左移一位,数就减小 1/2。例如:

$$1101.1011 = 110.11011 \times 10$$
$$1011.011 = 10110.11 \times 1/10$$

注意：上式中等号右边的 10 是二进制数,等于十进制数的 2,而不是十进制数的 10。这个性质与十进制类似,只不过在十进制中,小数点右移一位,数就扩大 10 倍;反之小数点左移一位,数就减小到原来的 1/10。二进制的加法和乘法运算规则如下。

（1）加法运算规则：
$$0+0=0 \quad 1+0=1 \quad 0+1=1 \quad 1+1=10$$

（2）乘法运算规则：
$$0 \times 0=0 \quad 1 \times 0=0 \quad 0 \times 1=0 \quad 1 \times 1=1$$

例如：

```
        1111
    ×   1101
        1111
       0000
      1111
     1111
    11000011
```

即 $1111 \times 1101 = 11000011$,等价于十进制数 $15 \times 13 = 195$。

3. 八进制数

八进制使用数字 0、1、2、3、4、5、6、7 来表示数值,且采用"逢 8 进 1"的进位计数制。八进制数中处于不同位置上的数值代表不同的值。每个数字的位权由 8 的幂次决定,八进制数的基数为 8。例如,八进制数 $(235.056)_8$ 可表示为

$$(235.056)_8 = 2 \times 8^2 + 3 \times 8^1 + 5 \times 8^0 + 0 \times 8^{-1} + 5 \times 8^{-2} + 6 \times 8^{-3}$$

4. 十六进制数

十六进制使用数字 0、1、2、3、4、5、6、7、8、9、A、B、C、D、E、F 来表示数值,其中,A、B、C、D、E、F 分别表示数字 10、11、12、13、14、15。十六进制数的计数方法为"逢 16 进 1",十六进制数中处于不同位置上的数值代表不同的值。每个数字的位权由 16 的幂次决定,十六进制数的基数为 16。例如,十六进制数 $(73A6)_{16}$ 可表示为

$$(73A6)_{16} = 7 \times 16^3 + 3 \times 16^2 + 10 \times 16^1 + 6 \times 16^0$$

以上介绍的计算机中几种常用数制的特点如表 1-2 所示。

表 1-2 计算机中几种常用数制的特点

进位制	基数	数字符号	位权	规则	缩写字母
十进制	$N=10$	0、1、2、3、4、5、6、7、8、9	10^i	逢 10 进 1	D(decimal)
二进制	$N=2$	0、1	2^i	逢 2 进 1	B(binary)
八进制	$N=8$	0、1、2、3、4、5、6、7	8^i	逢 8 进 1	O(octal)
十六进制	$N=16$	0、1、2、3、4、5、6、7、8、9、A、B、C、D、E、F	16^i	逢 16 进 1	H(hexadecimal)

1.3.2 数制间的转换

将数由一种数制转换为另一种数制称为数制之间的转换。由于日常生活中通常使用的是十进制数,而计算机中使用的是二进制数,所以在使用计算机时必须将输入的十进制数转换成计算机所能接受的二进制数。计算机在运行结束后,再将二进制数转换为人们所习惯的十进制数输出。这两个转换过程完全由计算机系统自行完成而不需要人的参与。在计算机中引入八进制和十六进制的目的是书写和表示上的方便,在计算机内部信息的存储和处理仍然采用二进制数。

1. 十进制数转换为非十进制数

将十进制数转换为非十进制数分为整数和小数两部分进行转换。

1) 十进制整数转换为非十进制整数

将十进制整数转换为非十进制整数采用"除基取余法",即将十进制数逐次除以需转换为数制的基数,直到商为 0 为止,然后将所得的余数由下而上排列即可。

【例 1-1】 将十进制数 77 转换为二进制数。

【解】 对 77 用除 2 取余:

		余数
2	77	1
2	38	0
2	19	1
2	9	1
2	4	0
2	2	0
2	1	1
	0	

结果为 $(77)_{10} = (1001101)_2$。

【例 1-2】 将十进制数 77 转换为八进制数。

【解】 对 77 用除 8 取余:

		余数
8	77	5
8	9	1
8	1	1
	0	

结果为 $(77)_{10} = (115)_8$。

【例 1-3】 将十进制数 77 转换为十六进制数。

【解】 对 77 用除 16 取余:

```
           余数
    16 | 77    D
    16 |  4    4
          0
```

结果为 $(77)_{10} = (4D)_{16}$。

2) 十进制小数转换为非十进制小数

将十进制小数转换为非十进制小数采用"乘基取整法",即将十进制小数逐次乘以需转换为数制的基数,直到小数的当前值等于 0 或满足所要求的精度为止,最后将所得到的乘积的整数部分从上到下排列即可。

【例 1-4】 将十进制小数 0.625 转换成二进制小数。

【解】 对 0.625 用乘 2 取整:

```
        0.625    整数
    ×       2
        1.25     1
    ×       2
        0.50     0
    ×       2
        1.00     1
```

结果为 $(0.625)_{10} = (0.101)_2$。

通常,一个非十进制小数能够完全准确地转换成十进制数,但一个十进制小数并不一定能完全准确地转换成非十进制小数。在这种情况下,可以根据精度要求只转换到小数点某一位为止,这就是该小数的近似值。

【例 1-5】 将十进制小数 0.32 转换成二进制小数。

【解】 对 0.32 用乘 2 取整:

```
        0.32     整数
    ×      2
        0.64     0
    ×      2
        1.28     1
    ×      2
        0.56     0
    ×      2
        1.12     1
         ⋮
```

结果为 $(0.32)_{10} = (0.0101\cdots)_2$。

如果一个数既有整数部分又有小数部分,应将整数部分和小数部分分别进行转换,然后把两者相加得到结果。

【例 1-6】 将十进制数 77.625 转换为二进制数。

【解】

因为
$$(77)_{10} = (1001101)_2$$
$$(0.625)_{10} = (0.101)_2$$

所以
$$(77.625)_{10} = (1001101.101)_2$$

2. 非十进制数转换为十进制数

非十进制数转换为十进制数采用"位权法",即把各非十进制数按位权展开,然后求和,便可得到转换的结果。

【例 1-7】 将二进制数 1101011.101 转换为十进制数。

【解】
$$\begin{aligned}(1101011.101)_2 &= 1 \times 2^6 + 1 \times 2^5 + 0 \times 2^4 + 1 \times 2^3 + 0 \times 2^2 + 1 \times 2^1 + \\ & \quad 1 \times 2^0 + 1 \times 2^{-1} + 0 \times 2^{-2} + 1 \times 2^{-3} \\ &= 64 + 32 + 0 + 8 + 0 + 2 + 1 + 0.5 + 0 + 0.125 \\ &= (107.625)_{10}\end{aligned}$$

【例 1-8】 将八进制数 3027 转换为十进制数。

【解】
$$\begin{aligned}(3027)_8 &= 3 \times 8^3 + 0 \times 8^2 + 2 \times 8^1 + 7 \times 8^0 \\ &= 1536 + 0 + 16 + 7 \\ &= (1559)_{10}\end{aligned}$$

【例 1-9】 将十六进制数 2B3E 转换为十进制数。

【解】
$$\begin{aligned}(2B3E)_{16} &= 2 \times 16^3 + 11 \times 16^2 + 3 \times 16^1 + 14 \times 16^0 \\ &= 8192 + 2816 + 48 + 14 \\ &= (11070)_{10}\end{aligned}$$

3. 二进制数与其他进制数之间的转换

1) 二进制数与八进制数之间的转换

由于 3 位二进制数恰好是 1 位八进制数,所以把二进制数转换为八进制数是以小数点为界,将整数部分自右向左、小数部分自左向右分别按每 3 位为一组(不足 3 位用 0 补足),然后将各 3 位二进制数转换为对应的 1 位八进制数,即得到转换的结果。反之,若把八进制数转换成二进制数,只要把每 1 位八进制数转换为对应的 3 位二进制数即可。

【例 1-10】 将二进制数 100111110111101.10111011 转换为八进制数。

【解】
$$(100111110111101.10111011)_2 = (\underline{010}\ \underline{011}\ \underline{110}\ \underline{111}\ \underline{101}.\underline{101}\ \underline{110}\ \underline{110})_2$$
$$\qquad\qquad\qquad\qquad\quad\ \ 2\quad\ 3\quad\ 6\quad\ 7\quad\ 5\ .\ 5\quad\ 6\quad\ 6$$
$$= (23675.566)_8$$

【例 1-11】 将八进制数 375.146 转换为二进制数。

【解】
$$(375.146)_8 = (\underline{011}\ \underline{111}\ \underline{101}.\underline{001}\ \underline{100}\ \underline{110})_2$$
$$3\ \ \ \ 7\ \ \ \ 5\ .\ 1\ \ \ \ 4\ \ \ \ 6$$
$$= (11111101.00110011)_2$$

2)二进制数与十六进制数之间的转换

由于4位二进制数恰好是1位十六进制数,所以把二进制数转换为十六进制数是以小数点为界,将整数部分自右向左、小数部分自左向右分别按每4位为一组(不足4位用0补足),然后将各4位二进制数转换为对应的1位十六进制数,即得到转换的结果。反之,若把十六进制数转换成二进制数,只要把每1位十六进制数转换为对应的4位二进制数即可。

【例1-12】 将二进制数100111110111101.1011101转换为十六进制数。

【解】
$$(100111110111101.1011101)_2 = (\underline{0010}\ \underline{0111}\ \underline{1011}\ \underline{1101}.\underline{1011}\ \underline{1010})_2$$
$$2\ \ \ \ \ 7\ \ \ \ \ B\ \ \ \ \ D\ .\ B\ \ \ \ \ A$$
$$= (27BD.BA)_{16}$$

【例1-13】 将十六进制数3AF.16C转换为二进制数。

【解】
$$(3AF.16C)_{16} = (\underline{0011}\ \underline{1010}\ \underline{1111}.\underline{0001}\ \underline{0110}\ \underline{1100})_2$$
$$\phantom{(3AF.16C)_{16} = (}3\ \ \ \ \ A\ \ \ \ \ F\ .\ 1\ \ \ \ \ 6\ \ \ \ \ C$$
$$= (1110101111.0001011011)_2$$

表1-3列出了二进制、八进制、十进制和十六进制的对应关系,借助该表可以方便地进行数制之间的转换。

表1-3 二进制、八进制、十进制和十六进制换算表

二进制数	八进制数	十进制数	十六进制数	二进制数	八进制数	十进制数	十六进制数
0000	0	0	0	1001	11	9	9
0001	1	1	1	1010	12	10	A
0010	2	2	2	1011	13	11	B
0011	3	3	3	1100	14	12	C
0100	4	4	4	1101	15	13	D
0101	5	5	5	1110	16	14	E
0110	6	6	6	1111	17	15	F
0111	7	7	7	10000	20	16	10
1000	10	8	8	…	…	…	…

1.3.3 计算机中数的表示

在十进制数中,可以在数字前面加上+、-号来表示正、负数,由于计算机不能直接识

别+、-号,因此在计算机中规定用 0 表示+,用 1 表示-,这样数的符号也可以数字化了。

在计算机中,通常将二进制的首位(最左边的一位)作为符号位。若二进制数是正数,则其首位是 0;若二进制数是负数,则其首位是 1。符号也数码化的二进制数称为机器数。例如:

十进制	+78	-78
二进制(真值)	+1001110	-1001110
计算机内(机器数)	01001110	11001110

机器数在计算机内也有 3 种不同的表示方法,这就是原码、反码和补码。

1. 原码

原码表示法规定:用符号位和数值表示带符号数,正数的符号位用 0 表示,负数的符号位用 1 表示,数值部分用二进制形式表示。

【例 1-14】 设带符号的真值 $X=+78,Y=-78$,则它们的原码分别为

$$(X)_原=01001110 \quad (Y)_原=11001110$$

原码简单易懂,与真值转换起来很方便。但若是两个异号的数相加或两个同号的数相减,必须判别这两个数哪一个的绝对值大,用绝对值大的数减去绝对值小的数,运算结果的符号就是绝对值大的那个数的符号,这些操作比较麻烦,运算的逻辑电路实现起来比较复杂。为了将加法和减法运算统一成只做加法运算,引入了反码和补码。

2. 反码

反码表示法规定:正数的反码与其原码相同,负数的反码为对该数的原码除符号位外,其余各位按位取反,即 0 变为 1,1 变为 0。反码使用得比较少,它只是补码的一种过渡。

【例 1-15】 设带符号的真值 $X=+78,Y=-78$,则它们的原码和反码分别为

$$(X)_原=01001110 \quad (X)_反=01001110$$
$$(Y)_原=11001110 \quad (Y)_反=10110001$$

3. 补码

补码表示法规定:正数的补码与其原码相同,负数的补码是其反码加 1。

【例 1-16】 设带符号的真值 $X=+78,Y=-78$,则它们的原码、反码和补码分别为

$$(X)_原=01001110 \quad (X)_反=01001110 \quad (X)_补=01001110$$
$$(Y)_原=11001110 \quad (Y)_反=10110001 \quad (Y)_补=10110010$$

引入了补码以后,两个数的加减法运算可以统一用加法运算来实现,此时两个数的符号位也当成数值直接参加运算,并且有这样一个结论,即两个数的补码之"和"等于两数"和"的补码,即可证明

$$[X]_补+[Y]_补=[X+Y]_补$$

例如,计算 39 与 45 的差,可以化成计算 39 与 -45 的和,其中 39 与 -45 都用补码表示,即

$$(39)_{10}-(45)_{10}=(39)_{10}+(-45)_{10}$$

因为

$$(39)_{10} = (00100111)_原 = (00100111)_反 = (00100111)_补$$
$$(-45)_{10} = (10101101)_原 = (11010010)_反 = (11010011)_补$$

所以
$$(00100111)_补 + (11010011)_补 = (11111010)_补$$

即
$$(11111010)_补 = (11111001)_反 = (10000110)_原 = (-6)_{10}$$

在计算机中一般采用补码来表示带符号的数。

1.3.4 信息编码

由于计算机内部采用的是二进制的方式计数,因此输入计算机中的各种数字、文字、符号或图形等数据都是用二进制数编码的。不同类型的字符数据其编码方式不同,编码的方法也很多。下面介绍最常用的 BCD 码、ASCII 码、汉字编码和图像编码。

1. BCD 码

BCD(Binary Coded Decimal)码是用若干位二进制数码表示 1 位十进制数的编码,简称二-十进制编码。

二-十进制编码的方法很多,使用最广泛的是 8421 码,8421 码采用 4 位二进制数表示 1 位十进制数,即每 1 位十进制数用 4 位二进制编码表示,这 4 位二进制数的各位权由高到低分别是 2^3、2^2、2^1、2^0,即 8、4、2、1。

【例 1-17】 将十进制数 3879 转换为 BCD 码。

【解】

十进制数:　　　　　3　　8　　7　　9

对应的 BCD 码:　0011　1000　0111　1001

即十进制数 3879 的 BCD 码为 0011 1000 0111 1001。

【例 1-18】 将 BCD 码 1001 0111 0101 0110 转换为十进制数。

【解】

BCD 码:　　　　　1001　0111　0101　0110

对应的十进制数:　9　　7　　5　　6

即 BCD 码 1001 0111 0101 0110 的十进制数为 9756。

2. ASCII 码

ASCII 码是由美国国家标准委员会制定的一种包括数字、字母、通用符号、控制符号在内的字符编码,全称为美国信息交换标准代码(American Standard Code for Information Interchange,ASCII)。

ASCII 码能表示 128 种国际上通用的西文字符,只需用 7 个二进制位($2^7=128$)表示。ASCII 码采用 7 位二进制表示一个字符时,为了便于对字符进行检索,把 7 位二进制数分为高 3 位($b_7b_6b_5$)和低 4 位($b_4b_3b_2b_1$)。7 位 ASCII 码编码如表 1-4 所示。利用该表可查找数字、运算符、标点符号以及控制字符与 ASCII 码之间的对应关系。例如,数字 8 的 ASCII 码为 0111000,大写字母 B 的 ASCII 码为 1000010,小写字母 a 的 ASCII 码为 1100001,字符 A~Z 对应的十进制 ASCII 码值为 65~90,字符 a~z 对应的十进制 ASCII

码值为 97~122,即小写字母的 ASCII 码值大于大写字母的 ASCII 码值。

表 1-4　7 位 ASCII 码编码表

$b_4b_3b_2b_1$	$b_7b_6b_5$							
	000	001	010	011	100	101	110	111
0000	NUL	DEL	SP	0	@	P	、	p
0001	SOH	DC1	!	1	A	Q	a	q
0010	STX	DC2	"	2	B	R	b	r
0011	ETX	DC3	#	3	C	S	c	s
0100	EOT	DC4	$	4	D	T	d	t
0101	ENQ	NAK	%	5	E	U	e	u
0110	ACK	SYN	&	6	F	V	f	v
0111	BEL	ETB	'	7	G	W	g	w
1000	BS	CAN	(	8	H	X	h	x
1001	HT	EM	)	9	I	Y	i	y
1010	LF	SUB	*	:	J	Z	j	z
1011	VT	ESC	+	;	K	[	k	{
1100	FF	FS	,	<	L	\	l	|
1101	CR	GS	-	=	M	]	m	}
1110	SO	RS	.	>	N	↑	n	∞
1111	SI	US	/	?	O	←	o	DEL

表中高 3 位为 000 和 001 的两列是一些控制符。例如 NUL 表示空白、STX 表示文本开始、ETX 表示文本结束、EOT 表示发送结束、CR 表示回车、CAN 表示作废、SP 表示空格、DEL 表示删除等。

在计算机中 1 字节为 8 位,为了提高信息传输的可靠性,在 ASCII 码中把最高位(b_8)作为奇偶校验位。奇偶校验位是代码传输过程中用来检验是否出现错误的一种方法,一般分奇校验和偶校验两种。偶校验规则:若 7 位 ASCII 码中 1 的个数为偶数,则校验位为 0;若 7 位 ASCII 码中 1 的个数为奇数,则校验位为 1。校验位仅在信息传输时有用,在对 ASCII 码进行处理时校验位被忽略。

3. 汉字编码

计算机在处理汉字时也要将其转换为二进制码,这就需要对汉字进行编码,通常汉字有 4 种编码:国标码、机内码、输入码和字形码。

1) 国标码

我国根据有关国际标准于 1980 年制定并颁布了中华人民共和国国家标准信息交换用汉字编码 GB 2312—1980,简称国标码。国标码的字符集共收录 6763 个常用汉字和 682 个非汉字图形符号,其中使用频度较高的 3755 个汉字为一级字符,以汉语拼音为序排列;使用频度较低的 3008 个汉字为二级字符,以偏旁部首进行排列;682 个非汉字字符主要包括拉丁字母、俄文字母、日文假名、希腊字母、汉语拼音符号、汉语注音字母、数字、常用符号等。

2) 机内码

机内码是计算机系统内部对汉字进行存储、处理、传输统一使用的代码,又称为内码。由于汉字数量多,一般用 2 字节来存放一个汉字的内码。在计算机内汉字字符必须与英文字符区别开,以免造成混乱,英文字符的机内码是用 1 字节来存放 ASCII 码,一个 ASCII 码占 1 字节的低 7 位,最高位为 0;为了区分,机内码中 2 字节的每字节的最高位为 1。

3) 输入码

汉字主要是从键盘输入,输入码是计算机输入汉字的代码,是代表某一个汉字的一组键盘符号。输入码也称为外部码(简称外码)。现行的汉字输入方案众多,常用的有拼音输入和五笔字型输入等。每种输入方案对同一汉字的输入编码都不相同,但经过转换后存入计算机的机内码均相同。

4) 字形码

存储在计算机内的汉字在屏幕上显示或在打印机上输出时,必须以汉字字形输出,才能被人们所接受和理解。汉字字形是以点阵方式表示汉字。就是将汉字分解成由若干"点"组成的点阵字形,将此点阵字形置于网状方格上,每一小方格就是点阵中的一个"点"。以 24×24 点阵为例,网状横向划分为 24 格,纵向也分成 24 格,共 576 个"点",点阵中的每个点可以有黑、白两种颜色,有字形笔画的点用黑色,反之用白色,用这样的点阵就可以描写出汉字的字形了。如图 1-9 是汉字"跑"的字形点阵。

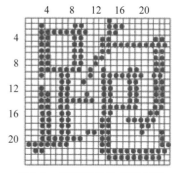

图 1-9 汉字"跑"的字形点阵

根据汉字输出精度的要求,有不同密度点阵。汉字字形点阵有 16×16 点阵、24×24 点阵、32×32 点阵。汉字字形点阵中每个点的信息用 1 位二进制码来表示,1 表示对应位置处是黑点,0 表示对应位置处是空白。

字形点阵的信息量很大,所占的存储空间也很大。例如,16×16 点阵,每个汉字要占 32B;24×24 点阵,每个汉字要占 72B。因此字形点阵只用来构成"字库",而不能用来代替机内码用于机内存储,字库中存储了每个汉字的字形点阵代码,不同的字体对应不同的字库。在输出汉字时,计算机要先到字库中找到它的字形描述信息,然后输出字形。汉字信息的处理过程如图 1-10 所示。

图 1-10 汉字信息的处理过程

4. 图像编码

计算机中表示图像的方法有两种:位图方法和矢量方法,由此形成两种图像——位图图像和矢量图像。两种图像在图像的质量、图像存储空间的大小、图像传送的时间和图像修改的难易程度等方面存在很大的差别。

1）位图图像

位图图像是将图像划分成均匀的网格状，如 640 列×480 行＝307 200 个单元格，每个单元格称为像素，图像即可视为这些像素的集合。对每像素进行编码，即可得到整个图像编码。

对只有黑、白两种颜色的单色图像而言，像素的颜色只有黑色和白色两个。用 1 表示白色，用 0 表示黑色，得到像素的 1 位编码。每一行的像素编码构成一个 0、1 序列，按顺序将所有行的编码连起来，就构成了图像编码。

对灰度图像而言，像素的颜色除了黑色、白色两种之外，还有介于两者之间的不同程度的灰色，所以 1 位编码不足以表达颜色信息。计算机中通常用 256 级灰度来表示灰度图像，每像素可以是白色、黑色或 254 级灰色中的任何一个，用 11111111 表示白色，用 00000000 表示黑色，按灰度由深到浅，用 00000001～11111110 来表示其余 254 种颜色，得到灰度图像的每像素的 8 位编码，所有像素编码的集合构成整个图像编码。

对彩色图像而言，像素的颜色更丰富。计算机中经常使用的显示方法有 16 色、256 色、24 位真彩色。16 色和 256 色是以红色、绿色、蓝色 3 种主色调合成的 16 种或 256 种颜色，因此 16 色的像素编码是 4 位，256 色的像素编码是 8 位。对 24 位真彩色图像来说，每像素使用 3 字节编码，每字节的值分别代表像素中红色、绿色、蓝色的强度。例如，按红色、绿色、蓝色的顺序，11111111 00000000 00000000 表示红色，11111111 11111111 11111111 表示白色。24 位编码可以表达的颜色共有 2^{24}＝1 677 216 种，颜色之多，人的肉眼根本无法识别邻近颜色的差别。

2）矢量图像

矢量图像是把图像分解为曲线和直线的组合，用数学公式定义曲线和直线，数学公式是重构图像的指令，计算机存储这些指令，需要生成图像时，只要输入图像的尺寸，计算机就会按照这些指令，根据新的尺寸形成图像。

位图图像和矢量图像的表示方法各有优劣，位图图像的质量高，数码相机中使用的就是这种方法。矢量图像虽然看起来没有位图图像真实，但是当放大或缩小时，能够保持原来的清晰度、不失真，而位图图像则会变得模糊。同时，矢量图像的存储空间比位图图像小。矢量图像适用于艺术线条和卡通绘画，计算机辅助设计系统采用的也是矢量图像技术。

对位图图像来说，追求高质量的图像，意味着要采用更多位的编码，这不仅要占用更多的存储空间，而且在图像处理过程中也要花费更多的时间。通常解决的办法是根据具体要求采用不同的编码方法，基本原则是在满足最低图像质量要求的前提下，尽可能地减小图像的大小。位图图像的每一种编码方式对应一种文件格式，Windows 操作系统中采用的位图图像文件格式有以下 4 种。

（1）BMP(Bit Map)格式。BMP 格式是在 Windows 中广泛使用的格式，通常采用非压缩方式存储不太大的图像文件。

（2）TIFF(Tag Image File Format)格式。TIFF 是最普遍应用的图形图像格式之一，它广泛应用于桌面发布、传真、3D 应用程序和医学图像应用程序中。

(3) GIF(Graphics Interchange Format)格式。GIF 被许多 Internet 用户用作标准的图像格式,在 GIF 图像中使用 LZW 压缩算法,使得它具有很高的压缩比且为无损压缩。GIF 的缺点是只支持 8 位,即 256 色图。

(4) JPEG(Joint Photographic Experts Group)格式。目前绝大多数的数码相机都使用 JPEG 格式压缩图像,这是一种有损压缩算法,压缩比很大并且支持多种压缩级别的格式,当对图像的精度要求不高而存储空间又有限时,JPEG 是一种理想的压缩方式。JPEG 的缺点是不适合打印高质量的图像。

1.4 微型计算机的硬件组成

从外观上来看,微型机由主机箱和外部设备组成。主机箱主要包括主板、CPU、内存、硬盘、显卡、光盘、各种扩展卡、连接线和电源等;外部设备包括显示器鼠标、键盘和音箱等,这些设备通过接口和连接线与主机相连。

1. 主板

主板又称为主机板(mainboard)、系统板(systemboard)或母板(motherboard),它安装在机箱内,是微型计算机最基本也是最重要的部件之一。主板一般为矩形电路板,上面安装了组成计算机的主要电路系统,其中包括 CPU 插槽、DDR3 内存插槽、BIOS 芯片、电源接口、USB 接口、网络接口、I/O 控制芯片、PCI 插槽等元器件(见图 1-11)。

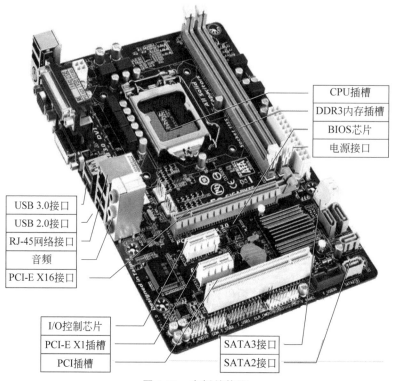

图 1-11 主板结构图

根据支持 CPU 的不同,主板主要分为 Intel 系列和 AMD 系列两大类。

主板上最重要的部分是芯片组(chipset),分为南桥芯片和北桥芯片两部分。芯片组的种类非常多,主要有 Intel、AMD(ATi)、VIA(威盛)、SiS(矽统)、Ali(扬智)和 NVIDIA(英伟达)。芯片组的名称就是以北桥芯片的名称来命名的。北桥芯片决定了主板所支持的 CPU 类型、主板的系统总线频率、内存类型、显卡插槽规格;南桥芯片决定了扩展槽的种类与数量、扩展接口的类型和数量(如 USB、IEEE 1394、串口、并口)等。考虑到总体的兼容性,一般建议当采用 Intel 的 CPU 时尽量选用 Intel 芯片组的主板,而选用 AMD 的 CPU 时,则可以综合考虑。特别提示:当操作系统安装完毕时,应安装主板附带的芯片组驱动程序,以保证系统稳定运行。

现在越来越多的主板生产厂商都在强调高集成化的产品,包含显卡、声卡、网卡等功能的主板产品在市场上已经比比皆是。在选购这类集成主板产品时,还应当考虑使用者自身的需求。因为这些集成控制芯片在性能上还是要略逊于同类产品的中高端的产品,所以如果消费者在某一方面有较高需求,还是应该选购相对应的板卡来实现更高的性能。

需要注意的是,高端主板的性价比并不高,因此主板的选择一般没有必要追求高端。选购的时候还应该考虑其稳定性和扩展能力,以满足未来内存扩容、新设备连接等需求。主板的扩展能力表现在应具有尽可能多的内存插槽和板卡插槽及外部设备接口等。

2. CPU

CPU 是计算机的最核心的部件。目前市场上主要有 Intel 和 AMD 两家 CPU 生产商(见图 1-12),由于设计理念不同,AMD 比较侧重于实用性上的速度优化,而 Intel 则相反,比较注重于在实用性上的速度与稳定的平衡发展。可以理解为,AMD 的 CPU 性价比较高,游戏性能出色,而 Intel 的 CPU 网络功能和多媒体功能较强。目前 Intel 的 CPU 在市场占有率上占有绝对优势。Intel 公司有自己的芯片组支持,能够很好地发挥其 CPU 的性能,各厂商也努力向其兼容。早先 AMD 公司没有芯片组生产能力,但是自 2006 年 AMD 公司并购以生产显卡闻名的 ATI 公司后,也具有了芯片组的生产能力。

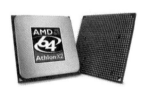

图 1-12　Intel 和 AMD 的主流 CPU 和 CPU 插槽

CPU 的主要性能指标有主频、外频、前端总线(Front Side Bus,FSB)频率、倍频系数及缓存等。主频=外频×倍频系数,主频和实际的运算速度存在一定的关系,但并不是一个简单的线性关系,CPU 的运算速度还要看 CPU 的流水线、总线等各方面的性能指标。前端总线频率(即总线频率)决定了 CPU 与内存直接数据交换的速度。CPU 内缓存的运行频率极高,一般是和处理器同频运作,工作效率远远大于系统内存和硬盘。缓存可以分为 L1 cache、L2 cache、L3 cache 3 个层次。

Intel 的 CPU 主要技术具有如下特点：超线程（Hyper-Threading，HT）技术利用特殊的硬件指令，把两个逻辑内核模拟成两个物理芯片，让单个处理器都能使用线程级并行计算，进而兼容多线程操作系统和软件，减少了 CPU 的闲置时间，提高了 CPU 的运行效率。多核心也称为单芯片多处理器（Chip MultiProcessors，CMP），该技术将大规模并行处理器中的对称式多处理机（Symmetrical Multi-Processing，SMP）集成到同一芯片内，各处理器并行执行不同的进程。现在通常说的 CPU 纳米制作工艺，实际上指的是一种工艺尺寸，代表在一块硅晶圆片上集成数以万计的晶体管之间的连线宽度。CPU 生产厂商通过不断地减小晶体管之间的连线宽度，以提高在单位面积上所集成的晶体管数量。

微处理器是衡量微型机档次、区分微型机型号的主要部件，可以说微型机是随着微处理器的发展而前进的（见表 1-5）。

表 1-5 微型机与微处理器的发展历程

微型机发展阶段	起始时间/年	典型 CPU 型号	CPU 内部晶体管数	制造工艺/μm	最大主频/MHz
第一代	1981	8088	2.9 万		8
第二代	1985	80286	3 万		20
第三代	1987	80386	27.5 万		40
第四代	1989	80486	120 万		50
第五代	1993	奔腾	450 万	[0.35～0.5)	75～233
第六代	1998	奔腾Ⅱ、至强	650 万～1900 万	[0.25,0.35)	450～733
第七代	2003	速龙、酷睿	2130 万～14 亿	[0.02,0.25)	1600～3200

3. 内存

内存（memory）也称为内存储器（见图 1-13），其作用是暂时存放 CPU 中的运算数据以及与硬盘等外存储器交换数据。内存一般采用半导体存储单元，包括随机存储器（Random Access Memory，RAM）、只读存储器（Read-Only Memory，ROM）和高速缓冲存储器（cache），其中 RAM 是最重要的存储器。早期的内存多采用同步动态随机存储器（Synchronous Dynamic Random Memory，SDRAM），SDRAM 内存为 168 脚，型号分别为 PC100、PC133，工作主频分别是 100MHz、133MHz，这是奔腾（Pentium）早期机型经常使用的内存。后来发展出现了 DDR SDRAM（Double Data Rate，DDR）内存，DDR 内存又发展了 3 代，分别是 DDR1、DDR2、DDR3，目前在显卡上已经开始应用 DDR5 的内存。DDR1 的工作频率从 DDR-200 增加到 DDR-400，DDR2 的工作频率从 DDR2-400 增加到 DDR2-800，DDR3 的工作频率从 DDR3-800 增加到 DDR3-1600。

4. 硬盘

硬盘（Hard Disk，HD）是计算机主要的存储媒介之一（见图 1-14）。硬盘分为固态硬盘（Solid State Disk，SSD）和机械硬盘（Hard Disk Drive，HDD）。SSD 采用闪存颗粒来存储，HDD 采用磁性碟片来存储。HDD 的碟片外覆盖有铁磁性材料，被永久性地密封固定

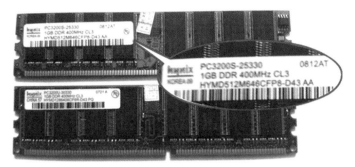

(a) DDR1

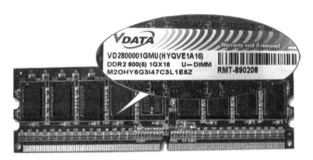

(b) DDR2

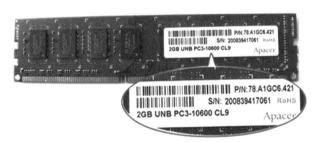

(c) DDR3

图 1-13　内存

图 1-14　硬盘内部结构

在硬盘驱动器中。混合硬盘(Hybrid Hard Disk,HHD)是一种把磁性硬盘和闪存集成到一起的硬盘。

硬盘接口分为电子集成驱动器(Integrated Drive Electronics,IDE)、串行 ATA(Serial ATA,SATA)、小型计算机系统接口(Small Computer System Interface,SCSI)和光纤通道(Fiber Channel,FC)4 种。IDE 也可称为集成设备电路,该接口硬盘多用于家用产品中,目前已经被 SATA 接口所替代。SATA 接口主要应用于家用市场,目前有 SATA、SATA2、SATA3 三种,是市场的主流。SCSI 主要应用于服务器市场,SCSI 借助串行传输技术现在已经发展出了串行 SCSI(Serial Attached SCSI,SAS)。FC 接口只应用在高端服务器或者专用存储设备上,价格昂贵。

硬盘的主要指标有 5 种:硬盘容量、硬盘的转速、平均寻址时间、数据传输速率和缓存。

(1) 硬盘容量从早期的兆字节(MegaByte,MB)为单位,发展为吉字节(GigaByte,GB)为单位,目前容量为太字节(TeraByte,TB)的硬盘已经出现。

(2) 硬盘的转速单位是转每分钟(r/min)。目前常用硬盘的转速一般有 5400r/min、7200r/min 两种。服务器硬盘多为 10 000r/min,现在已经出现了 15 000r/min 的产品。家用硬盘转速多为 5400r/min、7200r/min 两种。

(3) 平均寻址时间(average access time)是指磁头从起始位置到达目标磁道位置,并且从目标磁道上找到要读写的数据扇区所需的时间。目前硬盘的平均寻址时间通常在 8~12ms,而 SCSI 硬盘的平均寻址时间则小于或等于 8ms。

(4) 数据传输速率(data transfer rate)是指硬盘读写数据的速度,单位为兆字节每秒(MB/s)。硬盘数据传输速率分为内部数据传输速率和外部数据传输速率。内部传输速率(internal transfer rate)主要依赖于硬盘的转速,外部传输速率(external transfer rate)是系统总线与硬盘缓冲区之间的数据传输速率,外部传输速率与硬盘接口类型和硬盘缓存的大小有关。目前,常用的 SATA 硬盘的传输速率为 150MB/s,SATA2 的传输速率为 300MB/s,SATA3 的传输速率达到了惊人的 6GB/s,需要注意的是,这只是该接口支持的理论最大值,目前常用硬盘的实测传输速率多在 50MB/s 左右。

(5) 缓存(cache)是硬盘控制器上本身携带的一块内存区域,是硬盘内部存储和外界接口之间的缓冲器。缓存容量越大,提升传输速度的效果越好,目前常见硬盘的缓存容量多为 8~64MB。

5. 显卡

显卡全称为显示接口卡(video card 或 graphics card),如图 1-15 所示。显卡的用途是将计算机系统所需要的显示信息进行转换驱动,并向显示器提供行扫描信号,控制显示器的正确显示,是连接显示器和个人计算机主板的重要元件,是"人机对话"的重要设备之一。显卡分为图形处理器(Graphic Processing Unit,GPU)、显存(display memory)、基本输入输出系统(Basic Input/Output System,BIOS)和印制电路板(Printed Circuit Board,PCB)。显卡最主要的部分是 GPU,其功能类似主板上的 CPU。使用 GPU 是为了减少对

图 1-15 显卡

CPU 的依赖，并加快显示速度。显存的主要功能是暂时存储显示芯片要处理的数据和处理完毕的数据。显卡 BIOS 类似主板上的 BIOS，主要用于存放显示芯片与驱动程序之间的控制程序，另外还存有显卡的型号、规格、生产厂家及出厂时间等信息。

显卡可以分为集成显卡、独立显卡和核心显卡 3 种。

(1) 集成显卡是在主板上集成显卡，共享系统中的内存作为显存使用。集成显卡一个最大的优点是减少了接插件，工作比独立显卡要稳定。缺点是不易升级，需要占用内存空间，其显示性能多处于同类显卡的中档水平。

(2) 独立显卡是将显示芯片、显存及其相关电路单独做在一块板卡上，需要占用主板的扩展槽。独立显卡的优点是不占用系统内存，升级比较方便，显示性能一般优于集成显卡。缺点是需要额外资金开销，发热量大。

(3) 核心显卡是 Intel 公司新提出的技术，将图形核心与处理核心整合到同一块处理器中，从而优化了处理核心、图形核心、内存及内存控制器间的数据周转时间，能够大幅提升图形显示的性能。核心显卡的优点是低功耗，缺点是价格昂贵，以后会逐步得到普及。

常见的独立显卡按照接口类型可以分为 PCI、AGP、PCI-E 3 种，目前市场上的显卡多为 PCI-E 接口。PCI(Peripheral Component Interconnect)是 Intel 公司 1991 年定义的标准，最初的 PCI 总线工作在 33MHz 频率之下，传输带宽达到 133MB/s(33.33MHz×32b/s)，基本上满足了当时处理器的发展需要。随着对更高性能的要求，1993 年又提出了 64b 的 PCI 总线，后来又提出把 PCI 总线的频率提升到 66MHz，但 PCI 完成的速率最高也只有 266MB/s。至 1998 年，PCI 被加速图像处理端口(Accelerate Graphical Port，AGP)代替，后来依次发展出了 AGP 1.0(AGP1X/2X)、AGP 2.0(AGP4X)和 AGP 3.0(AGP8X)，最新的 AGP8X 的理论带宽为 2133MB/s。如今 AGP 又被 PCI Express(简称 PCI-E)接口基本取代，PCI-E 采用了点对点串行连接，比起 PCI 以及更早期的计算机总线的共享并行架构，其每个设备都有自己的专用连接，不需要向整个总线请求带宽，从而把数据传输率提升到一个很高的频率。PCI-E 分为 X1、X2、X4、X8、X12、X16 和 X32 共 7 种通道规格，X1 支持的传输速率为 250MB/s，X2 支持的传输速率为 500MB/s，其他以此类推，目前显卡所用的多为 X16 接口，传输速率达到 5GB/s。

民用显卡图形芯片供应商主要包括 AMD 公司和 NVIDIA 公司两家。AMD 公司的主要品牌 Radeon(镭龙)系列和 NVIDIA 公司的主要品牌 GeForce(精视)系列是目前市场上的主流显卡芯片。

6. 光驱

光驱是计算机用来读写光盘内容的设备，也是在台式计算机和便携式计算机中比较常见的一个部件(见图 1-16)。随着多媒体的应用越来越广泛，使得光驱在计算机诸多配件中已经成为标准配置。不同光盘的容量差别很大，普通 CD 的容量为 650～700MB，普通单面 DVD 为 4.3GB，普通单面蓝光 DVD 则在 20GB 左右。光驱根据安装方式分为外置光驱和内置光驱两种，外置光驱一般通过 USB、IEEE 1394 接口连接计算机，常见的光驱类型主要有以下 5 种。

图 1-16　DVD 光驱

(1) CD-ROM 光驱又称为致密盘只读存储器，是一种只读的光存储介质。它是利用原本用于音频 CD 的 CD-DA(Digital Audio)格式发展起来的。

(2) DVD 光驱是一种可以读取 DVD 光盘的光驱。除了兼容 DVD-ROM、DVD-VIDEO、DVD-R、CD-ROM 等常见的格式外，对于 CD-R/RW、CD-I、VIDEO-CD、CD-G 等都能很好地支持。

(3) COMBO 光驱俗称康宝光驱。它是一种集合了 CD 刻录、CD-ROM 和 DVD-ROM 为一体的多功能光存储产品。

(4) 刻录光驱包括 CD-R、CD-RW 和 DVD 刻录机等，其中 DVD 刻录机又分 DVD＋R、DVD-R、DVD＋RW、DVD-RW(W 代表可反复擦写)和 DVD-RAM。刻录机的外观和普通光驱接近，只是其前置面板上通常都清楚地标识着写入、复写和读取 3 种速度。

(5) 蓝光刻录光驱是能读写蓝光光盘的光驱，可以播放或刻录蓝光高清视频，向下兼容 DVD、VCD 和 CD 等格式。蓝光(blu-ray)或称蓝光盘(Blu-ray Disc,BD)，利用波长较短(405nm)的蓝色激光读取和写入数据，并因此而得名。而传统 DVD 需要光盘发出红色激光(波长为 650nm)来读取或写入数据，通常来说波长越短的激光，能够在单位面积上记录或读取更多的信息。

目前光驱常用的数据接口有 USB 接口、ATA/ATAPI 接口、SATA 接口、IEEE 1394 接口等类型。USB 接口具有支持热插拔，有即插即用的优点，现在计算机通常都有几个 USB 接口，特别是 U 盘、移动硬盘、外置式光驱、数码设备等通过 USB 接口使用起来非常方便，内置光驱也可连接 USB 接口。USB 接口有 3 个标准：USB 1.1、USB 2.0 和 USB 3.0。USB 1.1 标准传输速率最大为 12Mb/s，已经被淘汰。USB 2.0 标准是目前的主流，其传输速率达到 480Mb/s，即 60MB/s。USB 3.0 的传输速度达到 4.8Gb/s，但受主板、存储介质的速度限制，实际上达不到。计算机上的 USB 2.0 与 USB 3.0 接口通用，但 USB 3.0 外观是蓝色的。支持 USB 3.0 的移动硬盘、U 盘及数码设备，其发展很快，一般光驱设备都能支持 USB 2.0 接口，国内市场上支持 USB 3.0 的蓝光刻录光驱也已经面市。

7. 显示器

显示器又称为监视器(monitor)，作为计算机最主要的输出设备之一，显示器是用户与计算机交流的主要渠道。随着显示器技术的不断发展，显示器的分类也越来越细。显示器主要包括 CRT 显示器、LCD 显示器、LED 显示器及等离子显示器 4 类。

1) CRT 显示器

CRT(Cathode Ray Tube)显示器是一种使用阴极射线管的显示器，阴极射线管主要由 5 部分组成：电子枪(electron gun)、偏转线圈(deflection coils)、荫罩(shadow mask)、荧光粉层(phosphor)及玻璃外壳。它是目前应用最广泛的显示器之一，CRT 纯平显示器具有可视角度大、无坏点、色彩还原度高、色度均匀、可调节的多分辨率模式、响应时间极短等 LCD 显示器难以超过的优点，而且现在的 CRT 显示器价格要比 LCD 显示器便宜。显像管尺寸指的是显像管对角线的尺寸，是指显像管的大小，常见的有 14 英寸(1 英寸＝2.54 厘米)、15 英寸、17 英寸。显像管是显示器生产技术变化最大的环节之一，同时也是衡量一款显示器档次高低的重要标准，按照显像管表面平坦度的不同可分为球面管、平面直角管、柱面管和纯平管。

2) LCD 显示器

LCD(Liquid Crystal Display)显示器即液晶显示屏,优点是机身薄、占地小、辐射小,给人一种健康产品的形象。LCD 的构造是在两片平行的玻璃当中放置液态的晶体,两片玻璃中间有许多垂直和水平的细小电线,通过通电与否来控制杆状水晶分子改变方向,将光线折射出来产生画面。还可以更加形象地理解 LCD 显示器,它的核心结构类似于一块"三明治",两块玻璃基板中间充斥着运动的液晶分子。显示屏由众多像素点构成,每个像素好像一个可以开关的晶体管,这样就可以控制显示屏的分辨率。如果一台 LCD 的分辨率可以达到 1024×768 像素(XGA),代表它有 1024×768 个像素点可供显示。

3) LED 显示器

LED 是发光二极管(Light Emitting Diode)的英文缩写,它集微电子技术、计算机技术、信息处理技术于一体,以其色彩鲜艳、动态范围广、亮度高、寿命长、工作稳定可靠等优点,成为最具优势的新一代显示媒体。目前,LED 显示器已广泛应用于大型广场、商业广告、体育场馆、信息传播、新闻发布、证券交易等,可以满足不同环境的需要。LED 显示器通过发光二极管芯片的适当连接(包括串联和并联)和适当的光学结构,构成发光显示器的发光段或发光点。由这些发光段或发光点可以组成数码管、符号管、米字管、矩阵管和电平显示器等。

4) 等离子显示器

等离子显示技术的成像原理是在显示屏上排列上千个密封的小低压气体室,通过电流激发使其发出肉眼看不见的紫外光,然后紫外光碰击后面玻璃上的红色、绿色、蓝色 3 色荧光体发出肉眼能看到的可见光,以此成像。等离子显示器的优越性有:厚度薄、分辨率高、占用空间少且可作为家中的壁挂电视使用,代表了未来计算机显示器的发展趋势。等离子显示器的特点如下。

(1) 高亮度、高对比度。对比度达到 500∶1,完全能满足眼睛需求;亮度也很高,所以其色彩的还原性非常好。

(2) 纯平面图像无扭曲。等离子显示器的 RGB 发光栅格在平面中呈均匀分布,这样就使得图像即使在边缘也没有扭曲的现象发生。而在纯平 CRT 显示器中,由于在边缘的扫描速度不均匀,很难控制到不失真的水平。

(3) 超薄设计、超宽视角。由于等离子技术显示原理的关系,使其整机厚度大幅低于传统的 CRT 显示器,与 LCD 相比也相差不大,而且能够多位置安放。

(4) 具有齐全的输入接口。

(5) 环保无辐射。

显示器接口是指显示器和主机之间的接口,通常有数字视频接口(Digital Visual Interface,DVI)、高清晰度多媒体接口(High Definition Multimedia Interface,HDMI)和视频图形阵列(Video Graphics Array,VGA)3 种(见图 1-17)。

① DVI 是近年来随着数字化显示设备的发展而发展起来的一种显示接口。

② HDMI 可以提供高达 5Gb/s 的数据传输带宽,可以传送无压缩的音频信号及高分辨率视频信号。同时无须在信号传送前进行数/模或者模/数转换,可以保证最高质量的影音信号传送。

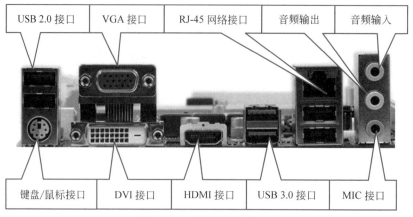

图 1-17 微机常见的接口

③ VGA 接口。VGA 接口是 IBM 公司于 1987 年提出的一个使用模拟信号的计算机显示标准,即计算机采用 VGA 标准输出数据的专用接口。VGA 接口共有 15 针,分成 3 排,每排 5 个孔,是显卡上应用最为广泛的接口类型,绝大多数显卡都带有此种接口。它传输红、绿、蓝模拟信号以及同步信号(水平和垂直信号)。

8. 键盘

键盘属于计算机硬件的一部分,它是计算机输入指令和操作计算机的主要设备之一,中文汉字、英文字母、数字符号以及标点符号就是通过键盘输入计算机的。键盘的款式有很多种,通常使用的有 101 键、104 键和 108 键等键盘。无论是哪一种键盘,它的功能和键位排列都基本分为功能键区、主键盘区(打字键区)、编辑键区、辅助键区(小键盘区)和状态指示区 5 个区域(见图 1-18)。

图 1-18 键盘

要养成正确使用键盘的方法,否则不但影响输入速度而且容易疲劳,甚至会影响身体健康,引发各种疾病。正确使用键盘包括正确的坐姿和正确的按键指法。金山打字通是国内金山软件公司推出的优秀免费产品,它能指导使用者采取正确坐姿,快速掌握盲打指法,从而提高计算机操作效率。

9. 鼠标

鼠标的全称是显示系统纵横位置指示器,因形似老鼠而得名。鼠标的标准称呼应该是鼠标器(mouse)。鼠标的使用是为了使计算机的操作更加简便,代替键盘烦琐的指令。

按接口类型划分,常见的鼠标主要有 PS/2 鼠标、USB 鼠标两种。PS/2 鼠标通过一个 6 针微型 DIN 接口与计算机相连,它与键盘的接口非常相似,使用时注意区分;USB 鼠标通过一个 USB 接口,直接插在计算机的 USB 口上。

鼠标按其工作原理的不同可以分为机械鼠标和光电鼠标。机械鼠标主要由滚球、辊柱和光栅信号传感器组成。当拖动鼠标时,带动滚球转动,滚球又带动辊柱转动,装在辊柱端部的光栅信号传感器产生的光电脉冲信号反映出鼠标器在垂直和水平方向的位移变化,再通过计算机程序的处理和转换来控制屏幕上光标箭头的移动。光电鼠标是通过检测鼠标的位移,将位移信号转换为电脉冲信号,再通过程序的处理和转换来控制屏幕上鼠标箭头的移动。光电鼠标用光电传感器代替了滚球,USB 光电鼠标是目前主要使用的类型。

另外,鼠标还可按键数分为两键鼠标、三键鼠标和新型的多键鼠标。目前主流鼠标是三键滚轮鼠标,包含左右键和上下滚动的滚轮,滚轮含中键功能。

1.5 计算机常用术语

1. 软件
软件(software)是计算机可以执行的程序与执行程序所需要的数据与文档资料。

2. 硬件
硬件(hardware)是构成计算机系统的物理实体。如芯片、网线、机箱、线路板等。

3. 位
一个二进制位称为 1 位(bit),位是计算机的最小操作运算和存储单位。

4. 字节
8 个二进制位称为 1 字节(byte),字节是计算机的最小存储单元。

5. 存储单位
计算机基本存储单位一般用字节表示,是存放指令和数据的存储空间的基本单元。例如,1KB = 1024B,1MB = 1024KB,1GB = 1024MB,1TB = 1024GB,…,1BB = 1024YB。1BB 为 2^{90} B。

6. 内存地址
存储器的容量是指它能存放多少字节的二进制信息,1KB 代表 1024B,64KB 就是 65 536B。内存储器由若干存储单元组成,每个单元有一个唯一的序号以便识别,这个序号称为内存地址,即内存地址是指内存储器中用于区分、识别各存储单元的标识符。通常一个存储单元存放 1B,64KB 总共有 65 536 个存储单元。要有 65 536 个地址,从 0 号编起,最末一个地址号为 65 536－1＝65 535,即十六进制 FFFF。注意地址的编号都从 0 开始,因此最高地址等于总个数减 1。

7. 字与字长
字(word)指的是 CPU 进行数据处理和运算的单位,字长(word length)则是字的长度,即 CPU 一次能够直接处理的二进制数据的位数。通常称处理字长为 8 位的二进制数据的 CPU 为 8 位 CPU,32 位 CPU 就是在同一时间内处理字长为 32 位的二进制数据。

字长是计算机的重要技术性能指标,决定计算机运算的精度。字长越长,计算机的运算精度越高,存放数据的存储单元数越多,寻找地址的能力越强。

8. 运算速度

运算速度是衡量计算机性能的一项重要指标。通常所说的计算机运算速度(平均运算速度)是指每秒钟所能执行的指令条数,单位通常用百万条指令每秒(Million Instructions Per Second,MIPS)来表示。同一台计算机,执行不同的运算所需时间可能不同,因而对运算速度的描述常采用不同的方法。常用的有 CPU 时钟频率(主频)、每秒平均执行指令数等。

9. 容量

容量是指计算机的存储容量。存储容量的基本单位是字节(B),一般用多少 KB、MB、GB、TB、PB、EB、ZB、YB、BB 等表示实际存储容量。

10. 主频

主频指计算机的时钟频率,其单位是兆赫兹(MHz)。例如,Pentium/133 的主频为 133MHz,PentiumⅢ/800 的主频为 800MHz,Pentium 4/1.5G 的主频为 1.5GHz。一般说来,主频越高,运算速度就越快。

11. 存取周期

存储器完成一次读(或写)信息操作所需的时间称为存储器的存取(或访问)时间。连续两次读(或写)所需的最短时间,称为存储器的存取(或存储)周期。

12. 传输速率

传输速率是指每秒传送的位数,单位是 b/s(位/秒)、kb/s(千位/秒)、Mb/s(兆位/秒)等。

13. 版本

版本原是一种商业标志,不应算作计算机的技术指标,但是计算机的软件和硬件是以版本序号标识来推出时间的先后、功能多少、档次高低和性能的优劣。

14. 可靠性

可靠性是针对系统而言的,通常用平均故障间隔时间(MTBF)来表示,主要指硬件故障,不是指用户误操作引起的故障。

15. 带宽

带宽主要是针对网络通信中计算机的数据传输速率而言的,反映计算机的通信能力。

1.6 信息科学技术的长期发展趋势

1.6.1 对信息科学技术认识的转变

经过半个多世纪的研究和实践,科技界对信息科学技术的认识已发生重大转变,新的认识包括以下 4 点内容。

1. 从重视信息科学技术的内涵转到更加重视其外延

20 世纪上半叶,发生了以量子力学和相对论为核心的物理学革命,加上其后的宇宙大爆炸模型、DNA双螺旋结构、板块构造理论、计算机科学,这六大科学理论的突破,共同确立了现代科学体系的基本结构,计算机科学是现代科学体系的主要基石之一。现在,信息已成为最活跃的生产要素和战略资源,信息技术正深刻影响着人类的生产方式、认知方式和社会生活方式,信息技术和应用水平已是衡量一个国家综合竞争力的重要标志。信息科学技术已经是一种典型的通用技术,它不再是与数学、物理、化学、天文、地理、生物平行的一门学科,而是与很多学科相关的横向型科学技术。同时,信息科学技术已不再是主要以研究信息获取、存储、处理等为主的一门单独的学科,而是更加强调与社会、健康、能源、材料等其他领域的紧密联系。21世纪的信息领域更像能源领域,它的外延涉及各学科(见图1-19)。以美国工程院列出的21世纪工程科技重大挑战为例,其有关信息技术的内容包括促进医疗信息科学发展、保障网络空间安全、提高虚拟现实技术、促进个性化学习和大脑逆向工程等,几乎都不是单独的信息处理和通信技术,而是信息领域与其他领域的交叉。

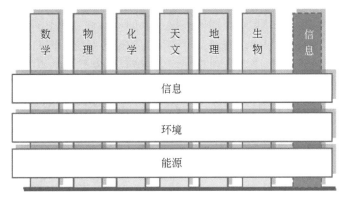

图1-19　信息科学技术的外延涉及各学科

21世纪信息技术发展的新趋向是:在继续发展工程技术规模效益的同时,将更加重视信息技术的多样性、开放性和个性化,更加重视信息技术惠及大众;在重视信息技术的市场竞争能力及经济效益的同时,将更加重视生态和环境影响,探索对有限自然资源和无限知识资源的分享、共享和持续利用;在重视对周围世界的认识和改善的同时,更加重视医学及与人类健康有关的信息科学技术;在重视技术作为生产力决定性因素的同时,将更加重视信息科学的研究探索,特别是与纳米、生命、认知等科学的交叉研究;在重视科学与技术的紧密结合的同时,更加重视信息技术与人文艺术的结合,更加重视信息技术伦理道德方面的研究和对信息技术社会的法制化管理与监督。

2. 从狭义工具论转到计算思维

长期以来,计算机和信息网络被社会看作一种高科技工具,信息科学技术也被构造成一门专业性很强的工具学科,这种社会认知很容易导致负面的狭义工具论。"高科技"意味着认知门槛高、成本高;"工具"意味着它是一种辅助性学科,并不是能够满足国家经济社会发展、满足人民经济文化需求的主业。这种狭隘的认知是信息科技向各行各业渗透的最大障碍,对信息科技的全民普及极其有害。

信息科技的普及实际上是在全社会传播计算思维(computational thinking)。计算思维是运用计算机科学的基本概念求解问题、设计系统和理解人类的行为。求解问题首先需要解决的是问题的表示,如编码/解码和建模等都是典型的例子。只有这样才能够建立计算环境所能理解的基本计算对象,进而为基于计算环境的问题求解提供可能。然后,需要设计问题的求解过程,典型的方法有约简、嵌入、转化、仿真、递归、并行、启发式推理、平衡与折中等。最后,需要验证以确定计算过程的正确性与效率,典型方法有预防、保护、冗余、容错、纠错等,其中还需要多维度(时间、空间、简洁、社会、成本)考量计算的效率。因此,从本质上说,计算思维的核心方法是"构造"(construct),包括3种构造形态:对象构造、过程构造和验证构造。对象构造是面向计算过程中的各种对象,如指令、硬件系统、数据组织、程序函数/组件、系统软件等;过程构造是基于对象的计算形态的构造,如指令的执行、算法(涉及数据组织和语言)、计算资源调度、分布式处理、软件工程等;验证构造则是针对前述两个构造的有效性分析,包括测试与分析、系统安全性、可靠性及对社会的影响等。因此,计算思维能力的重要表现就在于培养其构造能力。

例如,计算机网络是将分布在不同地理位置上的具有独立工作能力的计算机用通信设备和通信线路连接起来,以实现资源共享和信息传递的系统。因此,网络系统需要解决的核心问题有收发端的识别(谁收发信息)、内容识别(收发什么信息)、信息传递路径(路由选择)、信息传递的安全性和完整保障(容错技术、校验技术、身份认证)等。收发端的识别的最主要思路是"约定",不同计算机之间有了统一的约定之后就可以方便地识别谁发送了什么信息。这种约定在网络技术里是各种各样的协议。所以,在网络技术中最为经典的表述是"有网络必有通信,有通信必有协议"。为了减少网络协议设计的复杂性,网络设计者并不是设计一个单一、巨大的协议来满足所有的网络通信要求,而是采用把通信问题划分为许多个小问题,并相应设计单独的协议,使得每个协议的设计、分析、编码和测试都比较容易。网络分层模型就是这种思想的体现,也体现了约简、分解、调度、折中等计算思维的思想。

计算思维是一种普适的思维,是每个人的基本技能。正如印刷出版促进了阅读、写作和算术(reading、writing and arithmetic,3R)的传播,计算机的普及也将以类似的正反馈促进计算思维的传播。计算思维强调一切皆可计算,从物理世界模拟到人类社会模拟再到智能活动,都可认为是计算的某种形式(见图1-20)。

3. 从人机共生思想转到基于三元社会模式的新信息世界观

目前使用的信息系统,在很大程度上仍然根基于40多年前提出的人机共生思想:人做直觉的、有意识的事,计算机做无意识的、确定的、机械性的操作;人确定目标和动机,计算机处理琐碎细节,执行预定流程。然而,今天的信息世界已经与一人一机组成的、分工明确的人机共生系统不同,是一个多人、多机、多物组成的动态开放的网络社会,即物理世界、虚拟信息世界、人类社会组成的三元社会模式(见图1-21),这是一种新的信息世界观。

这个跃变促使信息科学发生本质变化。信息科学应当成为研究人机物社会中的信息处理过程。我们需要回答下述基本问题:万维网能被看成一台计算机系统吗?什么是万维网的可计算性?什么是物联网计算机的指令集?人机物社会中的"计算"如何定义?它

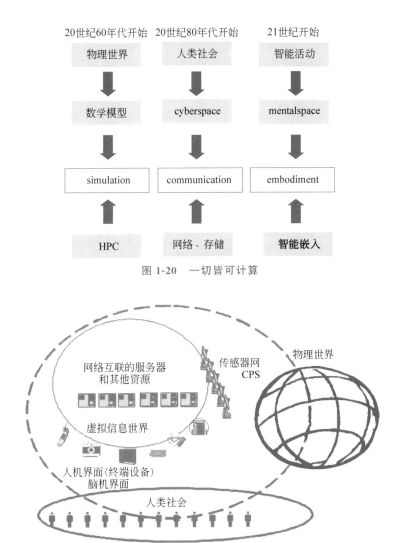

图 1-20 一切皆可计算

图 1-21 人机物组成的三元社会模式

还是图灵计算吗？等等。为了研究人机物三元社会模式的计算问题，传统算法科学的集中式假设、确定起始假设、机械执行假设、精确结果假设等可能都需要突破，也将改变图灵计算模型不可突破的观念。

目前的主流计算机科学教科书认为：图灵机不能做的事情将来的计算机也不能做。实际上，图灵模型把计算看作从输入到输出的函数，不终止的计算被认为是无意义的。而在网络环境中，计算主体(进程)在与外界不断交互的过程中完成所指定的计算任务。对于这类交互式的并发计算，传统的基于"函数"的计算理论不再适用。如何为实际并发系统的设计与分析提供坚实的理论基础，是计算机科学在未来几十年内面临的重大挑战。算法研究的重点将从单个算法的设计分析转向多个算法的交互与协同。

4. 信息科学技术重点研究方向的改变

长期以来，信息科学技术研究的主要目标是提高信息器件和系统的性能，摩尔定律指引的研究方向主要是提高半导体器件的集成度,从而提高主频和性能。现在 CMOS 器件的主频提高已受到功耗的限制,在厂商追求超额利润的驱使下迫使用户不断购买升级的局面必将改变。未来发展信息技术主要致力的方向将是降低功耗、成本和体积(占地面积),提高易用性、效率和性能(见图 1-22),即从图 1-22 的左下方向右上方移动。

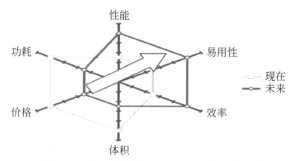

图 1-22 信息科学技术研究方向的改变趋势

1.6.2 信息科学技术面临的重大突破

1. 信息科学技术面临新的革命

在过去几十年中,信息技术一直走在信息科学的前面,无论是图灵机理论、冯·诺依曼计算机模型,还是香农信息论,都是在 20 世纪 30—40 年代建立起来的。半个多世纪过去了,尽管信息技术迅速发展,但许多重要的信息科学基本理论问题仍没有得到解决。根据经济学家康德拉季耶夫提出的经济长波理论,预计 21 世纪上半叶信息科学将取得突破性发展,而 21 世纪下半叶将出现一次基于科学突破的新的信息技术革命(见图 1-23)。

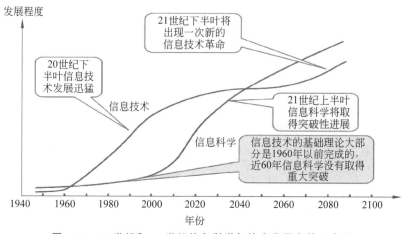

图 1-23 20 世纪和 21 世纪信息科学与技术发展态势示意图

中国科学院信息领域战略研究组通过一年多的战略研究工作,做出的基本判断如下。

(1) 信息技术不会像机械和电力技术一样,经过半个世纪的高速发展以后,变成以增量改进为主的传统产业技术,而是面临一次新的信息技术革命;在整个 21 世纪,信息科学与技术将与生物、纳米、认知等科学技术交织在一起,继续焕发出蓬勃的生机,引领和支撑国民经济的发展,改变人们的生活方式。

(2) 不论是集成电路、高性能计算机,还是互联网和存储器,2020年前后都会遇到只靠延续现有技术难以逾越的障碍(信息技术墙),孕育着新的重大科学问题的发现和原理性的突破。当前信息技术面临3座高墙,即挖掘并行性和可扩展的困难、信息处理的高功耗、复杂信息系统安全可靠性低。

摩尔定律是指集成电路芯片(Integrated Circuit,IC)可容纳的晶体管数目,约每隔18个月便会增加一倍,性能也将提升一倍。摩尔定律由Intel公司名誉董事长戈登·摩尔(Gordon Moore)经过长期观察发现得之。到2020年左右,摩尔定律将不再有效,集成电路正在逐步进入"后摩尔时代",必须更多地从Beyond CMOS中寻找新的出路。计算机也正逐步进入"后PC时代",终端设备将从"高大全"向"低小专"("专"指个性化)转变,降低功耗是首要目标。2020年以后,超级计算机的"千倍定律"将失效,只在现有的技术基础上做改进,到2030年将无法制造出Zetta flops级(10^{21} flops)水平的计算机。进入"后IP时代"是不可避免的发展过程,可能需要15~20年才能真正突破TCP/IP的局限。

信息领域的技术在以下3个方向必须有革命性的突破:在扩展性方面,要可扩展到亿级甚至百亿、千亿级并行度,惠及数十亿用户;在低功耗方面,性能功耗比要提高几个数量级的低功耗的信息系统;在安全可靠方面,要致力于研制自检测、自诊断、自修复的高可信的信息系统(见图1-24)。

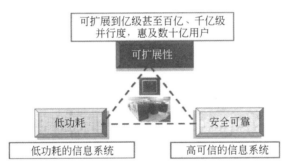

图1-24 信息领域技术需重点突破的3个方向

2. 21世纪网络科学技术的变革

1) 无处不在的传感网与物联网

传感网是数字世界与物理世界的桥梁,主要实现对物理世界的信息获取和处理。数字物理系统(Cyber Physical System,CPS)又称为物联网,是数字世界与物理世界交互的网络系统,主要功能是监视与控制。传感网和数字物理系统的研究重合的部分很大,但侧重各有不同,前者重点在感知与网络,后者重点在计算与控制,它们都是未来泛在网的重要组成部分。传感网和物联网是典型的多学科交叉的综合研究,涉及通信、光学、微机械、化学、生物等诸多领域。

如果把手机比喻成自然界的鱼类(约3万种),PC比喻成比鱼类还高级的各种生物(约2万种),物联网终端(包括各种贴有RFID标签的物品)就类似自然界的昆虫(约100万种),那么有如下公式。

物联网终端：手机：PC＝100：3：2

物联网的普及将使上网设备成百倍地增长。但必须指出，将来也不会出现像手机网和PC网一样庞大的统一的物联网，每一种应用的物联网可能都是一个规模不太大的网络，每一种传感器或RFID可能都是Niche Market，但累计起来规模巨大。发展物联网需要与发展手机和PC不同的思路。随着大量的嵌入式设备和传感器纳入信息系统，每个服务器的客户端设备数量可达到几万个，对这些嵌入式设备和传感器发送的海量信息进行存储、搜索、校对、汇总和分析，将是21世纪信息领域新的挑战任务。

2) 云计算的出现具有一定的历史必然性

古人云：天下大势，分久必合，合久必分。信息技术领域宏观上也呈现一种长周期现象，即每隔15～20年，计算模式会出现集中-分散交替主导的现象，这种现象称为"三国定律"（见图1-25）。

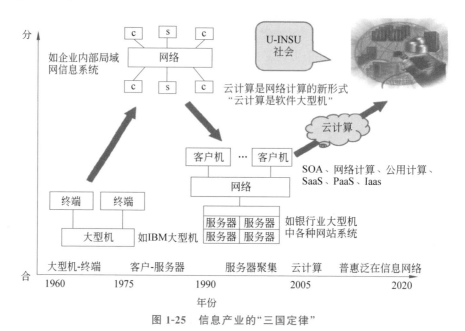

图1-25　信息产业的"三国定律"

例如美国和英国电气化过程，在1880—1900年，美国和英国只有小电站，每个工厂、每条电车道都有自己的发电设备，银行和股市支持私人发展电力。这导致在20世纪初，伦敦的电力有10种不同的频率、32种不同的电压、70种不同的电价。为了实现电力系统的融合，美国规定地方政府可控制的地区只允许用公共电力，私人电力公司可在城市之间发展，逐渐实现供电方式和价格等的统一，近几年国外又在探讨分布式的热电联产的绿色智能电网系统，第一代能源系统成为21世纪能源工业结构调整的方向之一。目前相当分散的信息中心与20世纪初美国电气化开始阶段的情景极其类似，信息网络与电力网络一样，都要经历分散—集中—分散的螺旋式发展过程。

云计算符合"三国定律"的宏观规律，有一定必然性。它是网络计算的一个新阶段，既有集中又有分散，尚未完成下一个"集中、分散"的转折，有专家称"云计算是软件大型机"。云计算也是我国走向信息社会的一个必经阶段。云计算适应用户的需求和软件转向服务的发展趋势,体现了信息系统聚集的趋势——集中服务模式。

云计算"火"起来有3个原因：一是互联网的普及,如带宽的保证,不仅是带宽越来越宽,而且保证24h不间断的连接；二是存储成本下降非常快；三是互联网改变了人们的传统思维习惯,如人们从习惯于一切自建到逐渐习惯于付费的网上订阅服务。云计算"火"起来的真正推手则是需求,用户无须购买服务器、存储设备,也无须建设数据中心,根据使用收费,想用多少用多少,这些好处对用户无疑具有相当大的诱惑力。分布式处理技术和虚拟化技术的进步是云计算的重要推动力,特别是在以VMware为代表的虚拟化技术供应商们的大力推动下,x86平台的虚拟化技术逐渐成熟并普及,使得数据中心的整合不再成为一件费时费力的事情,这也为云计算平台的搭建提供条件。

云计算的关键是资源集中和虚拟化技术,应当引起人们的重视。云计算涉及国家信息基础设施的基本安全问题,不能掉以轻心,必须建立自主可控的云计算中心。网络信息技术的长远发展目标应该是真正以用户为中心,而不是以服务商为中心。变相的Client/Server结构或虚拟的Mainframe结构可能不是理想的结构。信息不同于能量,信息的根本性质是可无限次共享而本身并不减少。理想的信息服务模式可能不同于电力。因此,需要寻求符合信息本质规律、真正以用户为中心的网络体系结构。

3）信息社会的网络大数据时代

近年来,随着互联网、物联网、云计算、三网融合等IT与通信技术的迅猛发展,数据的快速增长成了许多行业共同面对的严峻挑战和宝贵机遇,因而信息社会已经进入了大数据(big data)时代。大数据的涌现不仅改变人们的生活与工作方式、企业的运作模式,甚至还引起科学研究模式的根本性改变。一般意义上,大数据是指无法在一定时间内用常规机器和软硬件工具对其进行感知、获取、管理、处理和服务的数据集合。网络大数据是指人机物三元社会模式在网络空间(cyberspace)中彼此交互与融合所产生,并在互联网上可获得的大数据,简称网络大数据。

网络大数据是大量非结构化或结构化的数据集,其特点可以归纳为4V(Volume,Variety,Velocity,Value),即大量、多样、高速、价值。网络大数据已经应用于包括制造、金融、汽车、餐饮、电信、能源、物流等在内的社会各行各业,显示出越来越巨大的影响作用,正在改变人们的工作与生活。在制造业,利用工业网络大数据提升制造业水平,包括产品故障诊断与预测、分析工艺流程、改进生产工艺、优化生产过程能耗、工业供应链分析与优化、生产计划与排程。在金融业,网络大数据在高频交易、社交情绪分析和信贷风险分析3大金融创新领域发挥重大作用。在汽车行业,利用大数据和物联网技术制造的无人驾驶汽车,已经开始走入人们的日常生活。在餐饮行业,利用网络大数据实现餐饮O2O模式,彻底改变传统餐饮的经营方式。在电信行业,利用大数据技术实现客户离网分析,及时掌握客户离网倾向,出台客户挽留措施。在能源行业,随着智能电网的发展,电力公司可以掌握海量的用户用电信息,利用大数据技术分析用户用电模式,改进电网运行,合理设计电力需求响应系统,确保电网运行安全。在物流行业,利用网络大数据优化物流网络,提高物流效率,降低物流成本。在城市管理方面,利用网络大数据实现智能交通、环保监测、城市规划和智能安防。在生物医学方面,大数据可以帮助人们实现流行病预测、智慧医疗、健康管理,同时还可以帮助人们解读DNA,了解更多的生命奥秘等。总之，网络大数据对各行各业的渗透，使其已经成为推动社会生产和生活的核心要素。

网络大数据给学术界也同样带来了巨大的挑战和机遇。网络数据科学与技术作为信息科学、社会科学、网络科学和系统科学等相关领域交叉的新兴学科方向正逐步成为学术研究的新热点，倘若能够更有效地组织和使用这些数据，人们将得到更多的机会发挥科学技术对社会发展的巨大推动作用。

第 2 章 操作系统技术

操作系统是配置在计算机硬件上的第一层软件,实现了对硬件的首次扩充,是用户使用和管理计算机硬件和软件的"窗口",在计算机系统中占据着特别重要的地位,除了用户通过操作系统使用计算机资源以外,其他的应用软件也需要操作系统的支持。本章将介绍操作系统的基本知识、Windows 10 的操作界面、Windows 10 的基本操作、Windows 10 的主要功能和 Windows 10 的系统设置。

2.1 操作系统基础

第一代计算机是没有操作系统的,所有的操作均由人工手动完成,以埃尼阿克(ENIAC)为例,为了完成一次计算任务需要几十名工作人员通过手动方式完成设置,然后才可以启动计算机,而要完成下一项计算任务时需要重新启动对应设备。尽管埃尼阿克以后的机器在操作方面有了不小的进步,但是总体来说都是由人工完成,操作复杂,资源利用率低,低效的人工操作严重降低了高效的计算机的能力,这就是所谓的"人机矛盾"。

随着计算机技术的不断发展和计算机的普及,人机矛盾变得日趋严重,计算机要进一步发展必须解决人机矛盾,满足以下三个基本要求。

(1) 统一进行资源管理,提高计算机资源的利用率。

(2) 方便用户操作。

(3) 适应计算机硬件的不断更新。

为此计算机操作系统的概念被提了出来,1956 年世界上第一款操作系统 GM-NAA I/O 在 IBM701 上启用,从此操作系统不断发展和完善,成为现代计算机系统中最主要、最核心的软件。

2.1.1 操作系统的概念与作用

操作系统是一组控制和管理计算机硬件和软件资源,合理组织计算机的工作流程,支持程序运行,为用户提供交互界面,方便用户使用计算机的大型软件系统。

现代计算机系统一般被分为 4 个层次——硬件系统、操作系统、其他软件和应用软件。操作系统介于硬件系统与其他软件之间,它一方面通过核心程序对计算机中的硬件资源和软件资源进行管理,提高系统的资源利用率;另一方面操作系统为其他软件和用户提供服务与接口,充当硬件与硬件

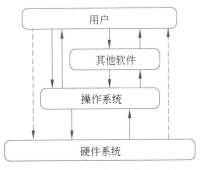

图 2-1 操作系统在计算机系统中充当"中转站"

使用者之间协调工作的"中转站",用户通过操作系统可以方便地管理系统中的资源,而不必了解其细节;此外,在计算机上配置操作系统后,明显比裸机使用更方便,从使用计算机的角度来看,感觉更加方便,功能更强,似乎计算机的能力得到了加强,通常这被称作逻辑上扩充机器,这样的计算机被称为扩充机器或者虚机器。

2.1.2 操作系统的主要功能

计算机系统所包含的硬件系统与软件系统,在操作系统中均被称为资源。其中硬件系统也被称为设备资源,包括计算机的处理器、存储设备、输入输出设备等;软件系统也被称为信息资源,包括用户文件、系统软件和应用软件等。操作系统的主要功能就是管理这些资源,并为用户提供良好的用户界面,实现用户需求。

1. 处理机管理

处理机由中央处理器(CPU)、主存、输入输出接口组成,是计算机硬件的核心部分。在多任务系统中,每个任务被分解成一个或者多个进程,每个进程是一个任务的一次运行,处理机的分配和运行一般是以进程为基本单位的。处理机管理就是对进程的管理。其主要功能是创建和撤销进程,对各进程的运行进行协调,以及按照一定的算法把处理机分配给进程。

2. 存储器管理

存储器指的是计算机的主存,存储器管理的主要任务,是为多任务系统中各任务的运行提供良好的环境,方便用户使用存储器,提高存储的利用率并从逻辑上扩充内存。主要包括内存分配、内存保护、内存扩充等功能。

3. 设备管理

设备管理的主要任务是对计算机中所有的输入输出设备和设备管理器进行管理,为用户提供良好的设备管理界面和接口。主要包括响应用户输入输出请求,进行设备分配,设置缓冲区提高硬件使用效率,配置设备驱动程序,在主机与设备之间进行协调等。

4. 文件管理

在计算机系统中,程序和数据都是以文件的形式存储在磁盘上的,操作系统文件管理的主要功能就是对用户文件和系统文件进行管理,以方便用户使用。主要包括文件存储空间的管理、目录管理、文件读写管理及文件共享与保护等。

5. 用户接口

为方便用户使用计算机系统,操作系统需向用户提供友好、便捷的操作界面,用户通过此界面可以方便地使用操作系统提供的服务,而无须了解系统的内部原理和细节,被称为"用户接口"。

操作系统的用户接口一般分为交互式和程序接口两大类,交互式又分为命令接口和图形接口两种。

(1) 命令接口和图形接口。用户用这两种接口采用交互方式实现操作,本章采用的Windows 10 就是图形接口操作系统,在本章后边的内容中将进行详细介绍;经典的命令接口操作系统包括 DOS 系统和 UNIX 系统,通过输入命令来实现相应操作,图 2-2 所示是 MS-DOS 命令界面,通过输入"mkdir mydir"命令,按 Enter 键后将在 D 盘下建立一个名为 mydir 的文件夹。

图 2-2　MS-DOS 命令界面

（2）程序接口。程序接口也被称为 API(Application Programming Interface,应用程序接口),应用程序通过调用操作系统的 API 使操作系统去执行相应的命令,使用系统提供的各种服务。

2.1.3　操作系统的分类

分类标准不同,分类的结果也不同,除了上边介绍的系统操作界面可以作为分类标准以外,通常操作系统还可以根据以下 3 个标准来进行分类。

1. 根据内存中的任务数

根据系统内存中的任务数,可以分为单任务操作系统和多任务操作系统。单任务操作系统在内存中只存放一个任务,比较典型的是 DOS;多任务操作系统在内存中同时存放多个任务,这些任务共享系统的各种资源,在操作系统的控制下协调工作,现代操作系统,例如 Windows 系列、UNIX、Linux 等都属于多任务操作系统。

2. 根据系统支持的用户数

根据系统允许多少用户同时在系统中操作,可以分为单用户操作系统和多用户操作系统。单用户操作系统只允许一个用户进行操作,比如 DOS、Windows 等;多用户操作系统允许有多个用户同时登录系统,在互不干扰的情况下完成各自的操作,比如 UNIX、Linux 等。其中值得注意的是 Windows 系列,尽管允许注册多个用户,但是只允许一个用户操作计算机,所以 Windows 系列仍然属于单用户操作系统。

3. 根据任务处理方式

根据任务处理方式的不同,可以分为批处理操作系统、分时系统和实时系统。其中批处理操作系统资源利用率最高,而实时系统对用户请求的响应最及时。如果一个系统具备了以上两种或两种以上的任务处理方式,则该系统被称为通用操作系统。

2.1.4　典型操作系统的介绍

自操作系统的概念被提出以来,在不同的时期、不同的平台上诞生了大量的操作系统版本,以下是最经典的几款操作系统的简单介绍。

1. DOS

DOS 是 Disk Operation System（磁盘操作系统）的简称，是一个基于磁盘管理的命令界面的单用户单任务操作系统。由于早期的 DOS 系统是由微软公司（Microsoft）为 IBM 的个人计算机（Personal Computer）开发的，也被称为 PC-DOS，又以其公司命名为 MS-DOS。

DOS 系统操作简单，界面友好，一度是个人计算机操作系统的首选，早期（1981—1995 年）的个人计算机采用的基本都是 DOS 操作系统。但是 DOS 系统采用命令界面，用户需要记忆大量的英文命令，且只能支持单用户单任务，后来微软公司开发了使用更方便，且无须记忆大量命令的 Windows 操作系统，DOS 随即被 Windows 取代。

2. Windows 系列

1985 年 11 月 20 日，微软公司发布了 Windows（视窗）系列的第一款产品 Windows 1.0，但是并不成功，真正被用户认同的是 1992 年 4 月发布的 Windows 3.1，此后又发布了 Windows 95、Windows 98、Windows XP、Windows Vista、Windows 7、Windows 8、Windows 10 等。

Windows 系列操作系统属于多任务操作系统，其最大的特点是操作方便，界面友好，这受到了用户极大的欢迎，使 Windows 成为个人计算机操作系统的首选。但是 Windows 系列是不开源的，开源就是公开源代码，任何人都可以得到开源软件的源代码，加以修改和学习，甚至在版权限制范围之内重新开发。不开源也导致了 Windows 系列的稳定性、安全性远远不及其他操作系统。

3. UNIX 与 Linux

UNIX 操作系统是一套强大的多用户、多任务的命令界面操作系统，诞生于 1969 年的贝尔实验室，由于其强大的功能和优良的性能，成为业界公认的工业化标准的操作系统。UNIX 能够在各种不同的计算机硬件平台上运行，而且具有高稳定性和高安全性的网络功能，使得 UNIX 在金融、保险等行业广泛应用。

UNIX 衍生了多个不同的操作系统版本，如 System V、BSD、FreeBSD、OpenBSD、Sun 公司的 Solaris 等。但是最著名的一个操作系统是由芬兰赫尔辛基大学的计算机系学生 Linus Torvalds 开发的 Linux，这是一款脱胎于 UNIX，与 UNIX 完全兼容的类 UNIX 操作系统。

Linux 是一个源代码公开的免费操作系统，任何用户都可以得到最新的和最原始的 Linux 源代码，例如目前最新的 Linux 内核可以登录到 https://www.kernel.org/下载，任何人都可以使用、改写和重新发布。开源给了 Linux 强大的生命力，各种各样的 Linux 版本如 RedHat、Debian、SUSE、Ubuntu、Slackware 和 RedFlag 等纷纷涌现，无数的计算机爱好者为 Linux 贡献了自己的智慧，这使得 Linux 具有极高的稳定性和安全性，目前世界上许多著名的 Internet 服务提供商已将 Linux 作为主推操作系统之一。

4. Android

Android 是一种以 Linux 为基础的开放源代码操作系统，主要用于便携设备，通常被称为"安卓"，其实这并不是一个正式的命名。

2003 年 10 月，Andy Rubin 开发了 Android 操作系统，2005 年被谷歌（Google）收购，

2007年11月由Google正式发布,并组建开放手机联盟开发改良,逐渐扩展到平板电脑及其他领域上。2011年第一季度,Android在全球的市场份额首次超过了塞班系统,跃居全球第一。2012年11月数据显示,中国市场的占有率为90%。

5. macOS

macOS是最早的图形界面操作系统,采用UNIX内核,目前主流版本是macOS X(10)系列。macOS属于专属操作系统,一般不能直接安装在一般PC上,主要运行于苹果Macintosh(麦金托什)系列的计算机上。2007年1月,苹果公司在此基础上开发了移动操作系统iPhone OS,2010年6月,正式将移动操作系统命名为iOS。

2.2 Windows 10的操作界面

Windows 10是微软公司于2015年7月发布的一款操作系统,其界面华丽,操作方便,功能全面。Windows 10目前已经发布了7个版本,包括Windows 10 Home(家庭版)、Windows 10 Pro(专业版)、Windows 10 Enterprise(企业版)、Windows 10 Education(教育版)、Windows 10 Mobile(移动版)、Windows 10 Mobile Enterprise(企业移动版)和Windows 10 IoT Core(物联网版),其中前4个版本用于个人计算机(PC)。本教材采用Windows 10 Education(教育版)。学习移动版使用的同学,亦可用作参考。

2.2.1 Windows 10的启动与退出

1. Windows 10的启动

按下计算机电源后,启动程序自动将操作系统的内核程序从硬盘调入内存开始运行,屏幕上将弹出登录对话框让用户选择用户名和录入登录密码,正确登录后进入Windows 10桌面,完成启动。如果没有设置登录密码和账户,则直接显示桌面。如果要进入高级启动设置界面,需要在按下电源后按快捷键Esc+C。

2. Windows 10的退出

在Windows 10系统的工作界面下,通过单击"开始"按钮,打开图2-3所示的"开始"菜单,单击"电源"按钮,打开图2-3所示的级联菜单,可以进行以下3项操作。

图2-3 电源级联菜单及安全窗口

(1) 关机。

当用户完成了所要进行的操作后,可以先保存已编辑过的文件,关闭当前正在操作的窗口,然后单击"关机"按钮,系统会检查并关闭后台服务,切断所有设备的供电,计算机关机。

(2) 睡眠。

当用户需要暂时离开计算机时,可以选择"睡眠"选项,系统将进入"睡眠"状态,把用户当前的工作状态保存到内存中,然后切断主机箱里除内存外所有硬件设备的供电,同时关闭显示器。用户返回工作时,只需按下计算机电源,唤醒计算机,重新登录即可。

睡眠状态下的计算机,耗电量小,能够保存用户的工作状态,这明显比重新启动计算机手动恢复工作状态要快捷方便得多,而且由于频繁开关机对硬件系统有一定的损伤,所以"睡眠"一定程度上能够增加硬盘的寿命。

(3) 重启。

如果系统运行出现了问题,或者安装了某些软件,更改了系统配置之后,通常需要重启系统,按下图 2-3 所示的电源级联菜单中的"重启"按钮,系统将关闭计算机并再次打开。

部分用户为了节省时间,通常会用复位启动来代替重启操作,即直接按下主机箱面板上的 Reset 按钮,也有部分用户喜欢采用长按开机按钮切断电源的方式关闭计算机,这会使正在运行的程序遭到破坏或正在编辑中的文件丢失,系统重新加载时会花较长的时间运行自检程序尝试检查并修复错误,因此复位启动和断电关机一般只在系统死机或者各种操作长时间无反应的极端环境下才建议使用。

(4) 其他退出操作。

按下组合键 Ctrl+Alt+Delete(有些键盘是 Del 键)打开图 2-3 所示的安全窗口,可以锁定屏幕、切换用户、注销用户、更改密码和打开任务管理器。

所谓锁定屏幕是将屏幕切换到系统登录界面,通常在用户短时离开计算机时应用;切换用户是指在不重启的情况下退出当前用户,登录一个新的用户;注销用户是当前用户退出而不关闭计算机,该操作可以在用户安装应用软件或者系统出现问题需要重启计算机时代替"重启"操作;更改密码的作用是修改登录密码;通过任务管理器可以打开任务管理器,任务管理器的介绍见 2.3.4 节。

2.2.2 Windows 10 的操作方式

Windows 10 属于图形界面操作系统,各种操作主要通过鼠标和键盘完成,因此了解鼠标和键盘的使用对系统操作是很有帮助的。

1. 鼠标操作

鼠标操作主要有 5 种,操作名称、方法和作用如表 2-1 所示。

表 2-1 鼠标操作

操作名称	操作方法	作用
指向	将鼠标的指针移动到某个对象并停留	显示该对象的相关提示信息
单击	将鼠标指向某对象后左击一次	选中一个对象作为当前操作目标

续表

操作名称	操作方法	作用
双击	将鼠标指向某对象后快速单击两次	运行该对象所关联的程序,或者打开目标文件
右击	将鼠标指向某对象后右击一次	弹出与该对象相关联的快捷菜单
拖动	将鼠标指向某对象后按下左键不松开,移动鼠标到预定位置后松开左键	移动或者复制某对象到某个特定位置

2. 键盘操作

利用键盘上的功能键(Ctrl,Alt 和 Shift 等)与其他键形成的快捷键,可以方便地完成一些操作,实际上大多数快捷键操作要比使用鼠标操作简便快捷得多,下面介绍在 Windows 10 中使用比较频繁的快捷键和部分功能键。

- Ctrl+Alt+Delete 打开安全界面。
- Ctrl+Shift+Esc 打开任务管理器。
- Alt+Space 打开窗口控制菜单。
- Win 打开"开始"菜单。
- Ctrl+Space 切换中英文输入法。
- Ctrl+Shift 切换输入法。
- Alt+F4 关闭当前窗口。
- Shift+Delete 彻底删除。
- Win+D 打开桌面。
- Ctrl+Win+← 切换到上一桌面。
- Win+Tab 桌面选择和关闭。
- F1 打开帮助文件。
- Win+D 显示桌面。
- Ctrl+C 复制。
- Ctrl+V 粘贴。
- Ctrl+A 全选。
- Ctrl+X 剪切。
- Alt+Tab 切换窗口。
- Ctrl+Tab 切换选项卡。
- Ctrl+Win+D 创建新桌面。
- Ctrl+Win+→ 切换到下一桌面。
- Win+L 锁定屏幕。

熟练地使用快捷键和功能键对用户使用计算机的效率有明显的提高,当然以上快捷键只是一部分,要获取所有的快捷键,可在桌面按下 F1 键参考 Window 10 的"帮助和支持中心",或者通过 Cortana 获取帮助。

2.2.3 Windows 10 的桌面、任务栏和开始菜单

1. 桌面

启动 Windows 10 后,用户首先看到的就是桌面,桌面是用户与计算机交流的窗口,用户通过对桌面上图标的操作可以方便地管理计算机。第一次启动 Windows 10 时,桌面上只有系统图标,用户可以按照自己的喜好和需要在桌面上添加各种快捷图标,这些图标包括快捷方式、文件和文件夹等。双击这些图标对象可以打开其对应的功能。

初次启动 Windows 10 时桌面上显示的系统图标包括"当前用户"文件夹图标、"此电脑"图标、"网络"图标、"回收站"图标。

(1)"当前用户"文件夹图标:双击该图标可以打开用户文件夹,用户文件夹以当前用户名来命名,是当前用户默认的文件保存位置,每个用户都有一个自己的当前用户文件夹。

(2)"此电脑"图标:双击该图标可以打开"资源管理器",用于查看和操作计算机中所有的驱动器及驱动器中的文件,实现对这些对象的管理。

(3)"网络"图标:用于访问网络上的计算机、打印机和其他网络资源。

(4)"回收站"图标:回收站的本质是存在于硬盘上的名为 Recycled 的隐藏文件夹,用来暂存从硬盘上删除的文件和文件夹,在这些对象被清空之前可以将这些文件还原,以避免误删除给用户带来的损失。对回收站具体的操作将在后续内容中予以详细介绍。

如果用户对系统默认的桌面图标不满意,可以更改桌面图标。如图 2-4 所示,具体方法是选择桌面为当前窗口,右击打开桌面的快捷菜单,执行"个性化"命令,在个性化窗口中选择左侧菜单的"主题"选项,执行右侧的"更改桌面图标"命令,在打开的"桌面图标设置"对话框中完成各种设置。

图 2-4 更改桌面图标

2. 排列和查看桌面图标

对于桌面上图标的位置,用户也可以根据自己的喜好进行重新排列,以使桌面保持整洁和富有条理。如图 2-5 所示,具体的操作方法是选择桌面为当前窗口,右击打开快捷菜

单,执行"排列方式"命令,在其级联菜单中选择具体的排列方式。也可以通过执行桌面快捷菜单中的"查看"命令,在其级联菜单中更改图标的外观效果。

图 2-5　排列和查看桌面图标

3. Windows 10 的多桌面

Windows 10 允许使用多桌面,多桌面也被称为"虚拟桌面",允许用户设置多个桌面,并方便地进行切换和管理,如图 2-6 所示。

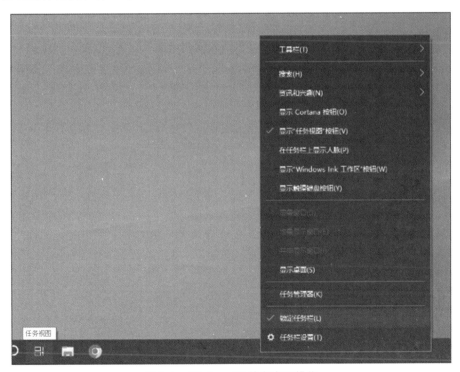

图 2-6　Windows 10 的多桌面操作

在任务栏上右击,选中"显示任务视图"按钮,此时任务栏将出现任务视图图标,单击此图标,可以实现多桌面操作,此外利用 2.2.2 节介绍的快捷键也可以实现多桌面操作。

4. 任务栏

1) 任务栏和任务栏的组成

桌面底端的长条被称为"任务栏"(图 2-7),用于显示正在运行的程序和打开的窗口以及系统时间等内容，Windows 10 的任务栏由开始按钮、快速启动栏、任务控制区、语言栏和通知区域几部分组成。

图 2-7 Windows 10 的任务栏

（1）开始按钮：单击打开"开始"菜单。

（2）快速启动栏：也被称为"程序区域"，用于快速启动应用程序，用户可以把任何程序或者文件图标拖动到该区域，即可将对应程序或者文件添加到快速启动栏，如图 2-7 中的搜索图标，任务栏按钮都位于快速启动栏上。

（3）任务控制区：用于查看正在运行或已经打开的窗口，通过单击对应图标可以实现当前窗口的选择，被选中的窗口称为"前台运行"，其他窗口称为"后台运行"。

（4）语言栏：用于显示当前所使用的语言和输入法等。

（5）通知区域：也被称为"托盘区"，用于显示日期时间和一些快速访问程序的快捷方式，用户可以用鼠标指向的方法了解各图标的具体作用。

2）任务栏快捷菜单

在任务控制区空白处右击，会弹出图 2-8 所示的快捷菜单，菜单包含以下几个项目。

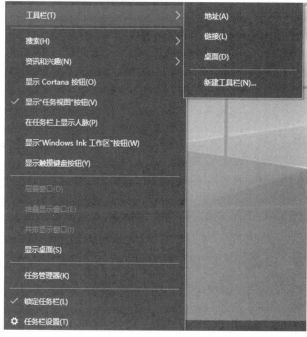

图 2-8 任务栏快捷菜单

(1) 工具栏：在该命令的子菜单中可以设置工具栏中的快速启动图标（地址、桌面等）的显示和隐藏。

(2) 任务栏快捷设置区域：该区域用于隐藏和显示部分系统提供的程序快捷启动按钮，例如 Cortana 和搜索项等。

(3) 窗口排列方式：提供了"层叠""堆叠显示""并排显示"3 种窗口排列方式，方便用户同时查看多个窗口。

(4) 任务管理器：用于打开任务管理器。

(5) 锁定任务栏：当任务栏被锁定后，任务栏的大小和位置均不能更改。

(6) 任务栏设置：用于打开"任务栏设置"对话框（图 2-9），对任务栏上的系统应用进行隐藏和显示设置。

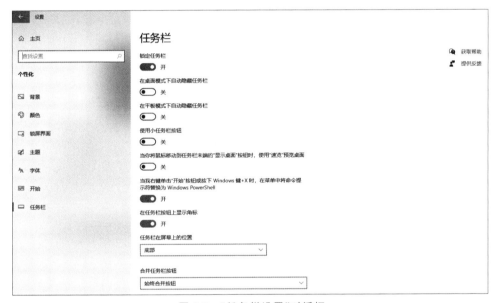

图 2-9 "任务栏设置"对话框

5. 开始按钮和"开始"菜单

单击任务栏上的开始按钮可以打开"开始"菜单，"开始"菜单是 Windows 10 的应用程序入口，包含了用户可使用的大部分程序和最近文档等，Windows 10 的大多数操作都是从"开始"菜单开始的。

如图 2-10 所示，"开始"菜单由 3 部分组成。

(1) 系统控制区：在开始菜单的左侧是 Windows 10 最常用的一些系统功能，自上而下分别显示用户操作按钮、用户常用的若干选项和电源按钮。

单击"用户"按钮后显示用户级联菜单，包括"更改账户设置""锁定""注销"3 个选项，如图 2-11 所示。"更改账户设置"用于当前用户登录的相关设置；"锁定"用于锁定用户，将操作界面切换到锁屏界面，用户需要重新输入登录密码解锁屏幕；"注销"用于在不关闭计算机的情况下退出当前用户。

常用选项区包含"文档""图片""设置"等按钮可以分别打开对应的界面。

图 2-10　Windows 10 的"开始"菜单

图 2-11　用户级联菜单

电源按钮在 2.2.1 节已经介绍过,这里不再重复。

(2) 应用程序区:应用程序区按字母表顺序列出本系统上安装的各种软件,单击某个按钮可以直接运行该软件的对应程序,右击某个按钮,会弹出该软件更多操作的快捷菜单,例如"卸载""固定到开始屏幕"等。

(3) 磁贴区:也被称为"开始屏幕磁贴",用于存放用户使用最频繁或者最重要的应用,用户可以按照个人的喜好将某些程序"固定到开始屏幕",即将对应程序添加到磁贴区;在磁贴区程序快捷方式上右击,弹出对应的快捷菜单,可以实现"从'开始'屏幕取消固定""调整大小""固定到任务栏""以管理员身份运行""打开文件位置"等快捷操作,如图 2-12 所示。

2.2.4　Windows 10 的窗口

窗口是 Windows 系列最基本的操作界面,用于显示文件的内容,为用户提供程序操作界面,默认情况下用户每打开一个程序或者文件,都会出现一个窗口。

图 2-12 磁贴区内应用程序的快捷菜单

1. 窗口的组成

因为打开的文件和程序不同,窗口的内容也千差万别,但是它们都拥有几乎完全相同的组成结构。如图 2-13 所示,窗口的组成部分主要包括标题栏、选项卡、地址栏、搜索栏、工作区、导航窗格、状态栏、滚动条和控制按钮等。

图 2-13 Windows 10 的窗口组成

(1) 标题栏:标题栏位于窗口的最上端,包含控制菜单、标题区和控制按钮等,可以实现对窗口的外观和位置的操作,部分标题栏还可以显示应用程序的名称和图标。

(2) 快速访问工具栏:位于标题栏的左侧,列出当前窗口最常用的操作。单击快速访问工具栏右侧向下指的小箭头,可以根据个人操作习惯定制自定义快速访问工具栏。

(3) 选项卡:位于地址栏的上方,包含了当前窗口的大多数操作选项按钮,这些选项按钮按功能分为 4 个类别,组织在不同的选项卡中,用户可以通过单击某个选项卡按钮实现需要的操作,如果用户不了解对应按钮的操作,可以采用鼠标指向操作的方法去了解。单击菜单栏最右侧的小箭头,可以隐藏或者显示选项细节。

(4) 地址栏:地址栏位于标题栏的下方,用户可以查看当前文件夹的路径,也可以在地址栏中直接输入一个带有完整路径的程序或文件名,直接运行该程序或打开文件。

(5) 搜索栏:搜索栏在地址栏的右侧,用户在此输入要查找的文件或者程序,系统会在当前窗口地址栏所示的范围内自动查找目标。

(6) 导航窗格:导航窗格位于窗口的左侧,可以通过窗口"查看"选项卡中的"导航窗格"命令组进行设置。导航窗格以树状结构列出系统的目录系统,用户可以通过导航窗格迅速定位到目标文件夹。在导航窗格中,">"意味着该目录可以展开,"∨"意味着该目录已经展开,可以折叠。此外,利用导航窗格还可以实现文件或目录的快速复制和移动,详见 2.3.1 节。

(7) 工作区:工作区是窗口的主要区域,以各种方式显示窗口的内容,用户对对象的操作一般都是在工作区中进行的。

(8) 状态栏:状态栏位于窗口的底部,用于提示当前窗口或者所选定对象的细节信息。如图 2-13 所示,细节窗格显示当前窗口包含了 4 个对象,如果选中某一个对象,状态栏将显示该对象的信息。

2. 窗口的基本操作

(1) 移动窗口:在窗口的标题栏空白处按住鼠标左键不放,如果此时窗口没有最大化,则窗口可以移动,拖动鼠标或者使用编辑键区的方向键均可移动窗口。

(2) 缩放窗口:将鼠标光标指向窗口的边框,鼠标将变成双向的箭头,此时按住鼠标左键不放,拖动鼠标可以在一个方向上改变窗口高度或者宽度,该操作应用在窗口的 4 个边角上时可同时改变窗口的高度和宽度。

(3) 使用窗口控制按钮和控制菜单:在窗口的右上角提供了 3 个窗口控制按钮,分别对应着最小化、最大化和关闭窗口操作;鼠标右击窗口标题栏或者使用快捷键 Alt+Space 可以打开窗口控制菜单,除了实现控制按钮的功能外,还可以移动和改变窗口的大小,如图 2-14 所示。

图 2-14 窗口控制菜单

(4) 窗口的切换:要将某个应用窗口设置为当前窗口,可以在其任意可见位置上单击,若该窗口不可见,可以在任务栏中单击该窗口对应的按钮或者使用快捷键 Alt+Tab,使用方法是,先按下 Alt 键不动,再按 Tab 键,窗口将会按照任务栏上的排列顺序依次切换,找到目标窗口后松开 Alt 键,目标窗口成为当前窗口。

(5) 关闭窗口:可以使用窗口控制按钮的关闭按钮,执行窗口控制菜单的"关闭"命令,右击任务栏上窗口对应的图标在快捷菜单中执行关闭命令,也可以双击标题栏最左侧或者使用快捷键 Alt+F4 等方法关闭当前窗口。

(6) 排列窗口:如果已经打开了多个窗口,而且这些窗口需要协同工作,可以通过排列窗口的方式进行组织,以提高工作效率。在"任务栏"上右击,在快捷菜单中进行选择。

3. 窗口间的信息交换

Windows 10 是一个多任务操作系统,允许同时打开多个窗口,也就是允许同时运行多个程序,这些程序在运行中可能需要交换信息,例如将 Word 2016 文档中的一段文字复制到文本文件中等,为此系统专门在内存中保留了一块存储区域用于在不同程序窗口间交换信息,这个区域被称为剪贴板。

在程序需要交换信息时,信息源先将信息存放到剪贴板,然后目标程序再从剪贴板中读取信息,通过对剪贴板的共享操作,实现信息交换。

屏幕抓图是应用剪贴板的经典例子,当用户需要将屏幕上显示的内容保存下来时,可以按编辑键区的 Print Screen 键,将屏幕显示的内容作为一张位图放入剪贴板中,然后存放到画图板、Word 等需要的程序中。如果用户仅需保存当前窗口的内容,可以按组合键 Alt+Print Screen 完成。

2.2.5　Windows 10 的菜单

菜单是系统提供给用户的一组操作和命令的列表,包含了当前对象几乎所有的常用操作,Windows 10 的菜单主要包括"开始"菜单、快捷菜单和窗口控制菜单,在 Windows 10 的窗口中传统的下拉菜单被选项卡取代,但是大多数应用程序还是采用了下拉菜单的方式。

1. 菜单操作

最常用的菜单操作是使用鼠标单击,此外几乎全部的菜单项都提供了热键,例如复制(C),括号内带有下画线的 C 即是该菜单项的热键,用户可以在键盘上按下热键代替鼠标单击操作菜单。在部分菜单项上还提供了对应的快捷键,例如"复制"命令的快捷键为 Ctrl+C,用户也可以采用快捷键进行操作。

2. 菜单项的显示外观与含义

仔细观察图 2-15 所示的菜单,会发现菜单项拥有不同的外观,这代表了不同的含义。

(1) 菜单中的"▶"符号表示该项有下级子菜单,采用鼠标指向或单击菜单项可弹出子菜单,在选项卡中使用的符号是"⌄"。

图 2-15　菜单

(2) 菜单中的"…"符号代表单击该菜单项会弹出对应的对话框。

(3) 菜单中的"√"符号表示该复选框在当前状态下有效。

(4) 菜单中的"·"符号表示该单选按钮在当前状态下有效。

(5) 若某菜单项呈现为灰色字体,表示该菜单项在当前状态下不可用。

2.2.6　Windows 10 的对话框

对话框是一种特殊形式的窗口,主要用来为用户提供一个更简洁、更直观的交互界面,它与一般窗口的区别在于对话框没有下拉菜单,没有改变大小(包括最大化、最小化)

的操作,不会显示在任务栏上等。尽管 Windows 10 的部分对话框可以通过尺寸控点改变对话框的大小,但目前常用软件的对话框一般是不可以调整的。

对话框与窗口的另一个区别在于它包含各种特定的表单对象,包括选项卡、文本框、单选按钮、复选框、列表框、下拉框和命令按钮等,用户通过对这些表单对象的操作实现与系统的交互,如图 2-16 所示。

图 2-16 系统高级属性对话框及部分表单对象

除了几个细小的差别外,对话框的操作与窗口类似,在此不再重复介绍。

2.3 Windows 10 的主要功能

作为一种操作系统,Windows 10 主要有以下几个功能:文件和文件夹管理、磁盘管理、程序管理、任务管理和设备管理等,本节将一一加以介绍。

2.3.1 文件和文件夹管理

在计算机系统中,所有的系统程序、应用程序、用户创建或存放的文档、图片、声音等都是以文件的形式存放在外存储设备上的。为了便于用户管理,这些文件一般被分门别类地组织和保存在不同的文件夹下,文件夹可以保存文件也可以保存子文件夹。

1. 文件和文件夹基础

(1) 文件名。

任何文件都要有文件名,以标识一个文件,与其他文件相区别,文件名一般由主文件名和扩展名两部分组成,中间使用"."分隔,例如 mywork.docx,mywork 是主文件名,docx 是扩展名。

主文件名是文件的标识,不允许省略,可以使用汉字、字母、数字及各种特殊符号,但是图 2-17 中所示的符号在系统中有特殊的含义或用途,不允许出现在文件名或者文件夹的命名中。

文件的扩展名用于表示文件的类型,也可以被称为后缀名,系统根据文件扩展名来辨识一个文件的类型。值得注意的是,如果在一个文件名中出现了多个".",那么系统自动认定最后一个"."是分隔符,其他的"."是文件主名中的字符,例如 mywork.docx.jpg,其扩展名是 jpg 而不是 docx.jpg。

图 2-17 文件名中不能包含的英文半角符号

一些常见的扩展名所对应的文件类型应该被掌握,这有利于快速识别文件,表 2-2 列出了常见扩展名和文件类型的对照,供读者参考。

表 2-2 常见扩展名与文件类型

扩展名	类型	扩展名	类型
exe 或 com	应用程序文件	bmp	位图文件
txt	文本文件	docx	Word 文档文件
sys	系统文件	hlp	帮助文件
ini	系统配置文件	xlsx	Excel 电子表格文件
htm 或 html	Web 页文件	pptx	PowerPoint 文件
wav、mp3、mid	声音文件	avi、mkv、mpeg	动态影像文件

此外需要注意的是,在文件名中使用的英文字母是不区分大小写的,所以 mywork.doc 和 Mywork.doc 在系统看来是同一个文件。

(2) 文件夹和文件组织。

在现代计算机系统中通常都存放着大量的文件,为了能够对这些文件实施有效的管理,必须对它们加以合理的组织,在 Windows 10 中,这种组织主要是通过文件夹实现的。

在文件组织中,各驱动器也被视为一个文件夹,称为"根目录",用驱动器名加"\"表示,文件夹可以存放文件也可以存放子文件夹,这样在文件夹和被包含对象之间就形成了上下层关系,整个文件系统通过这样的组织形成了一种树状目录结构,如图 2-18 所示。

在树状目录结构中,文件在目录结构中的位置称为路径,采用"\"表示包含关系,".\"表示当前目录,"..\"表示上层目录,这样就确保了文件

图 2-18 树状目录结构

的唯一性,系统可以实现按名存取。例如,"C:\User1\Test.doc"表示的是文件夹 User1 下的 Test.doc,可以与 C 盘下的同名文件相区分。

上例中从根目录开始依次嵌套文件夹到目标文件的路径称为绝对路径,但是假如在 Data.mdb 文件中使用绝对路径访问 Test.doc 文件,当我们将 User1 文件夹移动到其他驱动器比如 D 盘上时,该路径将无法找到目标文件。此时可以使用相对路径,相对路径

即是从当前目录开始依次经过若干文件夹到目标文件的路径,在上例中可以使用".\Test.doc"或者"..\User1\Test.doc"来访问目标文件。

2. 文件的基本操作

(1) Windows 10 资源管理器。

资源管理器是一个特殊窗口,是进行文件和文件夹管理的基本界面,用户对文件和文件夹的操作基本上都是在资源管理器中进行的。在桌面上双击"计算机"图标或者从"开始"菜单的附件中选择"Windows 10 资源管理器"命令,可以打开图 2-19 所示的"资源管理器"窗口。

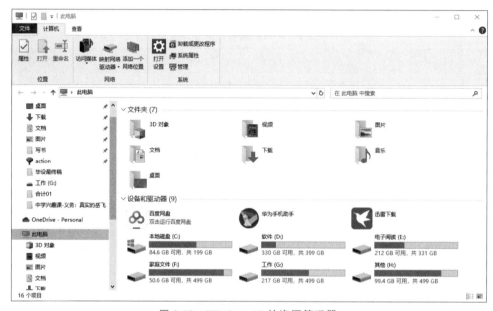

图 2-19 Windows 10 的资源管理器

资源管理器左侧为结构窗格,列出了收藏夹、库、磁盘和文件夹列表,右侧为内容窗格,用于显示结构窗格中所选对象的内容。

在结构窗格中,某些对象前边带有"▶"符号,代表该对象包含子文件夹,用户可以通过单击该图标展开子文件夹;展开的文件夹带有"▲"符号,单击该符号可以将文件夹折叠。

选中结构窗格中的一个对象,单击,可以在右侧内容窗格中查看该对象所包含的所有文件和文件夹,这个操作相对比在内容窗格中操作要快一些。

(2) 创建文件和文件夹。

在资源管理器中,打开要创建文件的驱动器或文件夹,可以采用以下两种方法创建文件和文件夹。

① 使用选项卡。单击"主页"选项卡,在"新建"命令组中可以新建文件夹,在"新建"组的"新建项目"的级联菜单中可以新建文件夹和文件,如图 2-20 所示。

② 使用快捷菜单。在工作区空白处右击,在弹出的快捷菜单中选择"新建",在其级

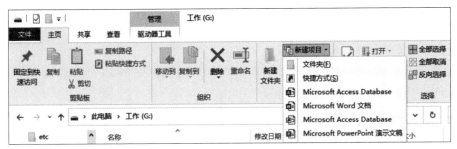

图 2-20 "主页"选项卡的"新建"组

联菜单中选择"文件夹"新建文件夹或者选择某种类型的文件来建立文件。

(3) 选定文件和文件夹。

图形界面操作系统的对象操作一般都是"先选中,后操作",即在进行复制、移动、删除等操作时,需要先选中对象,选定操作同样在资源管理器中进行。

① 选中一个对象。只需单击该对象即可。

② 选中多个连续的对象。选定第一个对象后按住 Shift 键不放,单击最后一个对象。

③ 选中一个矩形区域内的所有对象。在空白处按住鼠标左键不放,拖动鼠标,松开左键时可以选中一个连续的矩形区域。

④ 选定不连续的多个对象。选中第一个对象后按住 Ctrl 键不放,依次单击或者拖动鼠标选择其他对象。

⑤ 全选。单击"主页"选项卡"选择"命令组的"全选"命令按钮,或者使用快捷键 Ctrl+A。

⑥ 释放已选定对象。如果要释放所有选中的对象,只需要在空白处单击。如果要释放个别对象,可以按住 Ctrl 键单击要释放的对象。

⑦ 反选。执行"主页"选项卡"选择"命令组的"反向选择"命令可以释放当前所选对象,选中其余的所有对象。

(4) 文件和文件夹的重命名。

用户可以根据需要更改文件或者文件夹的名称。

① 单个文件的重命名。选中文件,执行"主页"选项卡或快捷菜单中的"重命名"命令,输入新的文件名,按 Enter 键即可;也可以单击文件的文件名部分,直接修改;利用功能键区的 F2 键也可以修改文件名或文件夹名。

② 批量文件的重命名。选中多个文件,执行重命名操作,在第一个文件名区域输入新的文件名后按 Enter 键,文件被重命名为新文件名(序号),如图 2-21 所示。

(5) 文件夹和文件夹的复制与移动。

假设用户需要在某个位置为文件建立一个副本,可以采用复制操作;如果用户需要改变文件的位置,在原地不再保留原来的文件,可以采用剪切操作。在资源管理器下有多种移动和复制的操作方法。

图 2-21 批量文件的重命名

① 使用选项卡。选中对象后,单击"主页"选项卡"剪贴板"命令组中的"复制"或"剪切"命令,然后找到目标位置,单击"编辑"菜单下的"粘贴"命令。当然,使用快捷菜单中的相同命令可以更快捷地完成该操作。

② 使用快捷键。"剪切"命令的快捷键为 Ctrl+X,"复制"命令的快捷键为 Ctrl+C,"粘贴"命令的快捷键为 Ctrl+V。

③ 使用鼠标拖动。选中对象后,使用鼠标将对象拖动到目标位置,如果对象和目标在同一个驱动器上,直接拖动即可完成移动操作,如果要实现复制操作,需按住 Ctrl 键不放再实施拖动操作;如果对象和目标不在同一个驱动器上,直接拖动即可完成复制操作,要实现移动操作,需在拖动时按住 Shift 键。资源管理器的导航窗格可以方便地实现这一操作,通常将当前窗口工作区作为源地址,导航窗格中的文件夹或磁盘作为目标地址。

图 2-22 为"主页"选项卡及鼠标拖动实现复制与移动的示意。

图 2-22 "主页"选项卡及鼠标拖动实现复制与移动

(6) 文件和文件夹的删除与回收站操作。

当某些对象不再需要时,可以删除对象,删除操作非常简单,选中对象后可以执行"主页"选项卡"组织"命令组的"删除"命令(见图 2-23)、快捷菜单中的"删除"命令或者直接按编辑键盘区的 Delete 键将其删除。

图 2-23 "组织"命令组的"删除"按钮

默认情况下,被删除的对象会被临时保存到回收站中,回收站是硬盘上一个名为

Recycled 的隐藏文件夹,其作用是暂时保存硬盘上删除的对象,直到被清空为止。回收站中的文件可以恢复,以避免误删文件给用户带来不必要的损失,当确认回收站中的对象已无保存必要时,可以清除该对象,以实现彻底删除。

双击桌面回收站图标,打开回收站窗口,选中要操作的对象,使用"管理"选项卡(图 2-24),或者执行快捷菜单中的"还原"和"清除"命令,可以恢复和彻底删除对象,此外,执行"清空回收站"命令可以将回收站中的所有对象彻底删除。

图 2-24　回收站"管理"选项卡

并不是所有的删除操作都将对象存放在回收站中,以下几种情况删除的对象不会进入回收站。

① 在执行删除操作时,按住 Shift 键,系统将给出是否删除的提示,单击"确认"按钮后,目标对象被彻底删除,不会进入回收站。

② 回收站是硬盘上的文件夹,因此移动存储设备上删除的文件是不进入回收站的。

③ 选中回收站图标,右击在快捷菜单中执行"属性"命令,如图 2-25 所示,可以对回收站的存储空间进行调整。当文件的大小超出了回收站最大存储空间时,系统会给出是否彻底删除的提示,单击"确认"按钮后,目标对象被彻底删除。

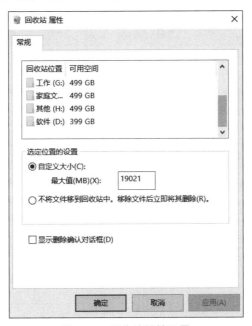

图 2-25　回收站属性设置

④ 如果用户在回收站"属性"对话框中选择了"不将文件移到回收站中。移除文件后立即将其删除"单选按钮,在删除时不进入回收站,直接彻底删除。

(7) 设置文件属性。

选中文件或文件夹,在"文件"菜单或者快捷菜单中执行"属性"命令,将弹出文件或文件夹的"属性"对话框,选择"常规"选项卡,显示图 2-26 所示的对话框。

图 2-26 文件夹和文件属性设置对话框

在此对话框中可以查看文件夹和文件的名称、类型、位置、大小、所占空间及操作时间等信息,也可以更改文件的属性。

① 隐藏属性。被设置为隐藏的文件和文件夹在默认情况下是不显示的,也就不会被鼠标选中,这有利于保存隐私和防止误操作。需要查看隐藏文件和文件夹时,可以单击"查看"选项卡,在"显示/隐藏"命令组里进行设置,也可以单击"选项"图标,打开文件夹选项对话框,在"查看"选项卡中进行更多的选项设置,如图 2-27 所示。

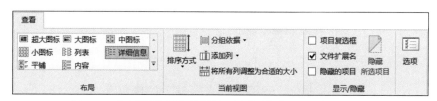

图 2-27 "查看"选项卡的"显示/隐藏"命令组和"选项"按钮

② 只读属性。被设置为只读的文件和文件夹不允许修改内容,但是可以删除和移动。

③ 存档。单击"高级"按钮,可以设置存档属性,设置了存档属性的文件和文件夹在备份程序进行备份时会被选择进行备份。

(8) 搜索文件和文件夹。

计算机系统中存放着大量的文件,有时需要对某个文件进行操作时却忘记了文件存放的位置,有时甚至忘记了部分或者完整的文件名,此时可以利用 Windows 10 提供的搜索文件和文件夹的功能迅速找到目标对象。

搜索可以在"资源管理器"搜索栏内进行,也可以在工具栏中单击"搜索"按钮进行搜索。在搜索栏内输入全部或者部分文件名,开始搜索。搜索到目标对象后,显示在图 2-28 所示的界面中,用户可以直接对目标对象进行操作,也可以选中对象,在快捷菜单中选择"文件位置",打开直接包含目标对象的文件夹。

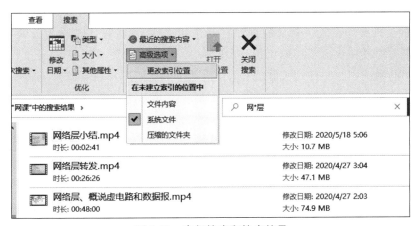

图 2-28 高级搜索和搜索结果

"优化"命令组的按钮可以实现对搜索结果的筛选,在此不再详细介绍。

(9) 文件快捷方式。

当需要对某些文件或者程序定期或频繁操作时,用户希望能够快速定位文件或直接打开文件,除了前边提到的将程序添加到"开始"菜单的方法以外,为对象建立快捷方式也是一个比较有效的方法。快捷方式是与计算机或网络上的可访问对象建立连接的一种扩展名为"lnk"的特殊文件,通常情况下快捷方式的图标都带有![]图形。双击快捷方式可以迅速打开它所关联的对象,而不必打开资源管理器依次单击文件路径上的文件夹。对快捷方式的另一个常用操作是查找文件位置,在快捷方式的快捷菜单中执行"属性"命令,在打开的对话框中单击"查找目标"可以打开对象所在的文件夹。

我们可以为同一个文件或文件夹建立多个快捷方式,也可以为快捷方式建立快捷方式,但一个快捷方式只能指向一个目标文件,删除快捷方式对文件不会产生任何影响。

快捷方式可以建立在任何位置,在资源管理器中,先确定快捷方式存放的位置,然后单击"主页"选项卡"新建"命令组的"新建项目"命令,选择"新建快捷方式",在打开的对话框中单击"浏览"确定目标文件。也可以选中要建立快捷方式的对象,打开"文件"菜单或快捷菜单,执行"创建快捷方式"命令,再将新创建的快捷方式移动或复制到目标位置。如果用户存放快捷方式的目标位置是桌面,还可打开对象快捷菜单,单击"发送到"子菜单中的"桌面快捷方式",如图 2-29 所示。

图 2-29　发送到桌面快捷方式

（10）文件打开方式。

所谓打开文件,就是将文件从外存调入内存,然后调用相关程序来运行它。Windows 10 为常见的文件类型设置了默认的程序打开这些文件,这些程序被称为关联程序,用户只需要双击文件或在快捷菜单中执行"打开"命令,即可启动关联程序,打开文件。

在不同的系统中与文件相关联的程序各不相同,例如用户在资源管理器中双击一个扩展名为 doc 的 Word 文档,有的系统使用 Microsoft Word 打开,有的系统使用 WPS Word 打开。

用户可以根据个人喜好选择文件的关联程序,选中对象文件,在其快捷菜单中选择"打开方式"的级联菜单,执行"选择默认程序"命令,打开"打开方式对话框",选中关联程序,选中"始终使用选择的程序打开这种文件",单击"确定"按钮。如果用户在列表中找不到需要的程序,可以单击"浏览"按钮,在系统中任意位置查找需要的程序。

例如经过图 2-30 所做的设置,本计算机上所有扩展名为 docx 的文件的关联程序都为记事本,即双击该类文件,将以记事本的方式打开。

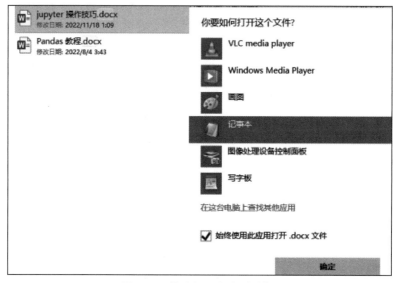

图 2-30　修改打开方式对话框

另一种设置关联程序的方法是使用设置面板,单击"开始"菜单,选择"设置",在设置面板中,单击"应用"按钮,打开"设置"主页界面,左侧导航栏选择默认应用,如图 2-31 所示。

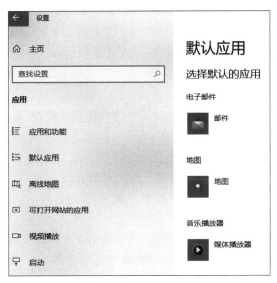

图 2-31　设置默认应用

在此界面底端,可以根据"文件类型""协议""应用"进行更精确的设置。如图 2-32 所示,设置了后缀名为".xxe"".z"".xz"".zip"".zipx"的文件,默认用 WinRAR 压缩文件管理器打开。

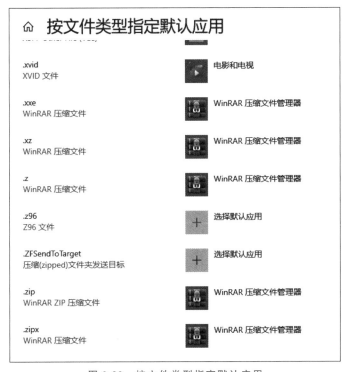

图 2-32　按文件类型指定默认应用

2.3.2 磁盘管理

磁盘是个人计算机中最常用的外存设备,用于存储大量的数据、程序和文件,个人计算机中的磁盘一般是硬盘,掌握磁盘管理操作是非常有必要的。磁盘管理主要包括磁盘格式化、磁盘检查、磁盘碎片整理、备份与还原以及磁盘清理等。

1. 磁盘格式化

一块未经格式化的磁盘是无法使用的,在硬盘出厂前一般要进行低级格式化,为磁盘划分柱面、磁道和扇区;当用户使用磁盘时还要进行高级格式化,划分逻辑分区,清除磁盘原有数据,使用文件系统配置磁盘。

在资源管理器中选中要格式化的磁盘,执行"驱动器工具"选项卡的"管理"组的"格式化"命令,或者在快捷菜单中执行"格式化"命令,打开图2-33所示的"格式化"对话框,选择容量,文件系统和分配单元大小(以上设置一般采用默认值),设置完成后单击"开始"按钮后开始格式化。

并不是所有的格式化操作都能顺利进行,首先格式化前必须关闭目标磁盘上所有打开的文件和程序,否则无法进行,由此可知,在Windows 10运行时要格式化系统盘是不可能的;其次当磁盘部分损坏时格式化也无法完成。

在该对话框中可以执行"快速格式化"命令,快速格式化仅仅删除磁盘上的所有文件,而不扫描和修复磁盘上的坏扇区,此外,一块从未进行高级格式化的磁盘是不能进行快速格式化的。

2. 磁盘检查

磁盘经过长时间的使用,尤其是经常的错误关机和重启,有可能会出现损坏的扇区,造成数据丢失,严重时会影响系统的正常工作,此时可以使用磁盘检查来诊断并修复文件系统的错误,恢复坏扇区。

在资源管理器中选择需要进行磁盘检查的驱动器,打开快捷菜单,执行"属性"命令,打开"属性"对话框,选择"工具"选项卡(图2-34),单击"检查"按钮,如果系统发现了文件系统的错误,会提示是否进行修复,根据用户的选择进行下一步操作。

图2-33 磁盘"格式化"对话框

在进行磁盘检查前,必须保证要检查的磁盘上没有打开的文件和文件夹,所以系统盘无法在系统运行时完成检查,需要在完成上述工作后重新启动计算机,磁盘检查完毕后重新加载系统。

3. 磁盘碎片整理

磁盘使用过较长的时间,或频繁对同一个磁盘进行反复的新建和删除操作后,会发生读写速度越来越慢的情况,造成读写速度变慢的一个原因可能是当前磁盘中存在较多的

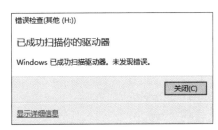

图 2-34　磁盘"属性"对话框的"工具"选项卡

磁盘碎片,需要进行磁盘碎片整理。磁盘碎片指的是磁盘读写过程中产生的不连续文件。系统读写这些文件时需要不断地移动磁头,这一方面降低了磁盘的响应速度,另一方面也影响了磁盘的寿命。

在资源管理器中选中一个磁盘,执行"驱动器工具"选项卡的"管理"组的"优化"命令,或者在图 2-34 所示的磁盘"属性"对话框的"工具"选项卡中,单击"优化"按钮,弹出图 2-35 所示的对话框,在对话框中选择一个磁盘,单击"分析磁盘"按钮,系统将给出碎片文件的百分比,如果超过 10%,建议单击"磁盘碎片整理"按钮,进行整理。

在该对话框中,如果单击"更改设置"按钮,可打开相应对话框,设置定期(每个多少时间)整理磁盘碎片,由于磁盘碎片整理对硬盘有轻微的损伤,而且大多数计算机中的磁盘碎片增长得不是很快,所以频繁的碎片整理是没有必要的。对于办公室用计算机,一般推荐定期 3~4 周整理一次。

4. 磁盘清理

在 Windows 10 系统工作的过程中,或者用户进行读写操作、安装应用程序时,会在磁盘上生成一些临时文件和不再使用的文件,这些临时文件不仅占用了磁盘空间,而且还会降低系统文件检索的速度,所以有必要进行磁盘清理,回收硬盘空间。

在磁盘"属性"对话框的"常规"选项卡中,执行"磁盘清理"命令打开图 2-36 所示的对话框,选择要删除的文件,单击"确定"按钮即可。

2.3.3　程序管理

应用程序是指为了完成某项或某几项特定任务而运行于操作系统之上的计算机程序,有时也被笼统地称为"应用软件"。用户使用计算机的主要目的就是在计算机上运行各种应用程序,满足用户某方面的需求。除了操作系统自带的部分应用程序以外,用户还可以自行安装、管理符合自己要求的应用程序。

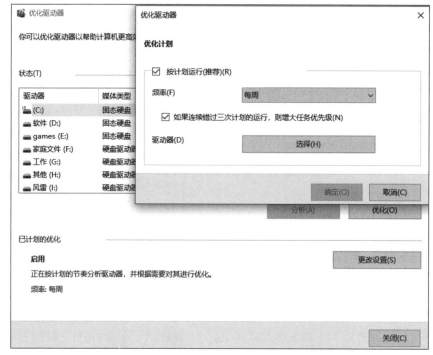

图 2-35 "磁盘碎片整理"对话框和优化计划

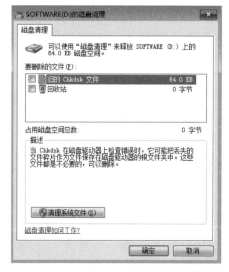

图 2-36 磁盘清理

1. 应用程序的安装

从安装的角度对应用程序进行分类,可以分为绿色版软件和安装版软件两大类。

(1) 绿色版软件。

绿色版软件通常比较小,而且与系统的联系不是很紧密,存放到计算机系统中无须安装,一般从网络上下载后解压即可使用,所谓绿色就是不会"污染"用户的计算机,也就是不会向计算机注册表中写入配置信息,不在开始菜单中添加程序组。

(2) 安装版软件。

大部分的软件由于与系统的联系比较紧密无法制作成绿色版软件,需要用户双击软件安装包中的"Setup.exe"或者"install.exe"运行安装程序,然后按照提示信息完成相应的设置即可顺利完成安装,在此过程中一般要向注册表中写入数据来完成软件的配置。程序安装完成后一般会在"开始"菜单和桌面添加对应程序的快速启动图标,部分程序安装和配置完成后还需要重新启动计算机才可以生效。

一些较小的软件被开发者制作成自动运行软件,如 QQ、360 安全软件等,这类软件只有一个自动运行的安装程序,只需双击该程序即可开始安装。

2. 应用程序的卸载

对于绿色版软件,由于没有向注册表中写入任何数据,所以直接将程序所在的文件夹删除即可。

对于安装版软件,一般在开始菜单的对应程序组中会有一个"卸载程序"命令,执行该命令,按照提示可以卸载该程序,如果未找到"卸载程序"命令,可以在程序文件夹内找到"uninstall.exe"文件双击运行,同样可以卸载程序。

可以利用"程序和功能"窗口完成程序的卸载操作,依次单击"开始"→"设置"→"应用和功能",在工作区列出的程序清单中找到要卸载的程序,单击"卸载"按钮。

此外,在图 2-37 所示的右侧,单击"程序和功能"图标,在"程序和功能"窗口(图 2-38)中选择"程序",单击"卸载"按钮。

图 2-37　应用和功能

一种错误的卸载程序的方法是简单地删除程序所在的文件夹,这样做是非常不可取的。安装版软件在计算机系统中不仅仅留下了程序文件夹,还在注册表中留下了大量配

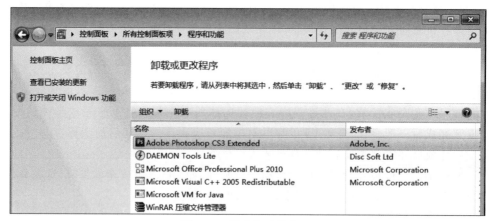

图 2-38　程序和功能窗口

置信息,简单地删除程序文件夹不仅使删除操作很不彻底,而且删除程序文件夹的同时会删除卸载程序,导致无法自动清除注册表中的残留配置信息,影响系统的运行速度。

3. Windows 功能对话框的使用

Windows 10 为用户提供了部分功能程序,用户可以根据个人喜好选择打开或者关闭这些功能程序,在控制面板中双击"功能与程序"图标,在打开的"功能与程序"对话框中选择"启用和关闭 Windows 功能"(图 2-39),在打开的对话框中选中或取消对应的功能。

图 2-39　"Windows 功能"对话框

2.3.4　任务管理

由于打开程序太多、出现运行错误、系统缓存太小等原因,系统可能会变得响应速度很慢,采用一般的关闭程序窗口的方法可能很长时间得不到响应,此时可以打开任务管理器查看出现问题的原因,并通过关闭某些程序或进程的方法来解决问题。

在任务栏的空白处右击,在快捷菜单中执行"启动任务管理器"命令打开任务管理器,或者使用快捷键 Ctrl+Shift+Esc 直接打开,任务管理器如图 2-40 所示。

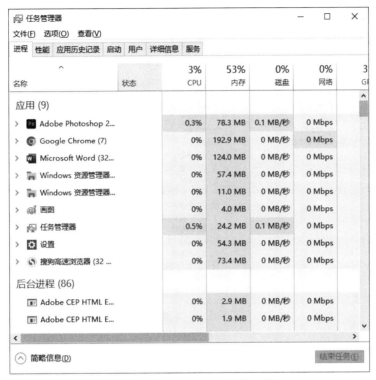

图 2-40　Windows 10 任务管理器

Windows 10 任务管理器共有 3 个菜单和 7 个选项卡,其中"进程"和"详细信息"选项卡可以查看和结束进程,"性能"选项卡用于查看当前系统中内存、网络、硬盘和 CPU 的使用情况,"启动"选项卡用于选择开机启动程序,"用户"选项卡用于监控用户程序占用资源的情况,"服务"选项卡用于监控当前系统中运行的服务。

熟练地使用任务管理器是操作 Windows 操作系统很简便也很重要的一个技能。

2.3.5　设备管理

用户在使用计算机时,可能会出现一些硬件设备无法使用的情况,例如无法播放声音文件、打印机无响应等,排除硬件物理损坏的原因,一种常见的原因可能是设备驱动出了问题,需要打开设备管理器进行设备管理。在 Windows 10 中设备管理器主要包括查看设备的属性、安装和更新驱动程序、配置和卸载设备等功能。

在桌面上选择"此电脑"图标,打开快捷菜单,执行"管理"命令,在打开的窗口中选择"设备管理器",可打开图 2-41 所示的设备管理器。

1. 查看系统设备

在设备管理器窗口工作区,以树状结构给出了计算机当前已连接的硬件设备,可以查看设备的状态。单击根节点,在快捷菜单中执行"扫描硬件改动"命令,非正常使用的设备

图 2-41 设备管理器

将以一些特殊图标明显地标示出来。

（1）如果设备前边有"![]"图标，表明为了节约资源已经停用了该设备，如果要重新启用，只需选中设备，右击，在其快捷菜单中执行"启用"命令。

（2）如果设备前边有"![]"图标，表示该设备未安装驱动程序，或者设备驱动程序安装不正确。解决方法是为硬件更新驱动程序。

（3）如果设备显示为未知设备，表示该硬件不可被系统识别，继续对该硬件操作没有意义，应该直接断开连接。

（4）如果设备前边有"![]"图标，表示该硬件的驱动程序已经检测到可更新版本，而当前系统并未安装更新，尽管目前设备仍然可以应用，但新驱动程序可以获得更好的效果。

在工作区中选中一个设备，双击可以查看该设备比较详细的配置状态。

2．更新驱动程序

选中目标设备右击，在快捷菜单中执行"更新驱动程序"命令，系统会给出两个选择，一个是自动搜索驱动程序，系统将自动搜索本地计算机和网络上的驱动程序资源，另一个是由用户指定驱动程序所在文件夹，进行安装，如图 2-42 所示。

每一种设备，即便是同一生产厂家生产的不同版本的设备，其驱动程序也是不一样的，安装时必须保证设备与驱动程序相匹配，用户可以根据计算机的设备型号下载对应的驱动程序。如果不知道设备的型号，可以利用"驱动精灵"等硬件检测工具先行检测设备的型号，然后准备对应的驱动程序。

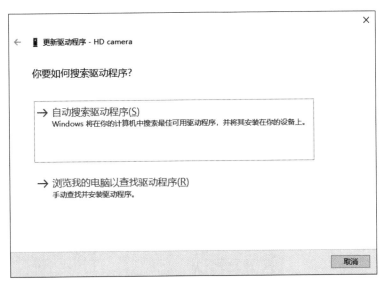

图 2-42 更新驱动程序

3. 卸载设备

在设备管理器窗口工作区中双击要卸载的设备,在"设备驱动"选项卡中执行"卸载"命令,弹出"确认卸载"对话框,直接单击"确定"按钮,删除设备,如果选择了"删除设备的驱动程序"选项,则该设备的驱动程序包也会被删除。

2.4 Windows 10 的系统设置

Windows 10 为用户提供了灵活、友好的操作界面,用户可以根据个人的爱好对这些界面和操作模式进行个性化设置。Windows 10 为平板电脑等移动设备提供了"设置面板"来完成这些设置,在 PC 端也可以从"控制面板"开始设置,当然无论平板电脑还是PC,这两种设置面板都可以根据用户喜好自由选择。

单击"开始"按钮,单击系统控制区的"设置"按钮,可以打开"Windows 设置"面板(图 2-43)。

图 2-43 Windows 10 设置

Windows 10 默认在桌面显示"控制面板",也可以在"开始"菜单"应用程序区"中选择"Windows 管理工具"菜单,在菜单中选择"控制面板"。如果以上均未设置,单击"开始"按钮直接输入"control",让系统搜出控制面板程序。如果用户操作中需要频繁使用控制面板,可以将它固定到开始菜单的磁贴区或者任务栏。

默认情况下,控制面板中的选项图标按分类形式显示,称为"分类视图"(图 2-44),在分类视图下单击某一图标可以打开对应项目。单击工作区右上角的"查看方式"可以选择"大图标"或"小图标",也可以取消分类,所有选项图标都被显示出来,称为"经典视图"。在经典视图下,用户在某个选项图标上双击,可以打开对应项目,进行相关设置。本书以下提到的控制面板操作都是在经典视图下进行的,不再强调。

图 2-44　控制面板"小图标"视图和"分类视图"

2.4.1　设置打印机

在设置面板中选择"设备",打开"设备"设置界面,在左侧选择"打印机和扫描仪"进行设置。

在控制面板中双击"设备和打印机"图标,在打开的窗口的组织栏上单击"添加打印机",如图 2-45 所示,选择"添加本地打印机",选择打印机端口(默认设置即可),选择打印机的厂家和型号后,进入自动安装界面,安装完成后系统会询问是否共享此打印机,用户可以根据需要进行选择。

如果在选择打印机的厂家和型号界面中无法找到用户打印机的信息,需要手动安装打印机驱动,具体操作参考 2.3.5 节中"更新设备驱动程序"部分。

2.4.2　设置鼠标与键盘

在"Windows 设置"面板中选择"设备",在左侧选择"键盘"或者"鼠标"进行设置。

在控制面板中单击"键盘"图标,可以打开"键盘属性"对话框,可以设置按键的重复率(按住某键不松开,字符会重复出现,这里设置的是重复的延迟时间重复率)和光标闪烁的速度,如图 2-46 所示。

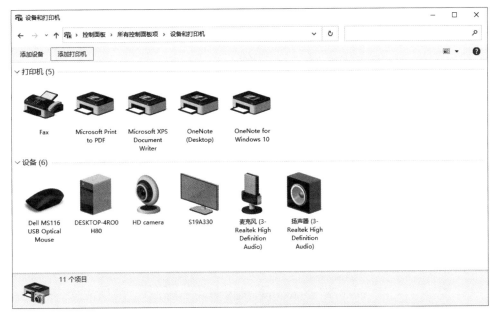

图 2-45　添加打印机

图 2-46　键盘属性

单击"鼠标"图标,打开"鼠标属性"对话框,在此对话框中可以修改鼠标的常用属性,包括主次（左右）键的互换、双击的速度、指针形状、鼠标移动速度、鼠标转轮的速度等，如图 2-47 所示。

图 2-47　鼠标属性

2.4.3　设置声音设备

在"Windows 设置"面板中选择"设备"，在左侧选择"蓝牙和其他设备"进行设置。

在控制面板中双击"声音"图标，可以打开"声音"对话框，可以查看和设置播放时的扬声器、录制时的麦克风、系统声音方案和 PC 电话的相关属性等。

2.4.4　设置显示属性

在"Windows 设置"面板中单击"系统"按钮，打开"系统设置"主页，在左侧导航栏中选择"屏幕"，右侧工作区可进行显示设置，如图 2-48 所示。

在控制面板中双击"系统"图标，同样可以打开"系统设置"主页。

1. 调整分辨率

分辨率指的是图像包含的像素点（每个像素点可以设置一种颜色）的数量，在一定程度上决定了图像的显示效果，例如将显示器设置为 1440×900 分辨率，则显示器每行有 1440 个像素点，一共 900 行。因此显示器的分辨率越高，显示的效果越好。

单击"高级显示设置"，打开图 2-49 所示的对话框，可以查看显示器信息以及设置刷新率。刷新率指的是显示器画面的更新频率，一般有 60Hz 和 75Hz 两种选择，建议选择 75Hz。

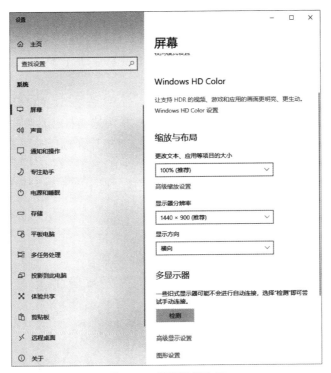

图 2-48　屏幕设置窗口

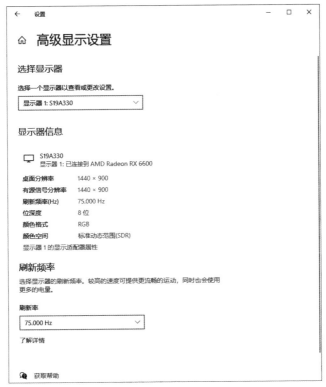

图 2-49　"高级显示设置"窗口

2. 个性化设置

在"Windows 设置"面板中单击"个性化"图标,可以打开"个性化"设置窗口,用户可以根据自己的喜好和需要选择桌面背景,设置个性化的桌面外观,为自己定制一个良好的工作界面。

(1) 背景。在左侧单行栏中单击"背景"图标,打开"背景"设置窗口(图 2-50),用户可以直接选择纯色的背景,也可以在"图片位置"下拉框中选择自己喜欢的图片,如果用户对默认文件夹下的图片都不满意,可以单击"浏览"按钮将计算机任一位置上的图片设置为桌面背景。

被选择作为桌面的图片,可以选择"填充""适应""居中""平铺""拉伸"5 种变形效果,以使图片适应屏幕,如图 2-50 所示。

图 2-50　设置桌面背景

(2) 颜色。在左侧导航栏中单击"颜色"图标,打开"颜色"设置窗口(图 2-51),可以更改系统中各种界面的颜色方案,用户可以使用系统配好的颜色,也可以使用自定义颜色,默认这些配色方案应用于桌面,当然也可以为"开始"菜单、任务栏和操作中心或标题栏和窗口边框设置配色,如图 2-51 所示。

(3) 锁屏界面。用户暂时不操作计算机时,屏幕自动播放的活动画面被称为"屏幕保护程序",使用屏幕保护程序既可以隐藏操作界面,保护隐私,又可以避免长时间静止的画面损伤屏幕。在设置面板左侧导航栏中单击"锁屏界面"图标,打开"锁屏界面"设置窗口,可选择图片作为锁屏画面,也可以在锁屏时显示天气,时钟等小程序,如图 2-52 所示。

在锁屏界面中单击"屏幕超时设置",可以打开电源和睡眠设置窗口,单击"屏幕保护程序设置"可以打开"屏幕保护程序"对话框。如图 2-53 的设置所示,系统在无操作 10 分

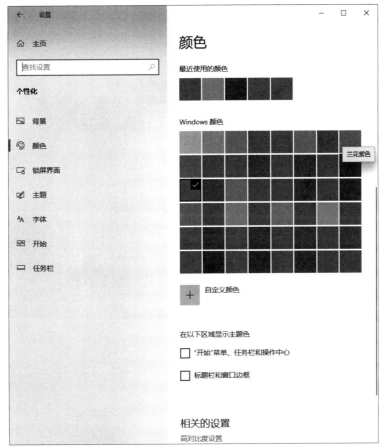

图 2-51 窗口颜色和外观窗口

钟后进入锁屏界面,播放彩带动画,一旦感受到新的任何操作,例如按下键盘上的空格键或 Enter 键等,将切换到系统登录界面,等待用户登录。用户登录后直接返回离开时的工作界面。

(4)主题。用户设置好的背景、颜色、鼠标光标、声音和桌面图标,组合在一起被称为"自定义主题"。在"自定义"设置界面左侧导航栏中单击"主题",可以打开"主题"设置界面,单击"使用自定义主题"按钮,可以将设置好的主题保存下来。也可以直接使用系统内置的主题。保存下来的主题出现在"更改主题"组中,用户可以随时更改主题,具体如图 2-54 所示。

2.4.5 日期、时间和区域语言的设置

1. 使用设置面板

在"开始"菜单中选择"设置",在"Windows 设置"面板中选择"时间和语言",打开"日期和时间"设置界面,可以进行以下设置。

(1)日期和时间。该界面显示和设置系统时间,默认"自动设置时间",系统时间与微软时间服务器通过网络保持同步。关闭"自动设置时间"后可以进行手动更改,如图 2-55 所示。如果系统时间出错,可以单击"立即同步"按钮,自动校正时间。

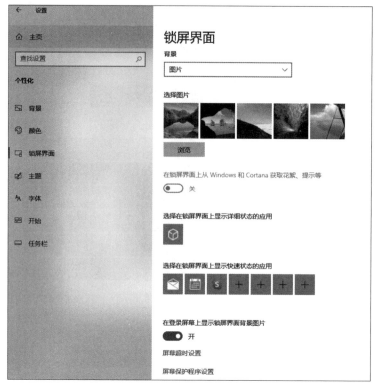

图 2-52 "锁屏界面"设置

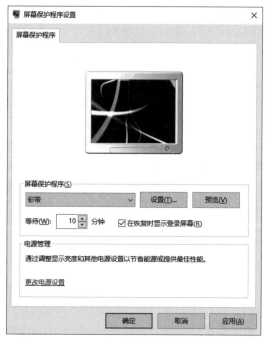

图 2-53 屏幕保护程序设置

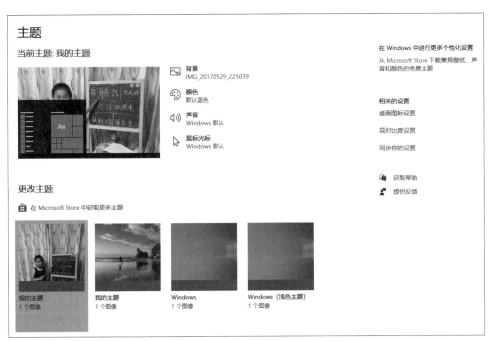

图 2-54 "主题"设置

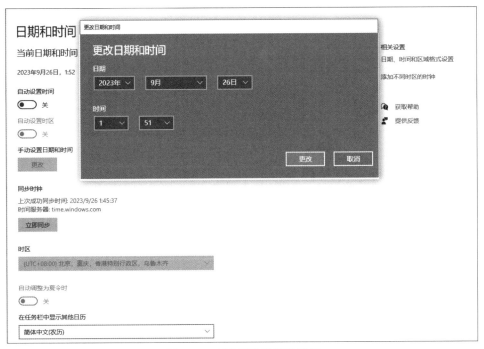

图 2-55 手动更改日期和时间

（2）区域。世界上不同区域的时间格式存在差别，例如北美的日期格式为"月-日-年"，英联邦采用"日-月-年"格式，而我们中国采用"年-月-日"格式。单击"时间和语言"设置界面左侧导航栏的"区域"，打开"区域"设置窗口，可以设置"国家或地区"和"当前格式"。

单击此界面下部的"更改数据格式"可以进行更精准的设置，如图 2-56 所示。

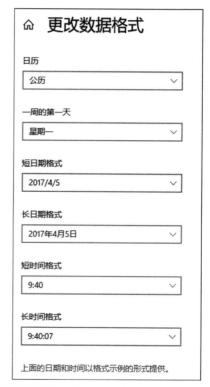

图 2-56 "区域"设置与"更改数据格式"

（3）语言。单击"时间和语言"设置界面左侧导航栏的"语言"，打开"语言"设置窗口。

2. 使用控制面板

在控制面板的"日期和时间"图标中打开图 2-57 所示的"日期和时间"对话框，可以更改系统的日期、时间和所在时区。与使用"设置面板"设置时间不同的是，在此对话框的"Internet 时间"选项卡中实现网络时间同步时，可以自主选择时间服务器。

单击控制面板的"区域"图标，打开"区域"对话框，进行区域设置。在该对话框下单击"其他设置"按钮，打开"自定义格式"对话框，可以详细设置数字、货币、时间、日期的格式和排序方式，如图 2-58 所示。

2.4.6 使用管理工具

在控制面板中双击"管理工具"图标，打开"管理工具"窗口，可以看到这里集合了 Windows 10 系统自带的查看及修改系统设置的各种工具，熟练地应用这些管理工具可以提高用户操作计算机的效率，加强系统的安全性。在此选取系统配置和服务两个工具进行简单介绍。

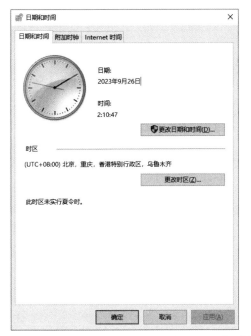 

图 2-57 "日期和时间"对话框

图 2-58 "区域"对话框和"自定义格式"对话框

1. 系统配置

有些用户开机时会同时启动各种应用软件,致使系统缓存大量消耗,开机缓慢,此时可以双击"管理工具"窗口列表中的"系统配置"选项,在"系统配置"对话框中解决这一问题(图 2-59)。

图 2-59 "系统配置"对话框

首先在"系统配置"对话框的"常规"选项卡中选择"有选择的启动"单选按钮,如图 2-59 所示,然后切换到"启动"选项卡,在"启动"选项卡中启动"任务管理器",选择"启动"选项卡,如图 2-60 所示,在列表中根据需要选择哪些软件在开机时启动,哪些禁止在开机时启动,单击"确定"按钮完成操作。当然,这里的"已禁用"并不是禁止该软件的运行,这些软件在需要时仍然可以打开运行。

除了设置启动项外,"系统配置"对话框还可以查看和修改系统引导的各种配置文件,打开"服务"设置窗口,可以启动各种系统工具。

2. 服务

Windows 10 为用户提供了大量的服务程序,有些服务是必需的,有些服务则很少使用(例如用户不使用或者很少使用打印机时,Print Spooler 服务就属于这样的情况),有些服务根本没有用处(例如不使用无线网络的计算机上的 WLAN AutoConfig 服务),有些服务基本不使用而且很不安全(例如 Remote Registry 服务)。对这些服务进行合理的管理,关停部分服务不但可以节省系统资源,还可以加强系统的安全性。

在管理工具中双击"服务",打开图 2-61 所示的"服务"窗口,选择一个服务,在左侧窗格中将显示该服务的描述;双击该服务可以打开属性对话框,在常规选项卡中可以查看该服务的详细信息,设置启动方式,关闭或启动该服务。

服务的启动类型一共有 4 种,针对不同的服务可以选择不同的服务启动方式,如图 2-62 所示。

(1) 禁用:当某一服务的启动方式被设置为"禁用"后,该服务无法启动,与该服务相关的应用将不可使用。一些根本不会用到或对系统安全存在威胁的服务应该被禁用,以

图 2-60 "任务管理器"窗口的"启动"选项卡

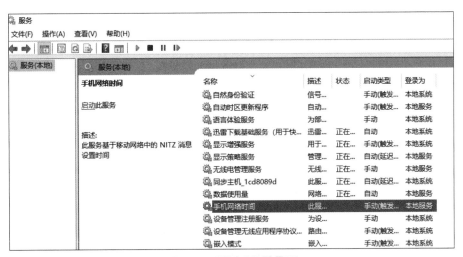

图 2-61 "服务"设置界面

加强安全性和节约资源,例如禁用 WLAN AutoConfig 服务可为系统节省 2~4MB 内存。

(2) 手动:当某一服务的启动方式被设置为"手动"后,该服务不会自动启动,只有与该服务相关联的程序启动时它才会启动,也就是说需要时再启动,一个较少使用的服务应该采用手动启动方式。

(3) 自动:当某一服务的启动方式被设置为"自动"后,该服务会在计算机启动的同时自动启动,对于系统必须使用的服务应该采用自动启动方式。

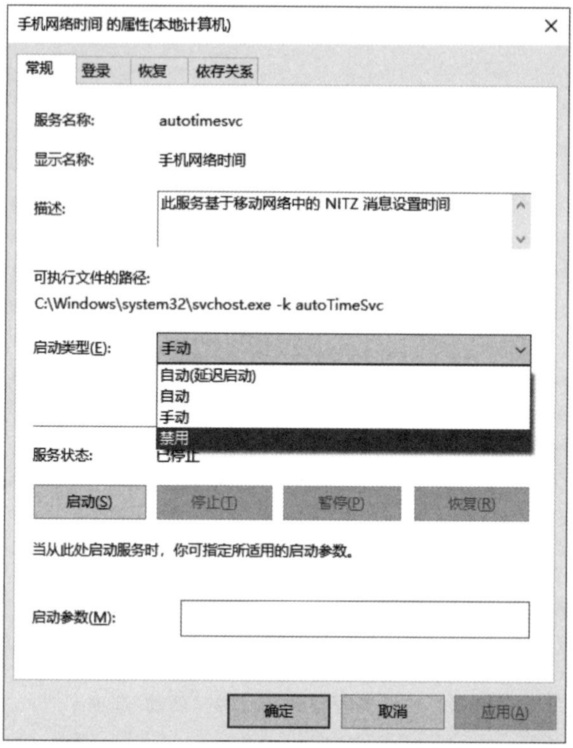

图 2-62 设置服务启动类型

(4) 自动(延迟启动):该启动方式与自动的区别是计算机启动后再启动服务,以减少开机响应时间,加快开机速度。对于配置相对较低的计算机,建议多采用这种启动方式。

2.4.7 备份与还原

备份可以保证当系统遇到问题时,可以还原到先前的状态。Windows 的备份和还原功能可用于备份文件、文件夹、磁盘及系统。

1. 使用设置面板

在"设置"面板中单击"更新与安全",打开"Windows 更新"设置界面,单击左侧导航栏的"备份"选项,打开"备份"设置界面(见图 2-63),"添加驱动器"用于设置一个存放备份文件的磁盘,单击"更多选项"可以设置备份选项,包括自动备份的周期,备份文件的保存时间,需要备份的文件夹,更换驱动器等操作。如果不希望使用备份功能,可以在"备份"设置界面直接关闭"自动备份"。

在"Windows 更新"设置界面,在左侧导航栏中选择"恢复"选项,打开"恢复"设置界面,单击"开始"按钮,选择是否保留备份的文件,并重新安装 Windows 10 系统,也可以在"高级启动"组中选择"立刻重新启动"。

2. 使用控制面板

在控制面板中单击"备份和还原(Windows 10)"打开"备份和还原"窗口,如图 2-64

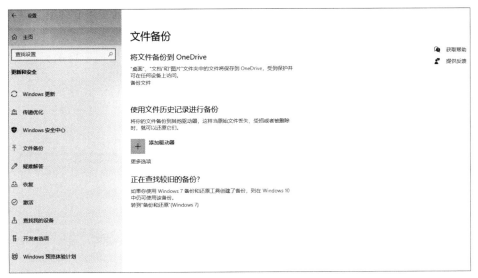

图 2-63　备份设置界面

图 2-64　在"备份和还原"窗口"设置备份"

所示,单击"设置备份"打开"设置备份"对话框,选择要存储备份的磁盘,在这里系统建议采用外部存储设备,如移动硬盘、大容量 U 盘等,也可以把备份文件保存到互联网上。

在左侧导航栏中单击"创建系统映像",打开"创建系统映像"对话框,如图 2-65 所示,选择系统映像存储位置单击"下一步"按钮,增加除系统以外的更多的磁盘,单击"下一步"按钮,单击"开始备份",系统将系统、系统安装盘(默认为 C 盘)、用户选择的磁盘备份到目标位置。

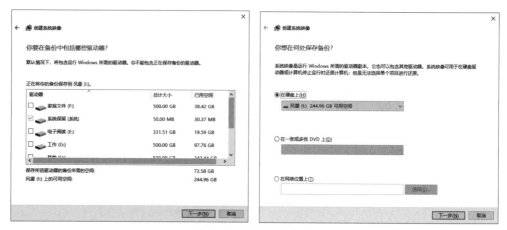

图 2-65　创建系统映像

当用户需要恢复系统及所备份的驱动器时,打开"备份和还原(Windows 10)"窗口,创建好的备份会以列表的形式显示在还原组中,选择目标映像,系统会重启和恢复。

第 3 章 网 络 技 术

现在许多家庭都拥有多台计算机,如何将它们连接起来,实现资源共享或者同时上网？互联网时代,人们之间通信联络的方式有哪些新的变化？同样,对于一个小型组织,有数十台甚至数百台计算机分别放在不同的地方,怎样实现协同工作与处理商务活动？为解答以上问题,本章在计算机网络定义的基础上,对计算机网络的功能、分类、结构、局域网的组成、Internet 基础及移动互联网等内容进行介绍。

3.1 计算机网络基础

计算机网络技术是计算机技术与通信技术相互融合的产物,是正在推动着社会信息化的技术革命,人们可以借助计算机网络实现信息的交换和共享,广泛地利用信息进行生产过程的控制和经济决策。如今,计算机网络已经成为人们日常生活中必不可少的生产和生活工具。

3.1.1 计算机网络的定义

计算机网络就是将地理位置不同的具有独立功能的多个计算机系统通过通信设备和通信线路连接起来,并且以功能完善的网络软件(网络协议、信息交换方式以及网络操作系统等)实现网络资源共享的系统。下面从资源共享和通信技术两个角度来定义计算机网络。

从资源共享的角度来讲,计算机网络就是把一组具有独立功能的计算机和其他设备,以允许用户相互通信和共享资源的方式互连在一起的系统,即资源子网。

从通信技术的角度来讲,计算机网络就是由特定类型的传输介质(如双绞线、同轴电缆和光纤等)和网络适配器互连在一起,并受网络操作系统监控的网络系统,即通信子网。

3.1.2 计算机网络的功能

计算机技术和通信技术结合而产生的计算机网络,不仅使计算机的作用范围超越了地理位置的限制,而且使计算机本身拓宽了服务,使得它在各领域发挥了重要的作用,成为目前计算机应用的主要形式。计算机网络的主要功能如下。

(1) 数据通信。它是计算机网络的基本功能。
(2) 资源共享。包含计算机硬件资源、软件资源和数据与信息资源的共享。
(3) 远程传输。分布在不同位置的用户可以相互传输数据信息,互相交流,协同工作。
(4) 集中管理。在一台或多台服务器上管理分散在其他计算机上的资源。
(5) 负荷均衡。网络中的工作负荷被均匀地分配给网络中的各计算机系统。
(6) 分布式处理。网络可以将一个比较大的问题或任务分解为若干子问题或子任务,分散到网络中不同的计算机进行处理。

3.1.3 计算机网络的分类

计算机网络的类型有几种不同的分类方法：按通信方式分类，如点对点式和广播式；按速度和带宽分类，如窄带网和宽带网；按传输介质分类，如有线网和无线网；按拓扑结构分类，如总线网、星状网、网状网；按地理范围分类，如局域网、城域网和广域网。下面按地理范围介绍计算机网络的分类。

1. 局域网

局域网(Local Area Network，LAN)是将较小地理范围内的各种数据通信设备连接在一起来实现资源共享和数据通信的网络(一般几千米以内)。较小地理范围可以是一个办公室、一座建筑物或近距离的几座建筑物，如一个工厂或一所学校。它具有传播速度快、准确率高的特点。另外，局域网的设备价格相对较低，建网成本也较低。适合用在某个数据较重要的部门，某一企事业单位内部使用这种计算机网络可以实现资源共享和数据通信。

2. 城域网

城域网(Metropolitan Area Network，MAN)是将距离在几十千米以内的若干局域网连接起来以实现资源共享和数据通信的网络。它的设计规模一般在一个城市之内，传输速度相对局域网较慢。

3. 广域网

广域网(Wide Area Network，WAN)实际上是将距离较远的数据通信设备、局域网、城域网连接起来以实现资源共享和数据通信的网络。一般覆盖面较大，可以是一个国家、几个国家甚至全球范围，如 Internet 就是一个最大的广域网。广域网一般利用公用通信网络进行数据传输，传输速度相对较慢，网络结构复杂，造价相对较高。

3.1.4 计算机网络的拓扑结构

计算机网络的拓扑结构主要有总线、环状、星状、树状、不规则网状等多种类型。拓扑结构的选择往往与传输介质的选择和介质访问控制方法的确定紧密相关，并决定着对网络设备的选择。

(1) 总线结构是用一条电缆作为公共总线，入网的节点通过相应的接口连接到总线上，如图 3-1 所示。在这种结构中，网络中的所有节点处于平等的通信地位，都可以把自己要发送的信息送入总线，使信息在总线上传播，属于分布式传输控制结构。

(2) 在环状结构中，节点通过点到点通信线路连接成闭合环路，如图 3-2 所示。环中数据将沿一个方向逐站传送。

(3) 在星状结构中，节点通过点到点通信线路与中心节点连接，如图 3-3 所示。目前在局域网中主要使用交换机充当星状结构的中心节点，控制全网的通信，任何两节点之间的通信都要通过中心节点。

(4) 在树状结构中，节点按层次进行连接，如图 3-4 所示。信息交换主要在上下节点之间进行。树状结构有多个中心节点(通常使用交换机)，各中心节点均能处理业务，但是上面的根节点有统管整个网络的能力。目前的大中型局域网几乎全部采用树状结构。

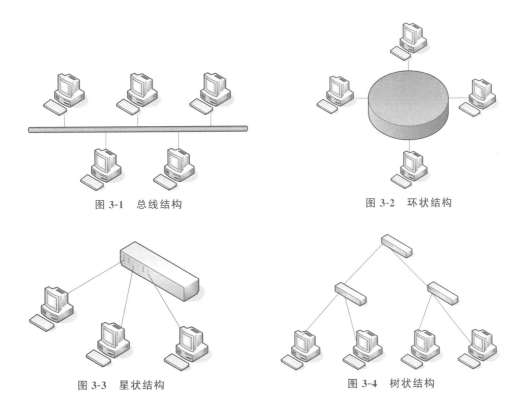

图 3-1　总线结构　　　　　　　　图 3-2　环状结构

图 3-3　星状结构　　　　　　　　图 3-4　树状结构

（5）在网状结构中，各节点通过冗余复杂的通信线路进行连接，并且每个节点至少与其他两个节点相连，如果有线路或节点发生故障，还有许多其他的通道可供两个节点间进行通信，如图 3-5 所示。网状结构是广域网中的基本拓扑结构，不常用于局域网，其网络节点主要使用路由器。

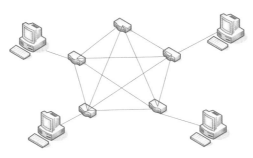

图 3-5　网状结构

（6）混合结构是将星状结构、总线结构和环状结构中的两种或三种结合在一起的网络结构，这种网络拓扑结构可以同时兼顾各种拓扑结构的优点，在一定程度上弥补了单一拓扑结构的缺陷。图 3-6 所示为一种星状结构和环状结构组成的混合结构。

3.1.5　网络体系结构

当今的网络大多是建立在开放系统互连（OSI）参考模型基础上的。在 OSI 参考模型中,网络的各功能层分别执行特定的网络操作。理解 OSI 参考模型有助于更好地理解网络,选择合适的组网方案,改进网络的性能。

OSI 参考模型共分七层,从低到高的顺序为物理层、数据链路层、网络层、传输层、会话层、表示层和应用层。图 3-7 为 OSI 参考模型层次示意图。

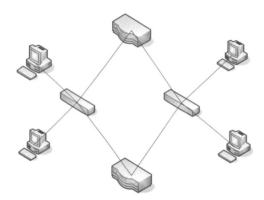

图 3-6　星状结构和环状结构组成的混合结构　　图 3-7　OSI 参考模型层次示意图

1. 物理层

物理层主要提供相邻设备间的二进制位传输,即利用物理传输介质为上一层(数据链路层)提供一个物理连接,通过物理连接透明地传输位流。透明传输是指经实际物理链路传送后的位流没有变化。任意组合的位流都可以在该物理链路上传输,物理层并不知道位流的含义。物理层考虑的是如何发送 0 和 1,以及接收端如何识别。

2. 数据链路层

数据链路层主要负责在两个相邻节点间的线路上无差错地传送以帧(frame)为单位的数据,每一帧包括一定的数据和必要的控制信息,接收节点接收到的数据如果出错要通知发送方重发,直到这一帧无误地到达接收节点。数据链路层就是把一条有可能出错的实际链路变成让网络层看来不出错的链路。

3. 网络层

网络层的主要功能是将网络地址翻译成对应的物理地址,并决定如何将数据从发送方经路由送达接收方。该层将数据转换成一种称为包(packet)或分组的数据单元,每个数据包中都含有目的地址和源地址,以满足路由的需要。网络层可对数据进行分段和重组。分段是指当数据从一个能处理较大数据单元的网络段传送到仅能处理较小数据单元的网络段时,网络层减小数据单元大小的过程。重组即为重构被分段数据单元的过程。

4. 传输层

传输层的任务是根据通信子网的特性最佳地利用网络资源,并以可靠和经济的方式为两个端系统的会话层之间建立一条传输连接,透明地传输报文(message)。传输层把从会话层接收的数据划分成网络层所要求的数据包进行传输,并在接收端把经网络层传来的数据包重新装配,提供给会话层。传输层位于 OSI 参考模型的中间,起承上启下的作用,它下面 3 层实现面向数据的通信,上面 3 层实现面向信息的处理,传输层是数据传送的最高一层,也是最重要和最复杂的一层。

5. 会话层

会话层虽然不参与具体的数据传输,但它负责对数据进行管理,负责为各网络节点应用程序或者进程之间提供一套会话设施,组织和同步它们的会话活动,并管理其数据交换的过程。这里的"会话"是指两个应用进程之间为交换面向进程的信息而按一定规则建立起来的一个暂时联系。

6. 表示层

表示层主要提供端到端的信息传输。在 OSI 参考模型中,用户端(应用程序)之间传送的信息数据包含语义和语法两方面。语义是信息数据的内容及其含义,它由应用层负责处理。语法是与信息数据表示形式相关的方面,如信息的格式、编码、数据压缩等。表示层主要用于处理应用实体面向交换的信息的表示方法,包含用户数据的结构和在传输时的位流或字节流的表示。这样即使每个应用程序有各自的信息表示法,但被交换的信息类型和数值仍能用一种共同的方法来表示。

7. 应用层

应用层是计算机网络与最终用户之间的界面,提供完成特定网络服务功能所需的各种应用程序协议。应用层主要负责用户信息的语义表示,确定进程之间通信的性质以满足用户的需要,并在两个通信者之间进行语义匹配。

需要注意的是,OSI 参考模型定义的标准框架只是一种抽象的分层结构,具体的实现则有赖于各种网络体系的具体标准,它们通常是一组可操作的协议集合,对应于网络分层,不同层次有不同的通信协议。

3.2 局域网

局域网是一种在有限的地理范围内将大量的 PC 及各种设备连接在一起以实现数据传输和资源共享的计算机网络。在当今的计算机网络技术中,局域网技术已经占据了十分重要的地位。局域网的组网技术的选择会根据用户的具体需求,充分考虑到开放性、先进性、可扩充性、可靠性、实用性和安全性的设计原则,采用当前比较先进同时又比较成熟和工业标准化程度较高的组网技术,大中型局域网的一般结构如图 3-8 所示。

3.2.1 局域网的传输介质

传输介质是网络中各节点之间的物理通路或信道,它是信息传递的载体。局域网中所采用的传输介质分为两类:一类是有线传输介质;另一类是无线传输介质。有线传输介质主要有双绞线、同轴电缆和光纤;无线传输介质包括无线电波和红外线等。

1. 双绞线

双绞线一般由两根遵循 AWG(American Wire Gauge)标准的绝缘铜导线相互缠绕而成。把两根绝缘铜导线绞在一起,可以降低信号干扰的程度。实际使用时,通常会把多对双绞线包在一个绝缘套管里,称为双绞线电缆。用于网络传输的典型双绞线是 4 对电缆,如图 3-9 所示。

2. 同轴电缆

同轴电缆是根据其构造命名的,铜导体位于核心,外面被一层绝缘体环绕,然后是一层屏蔽层,最外面是外护套,所有这些层都是围绕中心轴(钢导体)构造的,因此这种电缆被称为同轴电缆,如图 3-10 所示。

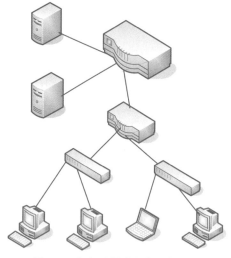

图 3-8 大中型局域网的一般结构

图 3-9 双绞线

图 3-10 同轴电缆

在一些应用中,同轴电缆仍然优于双绞线。首先双绞线的导线尺寸较小,没有包含在同轴电缆中的铜缆结实,因此同轴电缆可以应用于许多无线电传输领域。另外,同轴电缆能传输很宽的频带,从低频到甚高频,因此特别适合传输宽带信号(如有线电视系统、模拟录像等)。但是同轴电缆也有固有的缺点,如安装时屏蔽层必须正确接地,否则会造成更大的干扰。另外一些同轴电缆的直径较大,会占用很大的空间。更重要的是同轴电缆支持的数据传输率只有 10Mb/s,无法满足目前局域网的传输速度要求,所以在计算机局域网的布线中已不再使用同轴电缆。

3. 光纤

光纤即光导纤维,是一种传输光束的细而柔韧的媒质。光导纤维线缆由一捆光导纤维组成,简称光缆。与铜缆相比,光缆本身不需要电,虽然其在铺设初期阶段所需的连接器、工具和人工成本很高,但其不受电磁干扰和射频干扰的影响,具有更高的数据传输率和更远的传输距离,并且不用考虑接地问题,对各种环境因素具有更强的抵抗力。这些特点使光缆在某些应用中更具吸引力,成为目前计算机网络中常用的传输介质之一。

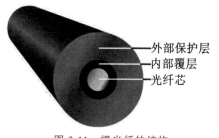

图 3-11 裸光纤的结构

计算机网络中的光纤是主要采用石英玻璃制成,横截面积较小的双层同心圆柱体。裸光纤由光纤芯、内部覆层和外部保护层组成,如图 3-11 所示。折射率高的中心部分称为光纤芯,折射率低的外围部分叫内部覆层。光以不同的角度进入光纤芯,在内部覆层和光纤芯的界面发生反射,进行远距离传输。外部保护层的原料大都采用尼龙、聚乙烯或聚丙烯等塑料。

光纤通信系统是以光波为载体、光纤为传输介质的通信系统。光纤通信系统的组成如图 3-12 所示。在光纤发送端,主要采用两种光源:发光二极管与注入型激光二极管。在接收端将光信号转换成电信号时,要使用光电二极管检波器。

图 3-12　光纤通信系统的组成

3.2.2　局域网的连接

1. 两台计算机直连的局域网

如果仅仅是两台计算机之间组网,可以直接使用双绞线跳线将两台计算机的网卡连接在一起,如图 3-13 所示。在使用网卡将两台计算机直连时,双绞线跳线要用交叉线,并且两台计算机最好选用相同品牌和相同传输速度的网卡,以避免可能的连接故障。

图 3-13　两台计算机直连的局域网

2. 单一交换机连接的局域网

把所有计算机通过双绞线跳线连接到单一交换机上,可以组成一个小型的局域网,如图 3-14 所示。在进行网络连接时应主要注意以下问题。

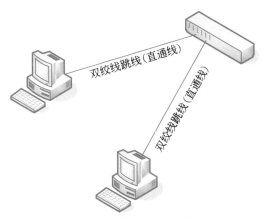

图 3-14　单一交换机连接的局域网

(1) 交换机上的 RJ-45 端口可以分为普通端口(MDI-x 端口)和 Uplink 端口(MDI-2

端口)。一般来说,计算机应该连接到交换机的普通端口上,而 Uplink 端口主要用于交换机与交换机间的级联。

(2) 在将计算机网卡上的 RJ-45 接口连接到交换机的普通端口时,双绞线跳线应该使用直通线,网卡的速度应与交换机的端口速度相匹配。

3. 多交换机连接局域网

交换机之间的连接有 3 种:级联、堆叠和冗余,其中级联扩展方式是较常规、直接的一种扩展方式。

(1) 通过 Uplink 端口进行交换机的级联。如果交换机有 Uplink 端口,则可直接采用这个端口进行级联,在级联时下层交换机使用专门的 Uplink 端口,通过双绞线跳线连入上一级交换机的普通端口,如图 3-15 所示。在这种级联方式中使用的级联跳线应是直通线。

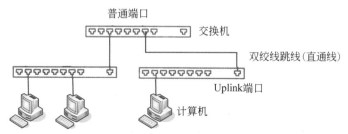

图 3-15 交换机通过 Uplink 端口级联

(2) 通过普通端口进行交换机的级联。如果交换机没有 Uplink 端口,可以采用交换机的普通端口进行交换机的级联,这种级联方式的性能稍差,如图 3-16 所示。在这种连接方式中所使用的交换机的端口都是普通端口,此时交换机和交换机之间的级联跳线应是交叉线,不能使用直通线。由于计算机在连接交换机时仍然接入交换机的普通端口,因此计算机和交换机之间的级联跳线应仍然使用直通线。

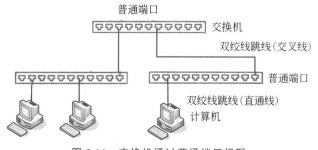

图 3-16 交换机通过普通端口级联

4. 无线局域网

无线局域网(Wireless Local Area Network,WLAN)是计算机网络与无线通信技术相结合的产物。简单地说,无线局域网就是在不采用传统线缆的同时,提供传统有线局域网的所有功能,即无线局域网采用的传输介质不是双绞线或者光纤,而是红外线或者无线电波。无线网络是有线网络的补充,适用于不便于架设线缆的网络环境。

一般来说,无线局域网有两种组网模式:一种是无固定基站的,另一种是有固定基站的。这两种模式各有特点,无固定基站组成的网络称为自组网络,主要用于安装无线网卡的计算机之间组成对等状态的网络;有固定基站的网络类似于移动通信的机制,网络用户安装无线网卡的计算机通过基站(无线访问接入点或无线路由器)接入网络,这种网络应用比较广泛,一般用于有线局域网覆盖范围的延伸或作为宽带无线互联网的接入方式。

(1) 无固定基站无线局域网。无固定基站组成的无线局域网也称为无线对等网,是最简单的无线局域网结构,是一种无中心的拓扑结构,网络连接的计算机具有平等的通信关系,仅适用于较少数的计算机无线连接方式(通常是在 5 台主机以内),如图 3-17 所示。这种组网模式不需要固定的设施,只需要在每台计算机中安装无线网卡就可以实现,因此非常适合组建临时的网络。

图 3-17 无固定基站无线局域网

(2) 有固定基站无线局域网。在具有一定用户数量或需要建立一个稳定的无线网络平台时,一般会采用以 AP 为中心的模式,这种模式也是无线局域网最为普遍的构建模式。在这种模式中,要求有一个 AP 充当中心站,所有站点对网络的访问均由其控制,如图 3-18 所示。另外,通过 AP、无线路由器等无线设备还可以把无线局域网和有线网络连接起来,并允许用户有效地共享网络资源,如图 3-19 所示。

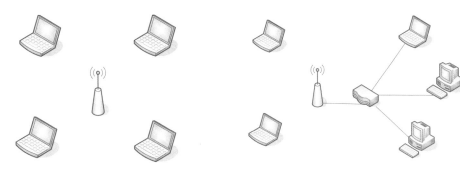

图 3-18 有固定基站无线局域网　　　　图 3-19 无线局域网和有线网络连接

3.2.3　Windows 10 操作系统下的局域网共享

在 Windows 10 系统下,局域网中的计算机之间通过设置共享文件,互相传输、存取文件十分方便快捷。下面就设置共享文件夹的方法进行介绍。

1. 同步工作组

局域网中相互共享的计算机中,要保证网内各计算机的工作组名称一致。查看或更改计算机的工作组、计算机名等信息,请右键单击"此电脑",选择"属性",如图 3-20 所示。

如果相关信息需要更改,可以在"计算机名称、域和工作组设置"栏中单击"更改设置"按钮,如

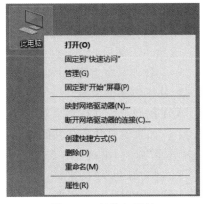

图 3-20 计算机属性

图 3-21 所示。之后单击"更改"按钮,出现图 3-22 所示的"计算机名/域更改"对话框,在"计算机名"工作组中输入合适的计算机名和工作组名,再单击"确定"按钮。

图 3-21 计算机名称设置

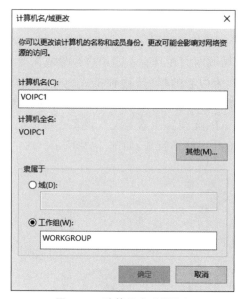

图 3-22 计算机名/域更改

输入完成后,需要重启计算机使更改的内容生效。

2. 更改 Windows 10 的相关设置

打开控制面板,选择"网络和 Internet"→"网络和共享中心"→"更改高级共享设置"。在打开的对话框中,单击图 3-23 所示的"启用网络发现"单选按钮,图 3-24 所示的"启用文件和打印机共享"单选按钮,以及图 3-25 所示的"使用 128 位加密帮助保护文件共享连接(推荐)"单选按钮。在"密码保护的共享"栏中单击"关闭密码保护共享"单选按钮,如图 3-26 所示。然后,最好打开媒体流;另外,在"家庭组连接"栏中,建议单击"允许 Windows 管理家庭组连接(推荐)"单选按钮,如图 3-27 所示。

3. 共享对象的设置

现在我们开始进行共享对象的设置。将需要共享的文件/文件夹直接拖曳至公共文件夹中。如果需要共享公共的 Windows 10 文件夹,需右击此文件夹,执行"属性"命令。单击"共享"标签,出现图 3-28 所示的文件夹共享属性对话框。

单击"高级共享"按钮,出现图 3-29 所示的"高级共享"对话框。选择"共享此文件夹"复选框后,分别单击"确定"按钮、"应用"按钮即可。

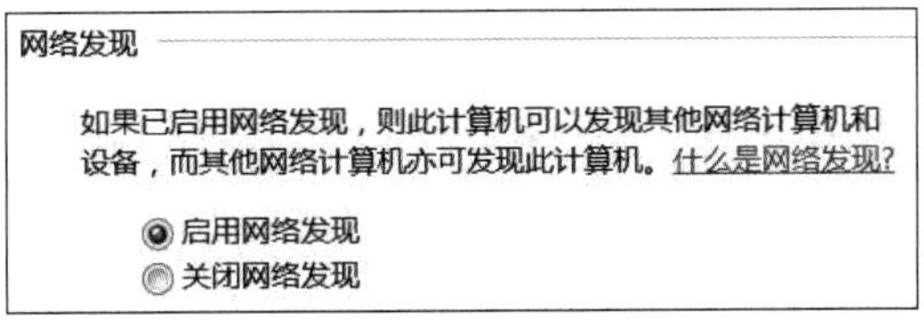

图 3-23　网络发现

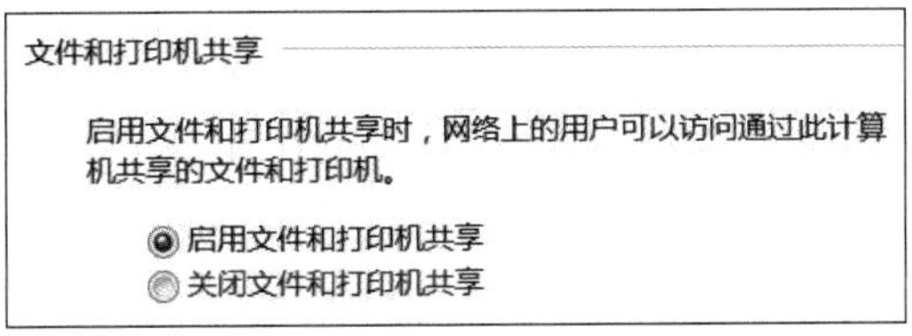

图 3-24　文件和打印机共享

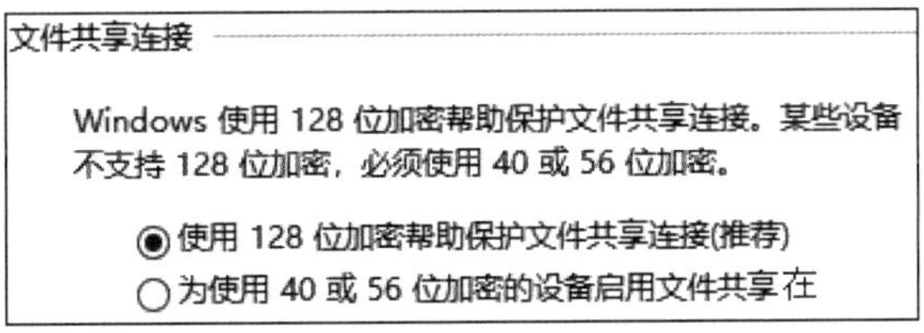

图 3-25　文件共享连接

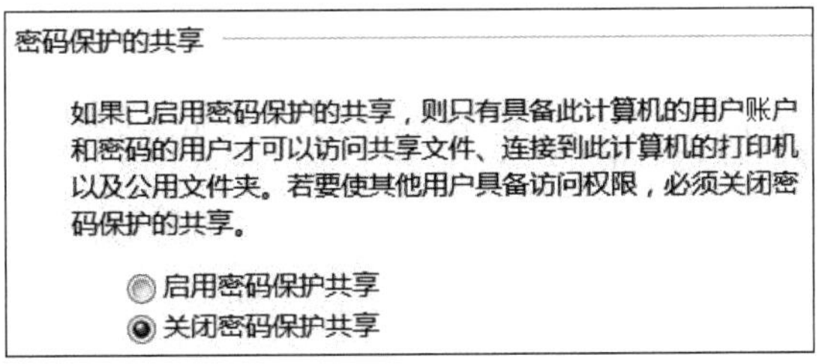

图 3-26　密码保护的共享

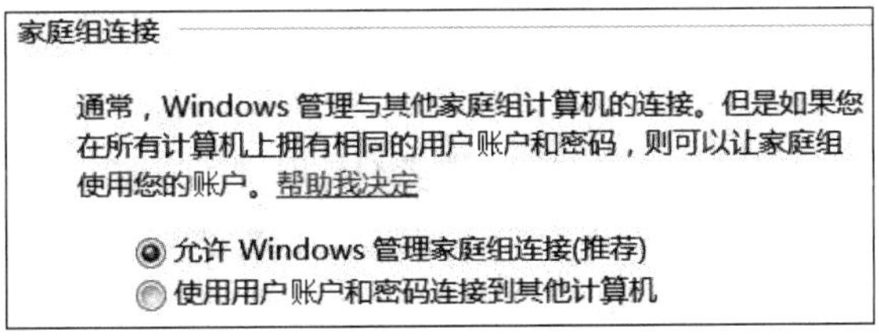

图 3-27　家庭组连接

需要注意的是，如果某文件夹被设为共享文件夹，那么它的所有子文件夹将默认被设为共享文件夹。

图 3-28 文件夹共享属性

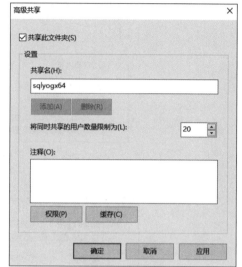
图 3-29 高级共享

3.3 Internet 基础

Internet 即因特网,也称为国际互联网,是目前世界上最大的计算机网络。它不仅把数量众多的计算机连接起来,而且还拥有极其丰富的信息资源。Internet 能提供多样的、多领域的和多种形式的信息服务。它给科学、技术、文化、经济的发展带来了巨大的影响,被认为是全球信息高速公路。

3.3.1 Internet 的发展历程及主要功能

1969 年,由美国国防部的高级研究计划署(Advanced Research Project Agency, ARPA)资助,建立了一个名为 ARPANET 的网络。这个网络把位于美国 3 个州的 4 台主机连接起来,采用的是分组交换技术,这种技术能够保证:如果这 4 台主机之间的某一条通信线路因某种原因被切断以后,信息仍能够通过其他线路在各主机之间传递。这个 ARPANET 就是今天的 Internet 的雏形,它的出现标志着以资源共享为目的的计算机网络的诞生。

1994 年,美国的 Internet 由商业机构全面接管。这使 Internet 从单纯的科研网络演变成一个世界性的商业网络,从而加速了 Internet 的普及和发展,世界各国纷纷连入 Internet,各种商业活动逐渐加入 Internet,Internet 已成为现代信息社会的代名词。

Internet 的基本功能和应用包括电子邮件、文件传输、远程登录等。

1. 电子邮件

电子邮件是 E-mail(Electronic mail)的中文译名，它是一种基于网络的现代化通信手段。在 Internet 提供的服务中，E-mail 的使用最为广泛。

电子邮件使 Internet 用户有了一个固定的通信地址，无论接收者在天涯海角，只要通过 E-mail，一封信件可在几分钟甚至几秒钟内发送到对方的邮箱中，比起传统书信往来、长途电话既省时又省钱，并且能够携带附件、多媒体等信息，给人们的交流带来了极大的便利。

2. 文件传输

如果说电子邮件是每个 Internet 用户最常用的方便而实用的通信工具，那么文件传输协议(File Transfer Protocol，FTP)扮演的就是"运输大王"的角色。它不辞辛劳地从遥远的 FTP 服务器，按用户的需要传输各种文件。遍布世界各地的 FTP 服务器存放着取之不尽、用之不竭的资源。通过 FTP，用户可以在各大公司的文件服务器上查询下载所需的资源。有了 FTP，世界上的公开文件服务器就都成了用户的"后备硬盘"了。

3. 远程登录

远程登录(telnet)，即远程终端访问。连接到 Internet 上的计算机数量是巨大的，但多数计算机是低档计算机，资源有一定的局限性，为了享用数量有限的、软硬件丰富的巨型机、大型机资源，可以把本地微型计算机登录到远程主机(巨型机、大型机)上。那么本地微机便成了主机的远程终端，可应用远程主机上的各种资源。

4. 新闻组

新闻组(news group)是一个利用 Internet 提供专题讨论的服务，讨论所涉及的问题包罗万象，参与讨论的人可以是世界上任何一个接入 Internet 的用户。由于讨论场所根据不同的主题划分为极细致的讨论区域，形成了不同的新闻讨论组。用户可以通过这种方式广交朋友、请教问题、交流经验等。

5. 万维网

万维网(World Wide Web，WWW)，也称环球网、3W、Web。它是 Internet 上的一个基于超文本(hypertext)方式的信息检索、浏览工具，它的作用是使信息搜索变得快速、高效、直观，在相应的软件界面的引导下，用户可以方便地查询分布在各地的信息，同样也可以把自己期望为公众提供的信息存入 WWW 的某个节点中，供他人查阅。由于多媒体技术的应用，WWW 的内容可以包括图形、图像、声音等资源，从而更加生动逼真。

6. 其他

Internet 上有聊天室，网友们可以在网上实时聊天。如果不喜欢敲键盘，可以拿起麦克风用 Internet 打长途电话；如果想看看网友是什么样子，可以通过摄像头进行视频对话；通过 Internet 实时服务软件，还可以看电影、玩游戏、听音乐、远程教学、远程医疗、电子商务、虚拟现实等。

Internet 技术在不断向前发展，所提供的服务方式和内容也越来越丰富和多样化，它将对社会信息化的进程起到极大的推动作用。

3.3.2 Internet 的地址

TCP/IP 是 Internet 中最基本、最重要的协议。为了实现不同计算机之间的通信，除使用相同的通信协议 TCP/IP 之外,每台计算机都必须有一个不能与其他计算机重复的地址,它相当于通信时每个计算机的身份证。Internet 的地址表示通常有两种方式:IP 地址和域名地址。

1. IP 地址

为了使连入 Internet 的众多主机在通信时能够相互识别,Internet 中的每台主机都分配一个唯一的地址,该地址称为 IP 地址,也称为网际地址。

TCP/IP 规定 Internet 上的地址长为 32 位,分为 4 字节。为了方便理解和记忆,IP 地址采用了十进制表示法,即将 4 字节的二进制数值分别转换成对应的十进制数值来表示,每个数值可取 0~255,各数之间用一个句点"."分隔。

例如,11000000 10101000 00000000 00000001 表示为 192.168.0.1。

实际上,每个 IP 地址由网络号和主机号两部分组成。网络号表示主机所连接的网络(如果两个 IP 地址的网络号相同,则说明它们是同一个网络);主机号表示该网络上特定的那台主机。

2. IP 地址的类型

Internet 根据网络规模的大小将 IP 地址分成 5 类,类型由网络号的第一组数字来决定。

由于地址数据中的全 0 或全 1 有特殊用途(数字 0 则表示该地址是本地宿主机,而数字 127 保留给内部回送函数),不作为普通地址。所以在计算网络个数和网络中的主机数时均要排除这两个特殊地址。

(1) A 类地址:第一组数字为 1~126。

A 类地址中表示网络地址的有 8 位,最左边一位固定为 0,主机地址有 24 位。

所以 A 类地址有 $126(2^7-2)$ 个,第一组数字的有效范围是 1~126;每个 A 类地址可以拥有 $16\ 777\ 214(2^{24}-2)$ 台主机。

A 类地址的特点:主要用于拥有大量主机的网络,网络数少,而主机数多。

(2) B 类地址:第一组数字为 128~191。

B 类地址中表示网络地址的有 16 位,最左边两位固定为 10,主机地址有 16 位。

所以 B 类地址有 $16\ 387(2^{14}-2)$ 个,第一组数字的有效范围是 128~191;每个 B 类地址可以拥有 $65\ 534(2^{16}-2)$ 台主机。

B 类地址的特点:主要用于中等规模的网络,网络数和主机数大致相同。

(3) C 类地址:第一组数字为 192~223。

C 类地址中表示网络地址的有 24 位,最左边三位固定为 110,主机地址有 8 位。

所以 C 类地址有 $2\ 097\ 152(2^{21}-2)$ 个,第一组数字的有效范围是 192~223;每个 C 类地址可以拥有 $254(2^8-2)$ 台主机。

C 类地址的特点:主要用于小型局域网,网络数多,而主机数少。

(4) D 类地址:第一个字节以 1110 开始。

D 类 IP 地址第一个字节以 1110 开始,它是一个专门保留的地址。它并不指向特定的网络,目前这一类地址被用在多点广播(multicast)中。多点广播地址用来一次寻址一组计算机,它标识共享同一协议的一组计算机。

（5）E类地址：一个实验地址，保留给将来使用。

3. 子网掩码

IP 地址包括网络号与主机号两部分，由于每个网络都需要一个网络标识，所以网络数是有限的。在制定编码方案时会遇到网络数不够的问题。解决的办法是采用子网寻址技术，即将主机标识部分划出一定的位数作为本网的各个子网，剩余的主机标识作为相应子网的主机标识部分。划出多少位给子网，主要视实际需要而定。这样，IP 地址就划分为网络、子网、主机 3 部分。

为了进行子网划分，需要引入子网掩码的概念。子网掩码的表示方法与 IP 地址的表示方法相同，也是以 32 位表示，用点分成 4 组，每组以相应十进制表示。此外，凡是对应于 IP 地址的网络和子网标识的位，子网掩码中以 1 表示；凡是对应于 IP 地址的主机标识的位，子网掩码中以 0 表示。

例如，子网掩码 11111111 11111111 11111111 00000000 表示为 255.255.255.0。

对于 192.168.0.1 的 IP 地址，如果子网掩码为 255.255.255.0，则表明该网络的网络号为 192.168.0，而主机号为 1。

如果网络由几个子网组成，则子网掩码将与子网的划分有关。

4. 域名地址

IP 地址是用数字来代表主机的唯一地址，但比较难于记忆。为了使用和记忆方便，也为了便于网络地址的分层管理和分配，Internet 在 1985 年采用了域名管理系统（Domain Name System，DNS），其主要思想是将每个 IP 地址以域名来代替，而域名通常是英文单词或单词缩写，具有一定的含义，便于记忆。

DNS 是一个以分级的、基于域的命名机制为核心的分布式命名数据库系统。它将整个 Internet 视为一个域名空间（name space），域名空间是由树状结构组织的分层域名组成的集合。

DNS 域名空间树的上面是一个无名的根（root），它只是用来定位的，并不包含任何信息。在根域名之下就是顶级域名，顶级域名一般分成组织机构上的和地理上的两类。顶级域名之下是二级域名，二级域名通常由 NIC 授权给其他单位或组织来管理。以此类推，可以有更低级的域名，域名级数通常不多于 5 个。最底层的叶子节点为计算机主机。

这样，DNS 域名空间下的任何一台计算机都可以用从叶子节点到根的节点标识，中间由"."分隔，即

叶子节点.三级域名.二级域名.顶级域名

域名地址是从右至左来表述其意义的，最右边的部分为顶层域，最左边的部分则是主机名。

由于二级域名、三级域名常常与网络名、单位名有关，所以域名地址也可表示为

主机机器名.单位名.网络名.顶层域名

例如，gkgc.sdufe.edu.cn 中，gkgc 是山东财经大学管理科学与工程学院主机的机器名，sdufe 代表山东财经大学，edu 代表中国教育科研网，cn 代表中国。顶层域名一般是网络机构或所在国家地区的名称缩写。

以下是常见的组织机构上的顶级域名。

.gov	政府机构	.com	商业机构
.edu	教育机构	.net	网络中心
.int	国际组织	.org	社会组织、专业协会
.mil	军事部门		

5. IPv6

随着电子技术及网络技术的发展,计算机网络已进入人们的日常生活,可能身边的每一样东西都需要连入 Internet。在这样的环境下,目前的 IP 地址已近枯竭,于是 IPv6 (Internet Protocol version 6) 应运而生。

IPv6 地址长度为 128 位,但通常写作 8 组,每组为 4 个十六进制数的形式,并用":"分隔。例如"2001:0db8:85a3:08d3:1319:8a2e:0370:7344"是一个合法的 IPv6 地址。

如果 4 个数字都是零,可以省略。例如,2001:0db8:85a3:0000:1319:8a2e:0370:7344 等价于 2001:0db8:85a3::1319:8a2e:0370:7344。

与 IPv4 相比,IPv6 具有以下 5 个优势。

(1) IPv6 具有更大的地址空间。IPv4 中规定 IP 地址长度为 32 位,即有 2^{32} 个地址;而 IPv6 中 IP 地址的长度为 128 位,即有 2^{128} 个地址。

(2) IPv6 使用更小的路由表。IPv6 的地址分配一开始就遵循聚类的原则,这使得路由器能在路由表中用一条记录表示一片子网,大大减小了路由器中路由表的长度,提高了路由器转发数据包的效率。

(3) IPv6 增加了增强的组播支持以及对流的支持,这使得网络上的多媒体应用有了长足发展的机会,为服务质量(Quality of Service,QoS)控制提供了良好的网络平台。

(4) IPv6 增加了对自动配置的支持。这是对 DHCP 的改进和扩展,使得网络(尤其是局域网)的管理更加方便和快捷。

(5) IPv6 具有更高的安全性。在使用 IPv6 的网络中,用户可以对网络层的数据进行加密并对 IP 报文进行校验,极大地增强了网络的安全性。

3.4 移动互联网

3.4.1 移动互联网的定义

20 世纪末期,移动通信的迅速发展大有取代固定通信之势。与此同时,互联网技术的完善和进步将信息时代不断往纵深推进。移动互联网就是在这样的背景下孕育、产生并发展起来的。移动互联网通过无线接入设备访问互联网,能够实现移动终端之间的数据交换,是计算机领域继大型机、小型机、个人计算机、桌面互联网之后的第五个技术发展周期。作为移动通信与传统互联网技术的有机融合体,移动互联网被视为未来网络发展的核心和最重要的趋势之一。

尽管移动互联网是目前 IT 领域最热门的概念之一,然而其定义并未达成共识。下面介绍几种有代表性的移动互联网定义。

百度百科：移动互联网(Mobile Internet,MI)是一种通过智能移动终端,采用移动无线通信的方式获取业务和服务的新兴业态,包含终端层、软件和应用层3个层面。终端层包括智能手机、平板计算机、电子书、MID等;软件包括操作系统、中间件、数据库和安全软件等;应用层包括休闲娱乐类、工具媒体类、商务财经类等不同应用与服务。

独立电信研究机构WAP论坛：移动互联网是通过手机、PDA或其他手持终端通过各种无线网络进行数据交换。狭义的移动互联网是指用户能够通过手机、PDA或其他手持终端通过无线通信网络接入互联网;广义的移动互联网是指用户能够通过手机、PDA或其他手持终端以无线的方式通过各种网络(WLAN、BWLL、GSM、CDMA等)接入互联网。

MBA智库：广义的移动互联网是指用户可以使用手机、笔记本计算机等移动终端通过协议接入互联网;狭义的移动互联网则是指用户使用手机终端通过无线通信的方式访问采用WAP的网站。

Information Technology论坛：移动互联网是指通过无线智能终端,如智能手机、平板计算机等使用互联网提供的应用和服务,包括电子邮件、电子商务、即时通信等,保证随时随地的无缝连接的业务模式。

认可度比较高的定义是中国工业和信息化部电信研究院在2011年的《移动互联网白皮书》中给出的。移动互联网是以移动网络作为接入网络的互联网及服务,包括3个要素：移动终端、移动网络和应用服务。该定义将移动互联网涉及的内容主要概括为3个层面,分别如下：移动终端,包括手机、专用移动互联网终端和数据卡方式的便携式计算机;移动网络,包括2G、3G、4G等;应用服务,包括Web、WAP方式。移动终端是移动互联网的前提,移动网络是移动互联网的基础,而应用服务则是移动互联网的核心。

上述定义给出了移动互联网两方面的含义：一方面,移动互联网是移动通信网络与互联网的融合,用户以移动终端接入无线移动通信网络(2G网、3G网、4G网、WLAN、WiMAX等)的方式访问互联网;另一方面,移动互联网还产生了大量新型的应用,这些应用与终端的可移动、可定位和随身携带等特性相结合,为用户提供了个性化的、位置相关的服务。

综合以上观点,本书提出一个参考性定义：移动互联网是指以各种类型的移动终端作为接入设备,使用各种移动网络作为接入网络,从而实现包括传统移动通信、传统互联网及各种融合创新服务的新型业务模式。

3.4.2 移动互联网的特点

移动互联网的基本特点包括下述内容。

(1) 终端移动性。通过移动终端可以接入移动互联网。

(2) 业务及时性。用户使用移动互联网能够随时随地的获取自身或其他终端的信息,及时获取所需的服务和数据。

(3) 服务便利性。由于移动终端的限制,移动互联网的服务要求操作简便,响应时间短。

(4) 业务/终端/网络的强关联性。实现移动互联网服务需要同时具备移动终端、接入网络和运营商提供的业务3项基本条件。

移动互联网相比于传统固定互联网的优势：实现了随时随地的通信和服务获取；具有安全、可靠的认证机制；能够及时获取用户及终端信息；业务端到端流程可控等。劣势：无线频谱资源的稀缺性；用户数据的安全和隐私性；移动终端硬软件缺乏统一标准，业务互通性差等。

移动互联网业务是多种传统业务的综合体，而不是简单的互联网业务的延伸，因而产生了创新性的技术与产品和创新的商业模式。

(1) 创新性的技术与产品。如通过手机摄像头扫描商品条码并进行比价搜索、重力感应器和陀螺仪确定目前的方向和位置等，内嵌在手机中的各种传感器能够帮助开发商开发出各种超越原有用户体验的产品。

(2) 创新的商业模式。如风靡全球的"AppStore＋终端营销"的商业模式，以及将传统的位置服务与SNS、游戏、广告等元素结合起来的应用系统等。

3.4.3 移动互联网的体系架构

移动互联网的出现带来了移动网和互联网融合发展的新时代，移动网和互联网的融合也是应用、网络和终端多层面的融合。为了能满足移动互联网的特点和业务模式需求，在移动互联网技术的架构中要具有接入控制、内容适配、业务管控、资源调度、终端适配等功能。构建这样的架构需要从终端技术、承载网络技术、业务网络技术各方面综合考虑。移动互联网的典型体系架构模型包括3部分。

(1) 业务应用层。提供给移动终端的互联网应用，这些应用中包括典型的互联网应用，如网页浏览、在线视频、内容共享与下载、电子邮件等，也包括基于移动网络特有的应用，如定位服务、移动业务搜索以及移动通信业务(如短信、彩信、铃音等)。

(2) 移动终端模块。从上至下包括终端软件架构和终端硬件架构。终端软件架构包括应用App、用户UI、支持底层硬件的驱动、存储和多线程内核等。终端硬件架构包括终端中实现各种功能的部件。

(3) 网络与业务模块。从上至下包括业务应用平台和公用接入网络。业务应用平台包括业务模块、管理与计费系统、安全评估系统等。公用接入网络包括接入网络、承载网络和核心网络等。

从移动互联网中端到端的应用角度出发，移动互联网业务模型分为5层。

(1) 移动终端。支持实现用户UI、接入互联网、实现业务互操作。终端具有智能化和较强的处理能力，可以在应用平台和终端上进行更多的业务逻辑处理，尽量减少空中接口的数据信息传递压力。

(2) 移动网络。包括各种将移动终端接入无线核心网的设施，如无线路由器、交换机、BSC、MSC等。

(3) 网络接入。网络接入网关提供移动网络中的业务执行环境，识别上下行的业务信息、服务质量要求等，并可基于这些信息提供按业务、内容区分的资源控制和计费策略。网络接入网关根据业务的签约信息，动态地进行网络资源调度，最大限度地满足业务的QoS要求。

（4）业务接入。业务接入网关向第三方应用开放移动网络能力 API 和业务生成环境，使互联网应用可以方便地调用移动网络开放的能力，提供具有移动网络特点的应用。同时，实现对业务接入移动网络的认证，实现对互联网内容的整合和适配，使内容更方便移动终端对其进行识别和展示。

（5）移动网络应用。提供各类移动通信、互联网以及移动互联网特有的服务。

3.4.4　移动互联网的发展趋势

随着移动通信和无线网络新技术的不断发展，终端软硬件性能的提高，移动互联网的发展也呈现以下发展趋势。

（1）高带宽。随着 WLAN、PON、LTE 等技术发展，接入网络日益宽带化，理论上 4G 技术能够以 100Mb/s 的速度下载，以前无法使用的多媒体、高清视频等高带宽应用业务都可以逐步实现。

（2）多媒体。4G 网络数据传输能力的提升，推动了移动互联网内容从文字、图片走向音频、视频、游戏等多媒体形式，以高清视频为代表的移动业务多媒体化特征更加明显。

（3）生活化。终端处理能力不断提升，终端硬件上集成了越来越多的感应器，如重力感应器、陀螺仪等推动了定位、遥感、测量健康指数、记录运动状态等生活应用的产生和不断发展。

（4）个性化。具有用户个性的内容制作、分享、交流、订阅对用户越来越有吸引力。

（5）开放化。开放是互联网成功的最重要原因之一，移动互联网更加强调开放和聚合，能够开放各种 CT 和 IT 能力整合各种信息内容和应用，通过统一标准的接口进行开放，方便调用、组合和产生新的应用。

第二部分 办公信息处理

第二部分是办公信息处理,包括第 4~6 章。第 4 章主要介绍 Word 2016 的主要功能、基本操作、文本编辑、文档的格式设置、表格的操作、长文档的编辑、文档的打印输出,以及对图形、图片、艺术字等其他对象的操作等内容;第 5 章主要介绍 Excel 2016 的主要功能和基本操作应用等内容;第 6 章主要介绍 PowerPoint 2016 的主要功能、演示文稿的创建及幻灯片内容的的编辑、幻灯片外观的设置、幻灯片动态效果的添加、超链接与动作设置、演示文稿的放映和输出等内容。

第 4 章　文字处理软件 Word 2016

Microsoft office 是由微软公司开发的办公套装软件，Word 2016 是其中最常用的软件之一，是进行文字处理和文档编排的强大工具。本章主要介绍 Word 2016 的基本操作，文本编辑，格式设置，长文档的编辑，对表格及图形、图片、艺术字等对象的操作，修订及共享文档，邮件合并，宏和控件的使用等内容。

4.1　Word 2016 的主要功能

Word 2016 利用 Windows 友好的界面和集成的操作环境，加之全新的自动排版概念和技术上的创新，将文字处理功能推到了一个崭新的境界。图 4-1～图 4-3 都是使用 Word 2016 编辑和设计的文档，可以看出 Word 2016 具有强大的文字处理和文档编排能力。其主要功能如下。

1. 编辑修改功能

Word 2016 使用选项卡、命令按钮、对话框、快捷方式和帮助，使操作变得简单，可方便地进行复制、移动、删除、恢复、撤销、查找和替换等基本编辑操作。

2. 格式设置功能

Word 2016 具有丰富的文字和段落修饰功能，图 4-1 是使用 Word 2016 编辑的文档，使用 Word 2016 对其进行了文字、段落和页面等多种格式和效果的设置。

3. 自动化功能

Word 2016 提供了一些自动校对、翻译、转换和修订功能，也可为文档自动添加一些页面元素，如创建页码、题注以及目录等，图 4-3 就是使用 Word 2016 自动生成的目录。

4. 表格处理功能

Word 2016 具有较强的表格处理功能，图 4-2 是使用 Word 2016 的表格处理功能设计的个人简历。Word 2016 可以创建和编辑复杂的表格对页面进行规划，也可以使用公式对表格数据进行简单的计算和排序。

5. 图文混排功能

Word 2016 提供了一套绘制图形和图片的功能，可以创建多种效果的文本和图形。尤其利用 Word 2016 提供的图文混排功能，可以编排出形式多样的文档。

第 4 章　文字处理软件 Word 2016

Microsoft office 是由微软公司开发的办公套装软件，Word 2016 是其中最常用的软件之一，是进行文字处理和文档编排的强大工具。本章主要介绍 Word 2016 的基本操作，文本编辑，格式设置，长文档的编辑，对表格及图形、图片、艺术字等对象的操作，修订及共享文档，邮件合并，宏和控件的使用等内容。

4.1　Word 2016 的主要功能

Word 2016 利用 Windows 友好的界面和集成的操作环境，加之全新的自动排版概念和技术上的创新，将文字处理功能推到了一个崭新的境界。图 4-1～图 4-3 都是使用 Word 2016 编辑和设计的文档，可以看出 Word 2016 具有强大的文字处理和文档编排能力。其主要功能如下。

1. 编辑修改功能

Word 2016 使用选项卡、命令按钮、对话框、快捷方式和帮助，使操作变得简单，可方便地进行复制、移动、删除、恢复、撤销、查找和替换等基本编辑操作。

2. 格式设置功能

Word 2016 具有丰富的文字和段落修饰功能，图 4-1 是使用 Word 2016 编辑的文档，使用 Word 2016 对其进行了文字、段落和页面等多种格式和效果的设置。

3. 自动化功能

Word 2016 提供了一些自动校对、翻译、转换和修订功能，也可为文档自动添加一些页面元素，如创建页码、题注以及目录等，图 4-3 就是使用 Word 2016 自动生成的目录。

4. 表格处理功能

Word 2016 具有较强的表格处理功能，图 4-2 是使用 Word 2016 的表格处理功能设计的个人简历。Word 2016 可以创建和编辑复杂的表格对页面进行规划，也可以使用公式对表格数据进行简单的计算和排序。

5. 图文混排功能

Word 2016 提供了一套绘制图形和图片的功能，可以创建多种效果的文本和图形。尤其利用 Word 2016 提供的图文混排功能，可以编排出形式多样的文档。

1

图 4-1　使用 Word 2016 制作的文档

个人简历

姓名	王**	性别	男	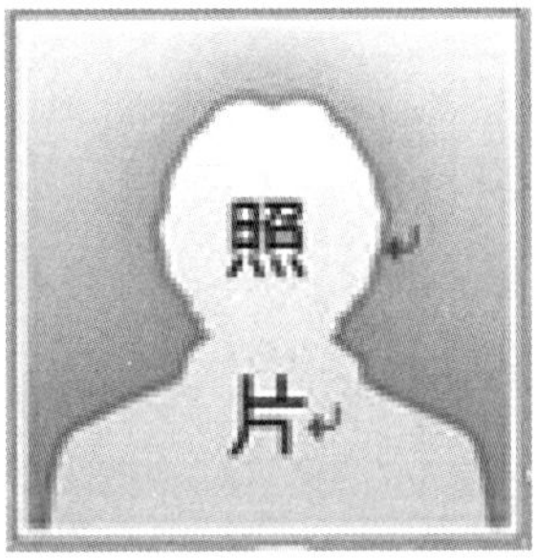
民族	汉族	籍贯	**********	照片
出生日期	2000年5月	婚姻状况	未婚	
学历	本科	身高体重	178cm 65kg	
专业	信息管理	健康情况	良好	
求职意向	信息管理,信息系统分析、设计和实施			
毕业院校	************	毕业时间	2022年7月	
联系电话	************	邮箱	W******@***.com	
语言能力	英语:六级　　日语:初级			
主修课程	管理学原理、计算机系统与系统软件、数据结构与数据库、计算机网络、信息管理学、信息组织、管理信息系统分析与设计等。			
个人技能	熟悉网络和办公自动化,熟练操作 Windows 系统、能从事简单的编程、能独立操作并及时高效地完成日常办公文档的编辑工作。			
奖惩情况	获得全国C语言大赛三等奖证书、Photoshop 图形与图像设计证书。			
社会实践	2020年8月在**电器实习; 2021年8月在***公司开展主题为"信息系统在现代企业管理中的应用"的社会实践活动。			
兴趣爱好	音乐、阅读、交际			
自我评价	本人性格开朗、为人诚恳、乐观向上、兴趣广泛、拥有较强的组织能力和适应能力、并具有较强的管理策划与组织管理协调能力。			
另附	经验是积累出来的,希望贵公司能给我一个展现的平台。相信通过我的努力会把工作做到最好。祝:贵公司蒸蒸日上!			

图 4-2　使用 Word 2016 制作的个人简历

目录

第 4 章 文字处理软件 Word 2016 3
  4.1 Word 2016 的主要功能 3
  4.2 Word 2016 的基本操作 7
    4.2.1 Word 2016 的启动、退出与窗口 7
    4.2.2 文档的创建、保存与打印 10
  4.3 Word 2016 的文本编辑 16
    4.3.1 文本的选定 16
    4.3.2 删除、复制和移动 17
    4.3.3 撤销和恢复 18
    4.3.4 查找、替换和定位 18
  4.4 Word 2016 文档的格式设置 22
    4.4.1 视图 22
    4.4.2 字符格式设置 23
    4.4.3 段落格式设置 24
    4.4.4 页面格式设置 31
  4.5 长文档的编辑 34
    4.5.1 格式重用和模板 34
    4.5.2 划分页面板块 37
    4.5.3 页眉和页脚 39
    4.5.4 插入目录 41
    4.5.5 在文档中添加引用内容 42
  4.6 表格的操作 45
    4.6.1 创建表格 46
    4.6.2 输入表格内容 48
    4.6.3 编辑表格 48
    4.6.4 表格和文本的转换 53
    4.6.5 表格中数据的排序和计算 55
  4.7 其他对象的操作 56
    4.7.1 图片 56
    4.7.2 图形 60
    4.7.3 文本框 61
    4.7.4 艺术字 61
    4.7.5 SmartArt 智能图形 62
    4.7.6 公式 64
  4.8 修订文档与邮件合并 65
    4.8.1 审阅和修订文档 65
    4.8.2 邮件合并 67
  4.9 在文档中使用宏与控件 71
    4.9.1 使用宏自动化处理文档 72
    4.9.2 使用控件制作交互式文档 73

图 4-3 使用 Word 2016 自动生成的目录

4.2 Word 2016 的基本操作

4.2.1 Word 2016 的启动、退出与窗口

    Word 2016 文档的扩展名为.docx。使用 Word 2016 进行文字处理,首先应创建一个新文档或者打开一个已有文档,用户输入或编辑文档内容,然后对文档格式编排,完成后将文档保存,最后按用户要求打印。

1. Word 2016 的启动与退出

1) Word 2016 的启动

启动 Word 2016 主要有以下 3 种方式。

(1) 如果桌面上有 Microsoft Word 2016 图标，双击该图标，即进入 Word 2016 窗口。

(2) 双击扩展名为.docx 的文档文件的图标，将在启动 Word 2016 应用程序的同时打开该文档。

(3) 单击"开始"菜单，在"所有程序"程序组中选择"Word 2016"选项，即可启动 Word 2016。

2) Word 2016 的退出

退出 Word 2016 主要有以下几种方法。

(1) 执行"文件"选项卡中的"关闭"命令。

(2) 单击 Word 2016 窗口右上角的"关闭"按钮。

(3) 双击 Word 2016 窗口左上角的"控制菜单"按钮。

(4) 按快捷键 Alt＋F4。

2. Word 2016 工作窗口的基本组成

启动 Word 2016 后，进入 Word 2016 窗口界面，其应用程序窗口主要包含标题栏、快速访问工具栏、选项卡、命令组、文档编辑区、滚动条、状态栏和标尺等，如图 4-4 所示。

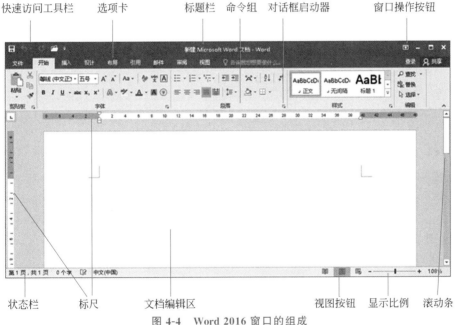

图 4-4　Word 2016 窗口的组成

(1) 标题栏。

标题栏是位于窗口最顶部的一栏，其中间显示正在编辑的文档名和应用程序名，左侧是控制菜单按钮和快速访问工具栏，右侧是最小化、最大化和关闭按钮。单击控制菜单按钮可以打开控制菜单；快速访问工具栏默认包含保存、撤销和恢复 3 个命令，可以实现对一些常用命令的快速操作，用户可以自定义快速访问工具栏，增加或删除一些命令项。

(2) 选项卡。

选项卡位于标题栏的下方，Word 2016 窗口主要包括"文件""开始""插入""设计""布局""引用""邮件""审阅""视图"等选项卡,这些选项卡可引导用户开展各种工作,简化对应用程序中多种功能的使用方式,并会直接根据用户正在执行的任务显示关联命令。

上下文选项卡只在编辑、处理某些特定对象的时候才会在功能区中显示。例如,在 Word 2016 文档中,用户选择编辑某一图片对象时,功能区中会显示"图片工具格式"选项卡。

(3) 命令组。

每个选项卡中包含不同的操作命令组。例如,"开始"选项卡主要包括剪贴板、字体、段落、样式和编辑等命令组。有些命令组右下角是有带有↘标记的"对话框启动器"按钮,单击该按钮,可打开相应对话框进行功能设置。用户通过双击选项卡标签或单击"折叠功能区"按钮可显示或隐藏功能区。

(4) 标尺。

Word 2016 中包含水平标尺和垂直标尺,水平标尺位于编辑区的上方,垂直标尺位于编辑区的左侧。标尺的功能在于缩进段落、设置页边距、调整表格的行高和列宽以及设置制表位等。

(5) 文档编辑区。

文档编辑区是输入和编辑文本的区域,位于命令组的下方。编辑区中闪烁的光标叫插入点,插入点表示输入时文本出现的位置。

(6) 状态栏。

状态栏位于窗口的最下方,显示当前文档的有关信息,如当前页号、总页数、总字数等。此外,还有"视图"按钮、显示比例控件等。

(7) 开始屏幕。

默认情况下,启动 Word 2016 时首先看到开始屏幕,如图 4-5 所示。开始屏幕提供一些常规操作,如创建新文档、从最近访问的位置打开某文档、快速进入选项设置等。

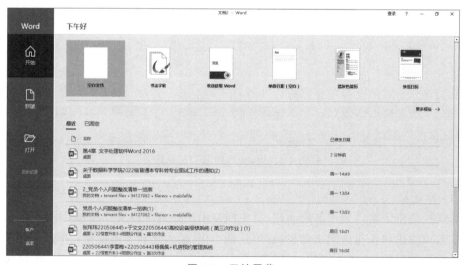

图 4-5 开始屏幕

(8) 后台视图。

在 Word 2016 窗口单击"文件"选项卡,可查看其后台视图,如图 4-6 所示。后台视图中可以管理文档及有关文档的相关数据，如创建、保存和导出文档、检查文档中是否包含隐藏的元数据或个人信息、设置文档保护、自定义文档选项卡、查看和定义文档属性等。

图 4-6　后台视图

在后台视图中，执行左侧"选项"命令，打开"Word 选项"对话框，如图 4-7 所示，在该对话框中可以设置 Word 2016 应用程序的工作环境，如窗口配色方案、设置显示对象、指定文件自动保存位置、自定义功能区和快速访问工具栏，以及其他高级设置等。

图 4-7　"Word 选项"对话框

4.2.2 文档的创建、保存与打印

1. 创建文档

Word 2016 中,可以创建空白的新文档,也可以利用模板创建新文档。

1) 创建空白的新文档

使用 Word 2016 建立一个新文档有以下几种方法。

(1) 通过启动应用程序。

单击 Windows 任务栏的"开始"按钮,执行"所有应用"命令,展开程序列表;在程序列表中执行"Microsoft Office 2016"中"Word 2016"命令,启动 Word 2016 应用程序;在窗口右侧选择"空白文档",Word 2016 将自动创建一个基于 Normal 模板的空白文档。

(2) 通过"文件"选项卡"新建"命令。

在 Word 2016 窗口单击"文件"选项卡,在后台视图中执行"新建"命令;在"新建"选项区域中选择"空白文档"选项,如图 4-8 所示,即可创建一个空白文档。

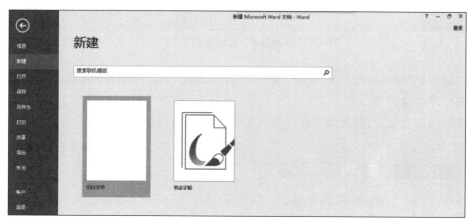

图 4-8 "新建"任务窗口

(3) 使用快捷键。

启动 Word 2016 后,使用快捷键 Ctrl+N,即可快速创建一个空白文档。

2) 利用模板快速创建新文档

Word 2016 提供大量模板供用户使用,使用模板可以快速创建出外观精美、格式专业的文档。

(1) 利用本机模板。

Word 2016 将部分模板嵌入应用程序中,新建文档时用户可根据需求快速浏览并选择合适的模板使用。

选择"文件"选项卡,在后台视图中执行"新建"命令,在"新建"选项区域中单击需要的模板选项,如"快照日历",如图 4-9 所示,即可快速创建一个带有格式和基本内容的文档。用户在所选模板的基础上进行编辑、修改和保存,即可完成文档的创建。

(2) 利用在线模板。

本机模板若不能满足用户需求,可以连接到微软官方网站的模板库中选择模板。在

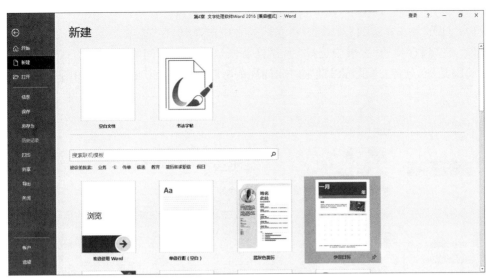

图 4-9 利用本机模板创建新文档

后台视图中执行"新建"命令,在"新建"选项区域的"搜索联机模板"文本框中输入关键词搜索即可。

2. 保存文档

对文档进行了内容的输入、编辑或修改后,要将其保存在磁盘上,便于以后查看、再次编辑或打印文档。

1) 保存新的、未命名的文档

(1) 执行"文件"选项卡中的"保存"命令,或者单击快速访问工具栏上的"保存"按钮,选择"浏览",打开"另存为"对话框。

(2) 在对话框中,设置文档保存位置,在"文件名"文本框中输入文档的名称。

(3) 单击"保存"按钮。

2) 保存已有的 Word 2016 文档

执行"文件"选项卡中的"保存"命令,或者单击快速访问工具栏上的"保存"按钮,可将当前文档按原文件名和原保持位置保存。

3) 保存非 Word 2016 文档或早期版本的 Word 2016 文档

Word 2016 允许将文档保存为其他文件类型,以便在其他应用程序或者早期版本的 Word 2016 应用程序中使用。

(1) 执行"文件"选项卡中的"另存为"命令,选择"浏览",打开"另存为"对话框。

(2) 在"文件名"文本框中输入文档的名称。

(3) 在"保存类型"下拉列表中选择其他保存类型。

(4) 单击"保存"按钮。

4) 自动保存文档

"自动保存"是指 Word 2016 会在一定时间内自动保存一次文档,可以有效防止因为一些意外情况而引起的文档内容大量丢失。

(1) 选择"文件"选项卡,在后台视图中执行"选项"命令。

(2) 打开"Word 选项"对话框,在左侧列表中选择"保存"选项。

(3) 在"保存文档"区域中选择"保存自动恢复信息时间间隔"复选框,默认自动保存时间间隔是 10 分钟,这里可以设置时间间隔的分钟数(1~120 的整数),如图 4-10 所示。

图 4-10　设置文档自动保存选项

3. 关闭文档

关闭当前文档窗口的方法有以下几种。

(1) 执行"文件"选项卡中的"关闭"命令。

(2) 单击窗口右上角的"关闭"按钮。

如果当前文档没有保存,关闭前将弹出提示保存对话框,如图 4-11 所示。如需保存修改过的文档,则单击"保存"按钮,然后再退出 Word 2016;否则单击"不保存"按钮;如果不想退出 Word 2016,则单击"取消"按钮。

4. 打开已有文档

打开文档是指 Word 2016 将指定的文档从外存读入内存,显示在 Word 2016 窗口中。Word 2016 提供了多种打开文档的方法。

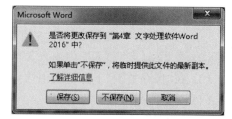

图 4-11　提示保存对话框

(1) 双击文档图标,将在启动 Word 2016 应用程序的同时打开该文档。

(2) 利用"打开"对话框打开文档。执行"文件"选项卡中的"打开"命令,选择"浏览",打开"打开"对话框,选择要打开的文档。

(3) 快速打开最近使用过的文档。执行"文件"选项卡中的"打开"命令,选择"最近",将在右侧列出用户最近使用过的文档列表,单击所要打开的文档。

5. 文本的输入

新建一个文档并打开文档窗口后,用户即可在插入点处输入文本内容。英文字符可直接从键盘输入,中文字符的输入与 Windows 中的输入方法相同。下面主要介绍一些特殊文本的输入。

1) 插入符号或特殊符号

通常情况下,文档中除了包含字母、汉字和标点符号外,还要输入一些特殊符号,如希腊字母、数字序号等。这些符号的输入步骤如下。

(1) 将插入点置于要插入符号的位置。

(2) 执行"插入"选项卡"符号"命令组中的"符号"命令,在下拉列表中选择"其他符号",打开"符号"对话框,如图 4-12 所示。

图 4-12 "符号"对话框

(3) 选择"符号"选项卡,从"字体"下拉列表中选择要插入的符号类型,选中要插入的符号,单击"插入"按钮或直接双击要插入的符号,即可在文档插入点处插入选择的符号。

2) 插入文档

编辑文档时,可以把另一个文档的内容插入当前文档中。方法如下:

单击"插入"选项卡"文本"命令组中的"对象"命令右侧的下拉箭头,在下拉列表中选择"文件中的文字",打开"插入文件"对话框,选定要插入的文件,单击"插入"按钮即可。

3) 插入日期时间

通过 Word 2016 中的"日期和时间"对话框可以快速插入需要的日期格式,如图 4-13

所示。

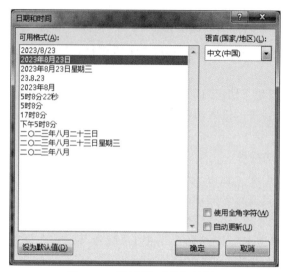

图 4-13 "日期和时间"对话框

（1）将插入点置于要插入日期和时间的位置。

（2）执行"插入"选项卡"文本"命令组中的"日期和时间"命令，打开"日期和时间"对话框。

（3）在"语言"下拉列表中选择语言类型，在"可用格式"列表框中选择要插入的日期格式，例如选择"2023 年 8 月 23 日"格式，单击"确定"按钮。

4）换行

Word 2016 中包括 3 种不同的换行方式。

（1）自动换行。在 Word 2016 中，当输入的字符到达一行的右边界时，文本会自动换行，称为"软回车"。

（2）段落标记。如果输入时按 Enter 键，则产生一个段落标记，称为"硬回车"。段落标记是一个段落结束的标志。

（3）人工换行符"↓"。在 Word 2016 中，有时需要段内换行，可在需要换行的地方按 Shift＋Enter 快捷键，产生一个人工换行符，使得后续文本另起一行但不分段。

5）插入和改写

插入和改写是 Word 2016 的两种编辑方式。插入是指将输入的文本添加到插入点所在位置，插入点以后的文本依次后移；改写是指输入的文本将替换插入点所在位置之后的文本。Word 2016 默认的编辑方式是插入方式，插入和改写两种方式之间可以转换。

（1）右击 Word 2016 窗口状态栏，在快捷菜单中执行"改写"（或"插入"）命令。

（2）按键盘上的 Insert 键。

6）显示/隐藏非打印字符

Word 2016 中，有些字符只可以在屏幕上显示，不能通过打印机打印出来，这种字符称为非打印字符，如回车符、空格、制表符等。

要显示或隐藏非打印字符，可以执行"文件"选项卡中的"选项"命令，打开"Word 选项"对话框,在左侧选择"显示"选项,然后在右侧"始终在屏幕上显示这些格式标记"区域中进行选择,如图 4-14 所示。

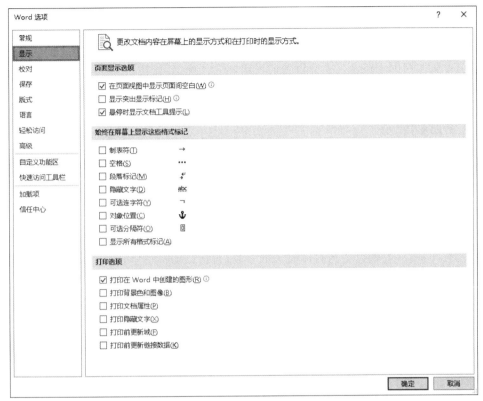

图 4-14 设置非打印字符的显示和隐藏

6. 打印文档

1) 保护重要文档

文档制作完毕后,用户可以对重要文档进行保护设置,以增强文档的安全性。

(1) 限制文档的编辑。

通过"限制编辑"功能,用户可以控制其他人对此文档所做的更改类型。具体方法如下。

① 打开要编辑的文档;

② 执行"文件"选项卡中的"信息"命令;

③ 单击"保护文档"按钮,在展开的下拉列表中单击"限制编辑"选项,此时,在文档右侧显示"限制编辑"任务窗口;

④ 在任务窗口中设置"格式化限制"或"编辑限制"后,单击"是,启动强制保护"按钮,弹出"启动强制保护"对话框;

⑤ 在对话框中设置密码。

经过以上操作后,该文档窗口的组就不能使用了。

(2) 为文档添加密码保护。

① 打开要设置的文档;

② 执行"文件"选项卡中的"信息"命令；

③ 单击"保护文档"按钮，在下拉列表中单击"用密码进行加密"选项，打开"加密文档"对话框；

④ 在文本框中输入密码；

⑤ 单击"确定"按钮，弹出"确认密码"对话框；

⑥ 在文本框中重新输入前面设置的密码，单击"确定"按钮。

经过以上操作，当用户再次打开该文档时，会弹出"密码"对话框，要求用户输入正确的密码才可打开文档。

2) 打印文档

设置好页面中的各元素后，就可以将文档打印输出了。通常在打印之前要预览待打印的文档，确认正确无误后再进行打印。

执行"文件"选项卡中的"打印"命令，在"打印"窗口中，左侧用于设置打印选项，右侧为待打印文档的页面预览视图，可以通过单击视图右下方的按钮改变视图的显示比例，也可以单击预览视图左下角的按钮切换预览视图中当前显示的页面内容。

在"打印"窗口左侧设置与打印有关的参数，包括打印机、打印份数、要打印的页面、打印方向、纸张大小、页边距等。

打印文档的部分页面时，需在"页数"文本框中设置要打印的页码范围。例如，要打印文档第 2 页、第 4~10 页以及第 15 页，则要输入"2,4-10,15"，数字之间要以逗号分隔。完成设置后单击"打印"按钮，即可开始打印。

4.3 Word 2016 的文本编辑

文档编辑主要包括文本的删除、复制、移动、撤销、恢复、查找、替换、自动更正等操作。

4.3.1 文本的选定

在编辑文档前，首先需要选定要编辑的对象。选定文本的方式有以下几种。

1. 用鼠标选定文本

在 Word 文档中，通过拖动鼠标选定文本是最常用的选定方法。也可使用以下方法选定文本。

(1) 选定一个单词：双击该单词。

(2) 选定一个句子：按住 Ctrl 键，单击该句子的任意位置。

(3) 选定一行：在该行的左侧选定区单击。

(4) 选定一段：在该行的左侧选定区双击。

(5) 选定整篇文档：在文档的左侧选定区的任意位置三击鼠标左键。

(6) 选定一个矩形区域：按住 Alt 键的同时拖动鼠标左键。

(7) 选定任意长度的连续文本：单击需选定的文本的起点，然后按住 Shift 键，再单击需选定的文本的终点；或按住鼠标左键，从起点拖动到终点。

(8) 选定不连续的文本：先选定第一个文本区域，然后按住 Ctrl 键的同时一次选定其他区域。

要取消当前选定文本只需单击选定对象以外的任意位置即可。

2. 用键盘选定文本

先将光标移到要选定的文本之前,然后用键盘组合键选择文本。常用的部分组合键及功能如表 4-1 所示。

表 4-1　键盘选定文本快捷键

快捷键	功能	快捷键	功能
Shift + →	向右选取一个字符	Shift + ←	向左选取一个字符
Shift + ↑	选取上一行	Shift + ↓	选取下一行
Shift + Home	选取到当前行首	Shift + End	选取到当前行尾
Shift + PgUp	选取上一屏	Shift + PgDn	选取下一屏
Shift + Ctrl + →	向右选取一个字或单词	Shift + Ctrl + ←	向左选取一个字或单词
Shift + Ctrl + Home	选取到文档开头	Shift + Ctrl + End	选取到文档末尾

4.3.2　删除、复制和移动

1. 删除

删除是将字符或对象从文档中去掉。

(1) 删除插入点左侧的字符:按 Backspace 键。

(2) 删除插入点右侧的字符:按 Del 键。

(3) 删除选定的文本或对象:选定文本区域或对象后,再按 Del 键。

2. 剪贴板

剪贴板是文档进行信息交换的媒介。当执行复制或剪切命令后,所复制或剪切的内容都会被放入剪贴板中。Word 2016 提供了 24 个子剪贴板,可同时存放 24 项复制或剪切的内容。

(1) 单击"开始"选项卡"剪贴板"命令组右下角的"对话框启动器"按钮,文档编辑区左侧将显示"剪贴板"窗格,如图 4-15 所示。

(2) 单击某子剪贴板右侧的三角按钮,执行列表中的"粘贴"命令,可将该子剪贴板内容复制到当前文档中;执行"删除"命令,可清除该子剪贴板内容。

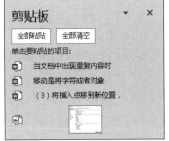

图 4-15　"剪贴板"窗格

3. 复制

当文档中出现重复内容时,可使用复制操作提高编辑效率。

复制的操作步骤如下。

(1) 选定要复制的文本内容。

(2) 执行"开始"选项卡"剪贴板"命令组中的"复制"命令,或使用快捷键 Ctrl + C(此时选定的文本内容被放入剪贴板中)。

(3) 将插入点移到新位置执行"开始"选项卡"剪贴板"命令组中的"粘贴"命令,或使用快捷键 Ctrl + V(此时剪贴板中的内容就复制到了新位置)。

4. 移动

移动是将字符或者对象从原来的位置删除,插入到另一个新位置。移动操作与复制操作类似,只需在第(2)步中执行"开始"选项卡"剪贴板"命令组中的"剪切"命令,或使用快捷键 Ctrl + X。

Word 2016 文档中,也可使用鼠标拖动的方法来完成复制和移动操作。选定要复制或移动的文本,按住 Ctrl 键的同时使用鼠标拖动选定的文本至目标位置,可实现复制操作;直接使用鼠标拖动选定的文本至目标位置,可实现移动操作。请注意,使用鼠标拖动的方法复制和移动文本时,复制和移动的内容不会被放入剪贴板。

4.3.3 撤销和恢复

在文档编辑过程中难免会出现误操作,Word 2016 提供了撤销功能,用于取消最近对文档进行的操作。

若要撤销最近的一次操作可以单击快速访问工具栏上的"撤销"按钮。撤销多次操作的步骤如下。

(1) 单击快速访问工具栏上"撤销"按钮右侧的三角按钮,查看最近进行的可撤销操作列表。

(2) 单击列表中要撤销的操作。撤销某操作的同时,也撤销了列表中所有位于它上方的操作。

恢复功能用于恢复被撤销的操作,单击快速访问工具栏上的"恢复"按钮即可。

4.3.4 查找、替换和定位

Word 2016 中提供了很多自动功能,包括查找、替换和定位。

1. 查找

查找的功能主要用于在当前文档中搜索指定的文本或特殊字符。

1) 查找文本

(1) 执行"开始"选项卡"编辑"命令组中的"查找"命令,打开"导航"窗格,如图 4-16 所示。

(2) 在窗格的"搜索文档"文本框中输入要查找的内容,如"Word 2016",按 Enter 键。

(3) 在窗格中将以浏览方式显示所有包含查找内容的片段,同时查找到的匹配文本会在文档中以黄色底纹标识。

2) 高级查找

(1) 单击"开始"选项卡"编辑"命令组中的"查找"命令右侧的三角按钮,在下拉列表中执行"高级查找"命令,打开"查找和替换"对话框,如图 4-17 所示,选择"查找"选项卡。

(2) 在"查找内容"文本框中输入要查找的文本,如"Word 2016"。

(3) 单击"查找下一处"按钮,则从文档中插入点位置开始查找。

3) 查找带有格式的文本

Word 2016 支持对带有格式的文本内容的查找。

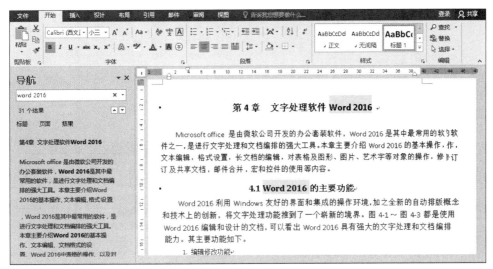

图 4-16 "导航"窗格

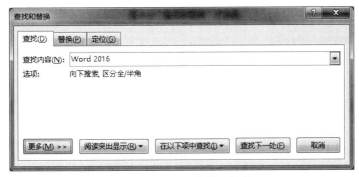

图 4-17 "查找和替换"对话框

(1) 打开图 4-17 所示的"查找和替换"对话框。

(2) 单击"更多"按钮。

(3) 在"查找内容"文本框中输入要查找的文字,如"Word 2016"。

(4) 单击"格式"按钮,在弹出菜单中执行"字体"命令,在"查找字体"对话框中设置查找的文本的格式,例如微软雅黑,四号,粗体",单击"确定"按钮,如图 4-18 所示。

(5) 单击"查找下一处"按钮,则从文档中插入点位置开始查找格式为"微软雅黑,四号,粗体"的"Word 2016"一词。

2. 替换

如果需要将文档中某些文本替换为另外的文本,可以使用替换功能。

1) 简单替换

(1) 执行"开始"选项卡"编辑"命令组中的"替换"命令,打开"查找和替换"对话框,选择"替换"选项卡,如图 4-19 所示。

(2) 在"查找内容"文本框中输入文字。

图 4-18　查找带有格式的文本

图 4-19　"替换"选项卡

(3) 在"替换为"文本框中输入要替换的文字。

(4) 单击"查找下一处"按钮，文档中符合条件的内容被反白显示，单击"替换"按钮完成第一处替换。单击"查找下一处"按钮，可逐个确认是否替换；若要将文档中所有符合查找条件的文本全部替换，单击"全部替换"按钮即可。

2）高级替换

若要进行带有格式文本的替换，其操作步骤与带有格式文本的查找方法类似。例如，可以将文档中的所有字体格式为"宋体，五号"的"文字处理"一词替换为字体格式为"隶书，四号，加粗，绿色"的"处理"一词。具体操作如下。

(1) 打开"查找和替换"对话框，选择"替换"选项卡，分别在"查找内容"和"替换为"文本框中输入"文字处理"和"处理"。

(2) 将光标插入"查找内容"文本框内部,然后单击"格式"按钮,在列表中执行"字体"命令,打开"查找字体"对话框,将字体格式设置为"宋体,五号",然后关闭该对话框,完成查找内容的字体格式设置。

(3) 将光标插入"替换为"文本框内部,然后单击"格式"按钮,在列表中执行"字体"命令,打开"替换字体"对话框,将字体格式设置为"隶书,四号,加粗,绿色",然后关闭对话框,完成替换为的字体格式设置。完成设置后的对话框如图 4-20 所示。

图 4-20　设置查找和替换选项后的对话框

(4) 单击"全部替换"按钮,对设置的内容进行全文档替换,替换后的文本效果如图 4-21 所示。

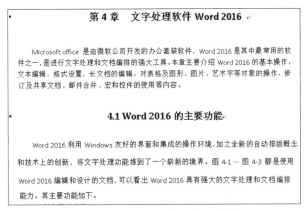

图 4-21　特殊格式文本替换后的效果

3. 定位

单击"开始"选项卡"编辑"命令组中的"查找"命令右侧的三角按钮,在下拉列表中执行"转到"命令,弹出"查找和替换"对话框,如图 4-22 所示,可按页码、节号、行号和书签等进行文本定位。

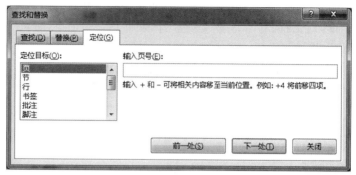

图 4-22 "定位"选项卡

4.4 Word 2016 文档的格式设置

图 4-1 所示案例中,文字、段落和页面的格式设置增加了文档可读性,同时使文档看起来更加美观。本节将主要介绍 Word 2016 文档的格式设置,主要包括字符格式设置、段落格式设置和页面设置等操作。

4.4.1 视图

Word 2016 为文档提供了几种不同的显示方式,称之为视图。用户可以根据自己的需求选择合适的视图方式显示文档,以提高查看和编辑文档的效率。

Word 2016 中提供了 5 种视图:页面视图、阅读视图、Web 版式视图、大纲视图和草稿视图。用户可通过单击窗口任务栏右侧的几个视图按钮,或者在"视图"选项卡"视图"命令组中执行对应的命令,实现不同视图间的切换。

1. 页面视图

页面视图是 Word 2016 的默认视图。页面视图可以显示整个页面的分布和文档中的所有元素,如正文、图形、图片、页眉、页脚和页码等,并可对它们进行编辑。该视图下,文档显示效果即为打印后的真实效果,是一种"所见即所得"的视图方式。

2. 阅读视图

阅读视图便于用户对文档进行阅读。该视图下不显示文档的页眉、页脚,隐藏所有选项卡,以扩大显示区域,并且将相邻的两个页面显示在同一个版面上,方便用户进行阅读和编辑。

3. Web 版式视图

Web 版式视图下显示的文档效果与使用浏览器打开文档的效果一样,优化了布局,使文档具有最佳的屏幕外观,使得联机阅读更容易。

4. 大纲视图

大纲视图下用户可以折叠文档,只查看标题,使得长篇文档结构的查看变得非常方便;或者展开文档以查看整篇文档。同时,在该视图下可以通过拖动标题实现文档的移动、复制和重组。

5. 草稿视图

草稿视图只显示所有的文本内容,以便快速编辑文本。页眉、页脚、图片、剪贴画和艺术字等不会显示。

4.4.2 字符格式设置

字符是指作为文本输入的汉字、字母、数字、标点符号和特殊符号,字符格式设置是对字符的字体、字号、颜色和显示效果等格式进行设置。Word 2016 中默认的中文字体为"宋体",字号为"五号",颜色为"黑色"。通过字符格式设置,可以让字符外观更加漂亮。

Word 2016 中进行字符格式设置的方法主要有以下几种。

1. 用"字体"命令组设置字符格式

(1) 选中"文字处理软件 Word 2016"文档第一段中的文本"Word 2016"。

(2) 在"开始"选项卡中"字体"命令组可以设置字符的字体为"微软雅黑",字号为"四号",单击"加粗"按钮为文字加粗。

设置好字符格式后的效果如图 4-23 所示。

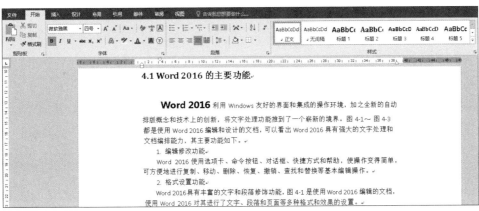

图 4-23 字符格式设置后的结果

2. 用"字体"对话框设置字符格式

单击"开始"选项卡"字体"命令组右下角的"对话框启动器"按钮,打开"字体"对话框,如图 4-24 所示,在"字体"选项卡中可以设置字体、字形、字号、颜色、下画线、着重号和效果等,在"高级"选项卡中可以设置字符间距及文本效果格式等。

3. 用浮动工具栏设置字符格式

选定要修改格式的文本后,在选定区域右上方移动鼠标,会出现浮动工具栏,如图 4-25 所示,可以使用上面的相应按钮来设置字符格式。

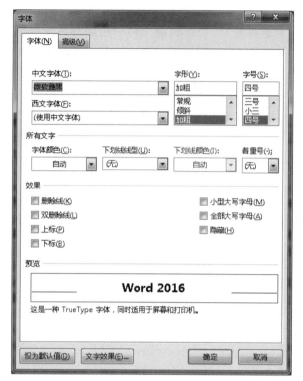

图 4-24 "字体"对话框

图 4-25 浮动工具栏

4.4.3 段落格式设置

Word 2016 中，段落是指以段落标记作为结束符的文字、图形或其他对象的集合。段落格式是以段落为单位的格式设置，主要包括段落对齐、段落缩进、行间距、段间距和段落的修饰等。

设置段落格式时，如果只针对一个段落，直接将插入点置于该段落中即可；如果同时设置多个段落的格式，则要同时选定这些段落，然后再进行段落格式的设置。

用户可以执行"开始"选项卡"段落"命令组中的命令进行段落格式设置；也可单击"段落"命令组右下角的"对话框启动器"按钮，打开"段落"对话框，使用该对话框进行设置，如图 4-26 所示。

1. 段落对齐

段落对齐方式有左对齐、居中对齐、右对齐、两端对齐和分散对齐 5 种。用户可以在"段落"命令组中单击相应命令按钮进行设置，也可以在"段落"对话框中"缩进和间距"选项卡的"对齐方式"列表中进行选择。

2. 段落缩进

段落缩进是指段落相对于左右页边距向页面内缩进一段距离。段落缩进有左缩进、右缩进、首行缩进和悬挂缩进 4 种方式。

左缩进：整个段落中所有行的左边界向右缩进。

图 4-26 "段落"对话框

右缩进：整个段落中所有行的右边界向左缩进。

首行缩进：段落第一行第一个字符向右缩进。

悬挂缩进：除首行外，段落中的其他行的左边界向右缩进。

设置段落缩进的方法主要有以下几种。

(1) 使用对话框设置。

用户可以在"段落"对话框中"缩进和间距"选项卡的"缩进"栏中设置缩进方式及缩进值。

(2) 使用标尺设置。

水平标尺是设置段落格式的快捷工具，如图 4-27 所示，它上面有 4 种缩进标记，使用鼠标拖动这 4 种标记，可以调整相应段落缩进方式的设置。

图 4-27 水平标尺

3. 设置行间距和段间距

行间距是指段落中行与行之间的距离。段间距是指两个相邻段落之间的距离,包括段前间距和段后间距。

行间距和段间距可在"段落"对话框中"缩进和间距"选项卡中设置,也可单击"段落"命令组的"行和段落间距"命令按钮,在列表中选择增加段前间距和段后间距。

4. 使用制表位

制表位是指在水平标尺上的位置,指定文字缩进的距离或一栏文字开始之处。使用制表位可以在不创建表格的情况下完成文字对齐方式的设置。

1) 制表位的组成要素

制表位的三要素包括制表位位置、制表位对齐方式和制表位的前导符。在设置一个新的制表位格式的时候,主要针对这三要素进行操作。

(1) 制表位位置。

制表位位置用来确定表内容的起始位置。例如,确定制表位的位置为"3 字符"时,在该制表位处输入的第一个字符将位于标尺上的 3 字符处,输入的其余字符将按照指定的对齐方式依次排列。

(2) 对齐方式。

制表位的对齐方式有左对齐、居中对齐、右对齐、小数点对齐、竖线对齐,其中左对齐、居中对齐和右对齐与段落的对齐格式一致;小数点对齐方式可以保证输入的数值是以小数点为基准对齐;竖线对齐方式会在制表位处显示一条竖线,在此处不能输入任何数据。

(3) 前导符。

前导符是制表位的辅助符号,用来填充制表位前的空白区间。包括 4 种样式:实线、粗虚线、细虚线和点画线。

2) 设置制表位

Word 2016 中默认的制表位位置是"2 字符",用户可以根据需要使用以下两种方法自定义制表位。

(1) 利用"制表位"对话框精确设置制表位。

打开"段落"对话框,单击左下角的"制表位"按钮,打开"制表位"对话框,如图 4-28 所示。在"默认制表位"中显示了 Word 2016 默认的制表位位置,可以直接修改该数值改变制表位的位置。

用户也可通过以下操作自定义制表位:在"制表位位置"文本框中输入制表位的位置,选择对齐方式以及前导符样式,单击"设置"按钮。然后重复前两步操作,直到设置好所有的制表位,如图 4-29 所示,单击"确定"按钮使设置生效。

(2) 利用水平标尺粗略设置制表位。

水平标尺的左端有制表位按钮,如图 4-30 所示,单击该按钮可在不同制表符之间切换。设置时,只需选定所需的制表符类型,然后单击水平标尺上需设置制表位的位置即可。如需移动制表位,可在水平标尺上左右拖动制表位标记。

3) 应用制表位

Word 2016 中,按一次 Tab 键就可以快速把插入点移动到下一个制表位处,在制表位处输入各种数据的方法与常规段落相同。

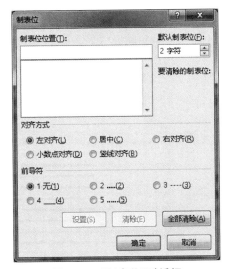

图 4-28 "制表位"对话框

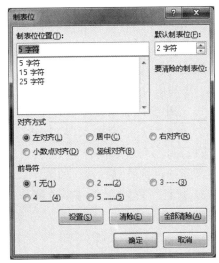

图 4-29 自定义制表位

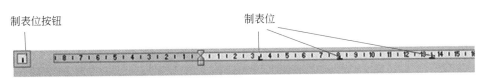

图 4-30 水平标尺设置制表位

制表位是属于段落的属性,它对整个段落起作用。在一个设置有制表位的段落中按 Enter 键产生一个新段落,新段落也会与上一段落具有同样的制表位位置。使用制表位输入文本的效果如图 4-31 所示。

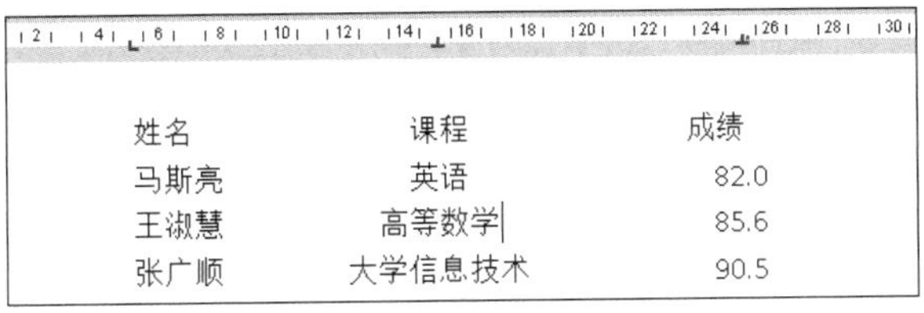

姓名	课程	成绩
马斯亮	英语	82.0
王淑慧	高等数学	85.6
张广顺	大学信息技术	90.5

图 4-31 使用制表位的效果

4) 删除制表位

(1) 使用"制表位"对话框。

通过单击"制表位"对话框中的"清除"按钮可删除当前选择的制表位;若要删除所有自定义制表位,则需单击"全部清除"按钮。

(2) 使用水平标尺。

选中水平标尺上的制表位标记,使用鼠标将其拖动至水平标尺外,也可删除该制表位。

5. 项目符号和编号

项目符号和编号都是相对于段落而言的。Word 2016 提供自动添加项目符号和编号的功能。设置了项目符号和编号后，按 Enter 键开始新段落时，Word 2016 会按上一段落格式自动添加项目符号和编号。

1) 添加项目符号

（1）选中要添加项目符号的文本。

（2）单击"段落"命令组"项目符号"命令按钮右侧的箭头按钮，在列表中执行"定义新项目符号"命令，打开"定义新项目符号"对话框，如图 4-32 所示。

（3）执行"符号"命令，打开"符号"对话框，在对话框中选择合适的项目符号，如图 4-33 所示。

（4）单击"确定"按钮。

2) 添加项目编号

（1）选中要添加编号的文本。

（2）执行"开始"选项卡"段落"命令组的"编号"命令，在列表中选择所需的编号方式，单击即可为其添加编号，如图 4-34 所示。

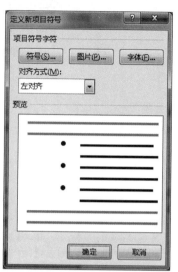

图 4-32　"定义新项目符号"对话框

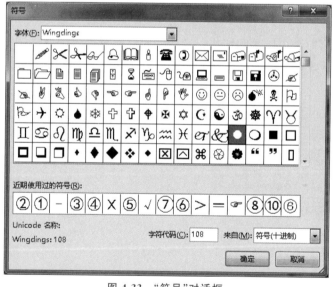

图 4-33　"符号"对话框

图 4-34　添加项目编号

6. 首字下沉

首字下沉是指段落中的第一个字下沉几行，以引起读者的注意。设置首字下沉的方法如下。

选中一个段落，执行"插入"选项卡"文本"命令组中的"首字下沉"命令，在下拉列表中执行"下沉"或"悬挂"命令;用户也可执行下拉列表中的"首字下沉选项"命令,打开"首字下沉"对话框,设置首字字体和下沉行数等参数。

7. 边框和底纹

Word 2016 可以为所选择的文字、段落和全部文档添加边框和底纹,方法如下。

(1) 单击"开始"选项卡"段落"命令组中的"边框"按钮右侧的三角按钮,在下拉列表中执行"边框与底纹"命令,打开"边框与底纹"对话框。

(2) 单击"边框"选项卡,为选定的文字或段落添加不同线形的边框。

(3) 单击"页面边框"选项卡,为所选节或整篇文档添加页面边框。例如,为"文字处理软件 Word 2016"文档添加页面边框,方法如下。

① 打开"边框和底纹"对话框,选择"页面边框"选项卡。
② 在左侧"设置"区域选择"自定义"。
③ 在"艺术型"列表中选择所需的边框。
④ 在右侧"应用于"列表中选择"整篇文档",如图 4-35 所示。
⑤ 单击"确定"按钮。

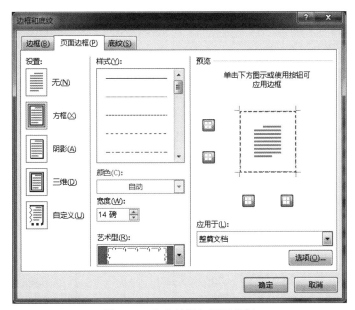

图 4-35 为文档添加页面边框

(4) 单击"底纹"选项卡,为选定的文字或段落添加底纹,可在对话框中设置底纹的颜色和图案。如为"文字处理软件 Word 2016"文档中部分文本添加底纹方法如下。

① 选中要添加底纹的文本"文字处理软件"。
② 打开"边框和底纹"对话框,选择"底纹"选项卡。
③ 选择"填充"为"黄色",在右侧"应用于"列表中选择"文字",如图 4-36 所示。
④ 单击"确定"按钮。

图 4-36 为文字添加底纹

4.4.4 页面格式设置

Word 2016 提供页面格式设置功能,可以完成对页面背景、页边距、纸张大小、纸张方向、文字排列等页面格式的设置。

1. 页面设置

用户可在"布局"选项卡"页面设置"命令组中执行相应命令进行文档的页面设置;也可单击"布局"选项卡"页面设置"命令组右下角的"对话框启动器"按钮,打开"页面设置"对话框,如图 4-37 所示,在此对话框中完成相关的页面设置。

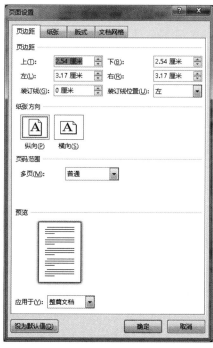

图 4-37 "页面设置"对话框

(1) 设置纸张。

在"页面设置"对话框中,选择"纸张"选项卡,在"纸张大小"列表框中选择合适的纸张规格。

(2) 设置页边距和纸张方向。

页边距是指打印出的文本与纸张边缘之间的距离,需要指明文本正文与纸张的上、下、左、右边界的距离,即上边距、下边距、左边距、右边距。

在"页面设置"对话框中,选择"页边距"选项卡,可进行相应设置。当文档需要装订时,最好设置装订线的位置,还可以设置"纸张方向"。

(3) 设置版式。

版式是指整个文档的页面格局。主要根据对页眉、页脚的不同要求来形成不同的版式。

在"页面设置"对话框中,选择"版式"选项卡,可以设置版式。

(4) 设置字数和行数。

在"页面设置"对话框中,选择"文档网格"选项卡,如图 4-38 所示,可以设置每页的行数、每行的字数、文字排列方向、栏数等。

图 4-38 "文档网格"选项卡

2. 页面背景设置

Word 2016 提供了丰富的页面背景设置功能,可以为文档设置页面颜色、背景、水印和页面边框等效果。

1) 页面颜色和背景

通过页面颜色设置,可以为背景应用渐变、图案、图片、纯色或纹理等填充效果。用户可以选择以下方法为文档设置页面颜色和背景。

(1) 执行"设计"选项卡"页面背景"命令组的"页面颜色"命令,在下拉列表"主题颜色"或"其他颜色"区域选择所需颜色,即可为文档设置页面背景颜色。

(2) 如果希望添加特殊效果,可在"页面颜色"下拉列表中执行"填充效果"命令,打开"填充效果"对话框,如图4-39所示,在对话框中使用"渐变""纹理""图案""图片"4个选项卡设置页面的特殊填充效果。例如,在"填充效果"对话框中选择"纹理"选项卡中的"水滴"纹理,设置的页面背景效果如图4-40所示。

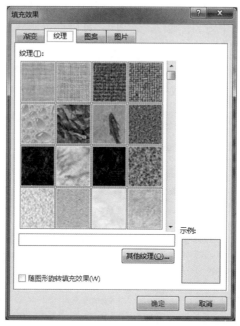

图 4-39 "填充效果"对话框

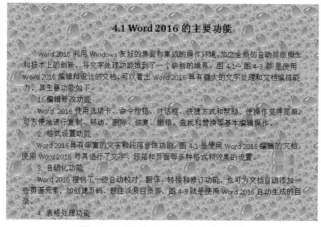

图 4-40 设置页面背景的效果图

2）水印效果

水印效果用于在文档内容的底层显示虚影效果。通常情况下，当文档有保密、版权保护等特殊要求时，可以添加水印效果。水印效果可以是文字、图片等内容。用户可以选择以下方法为文档设置水印效果。

（1）执行"设计"选项卡"页面背景"命令组的"水印"命令，在下拉列表中选择一个预定义的水印效果即可。

（2）用户也可在下拉列表中执行"自定义水印"命令，打开"水印"对话框，如图 4-41 所示，在对话框中可设置图片或者文字作为文档的水印。例如，在"水印"对话框中设置的文字水印"文字处理软件 Word 2016"，水印效果如图 4-42 所示。

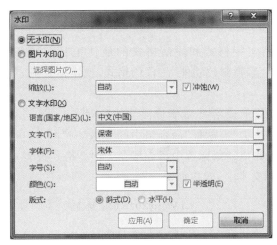

图 4-41　"水印"对话框

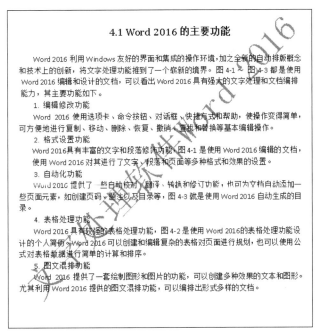

图 4-42　设置水印的效果图

4.5 长文档的编辑

长文档的编辑除了使用常规的格式设置以外，还需要注重文档的结构和排版方式。Word 2016 提供了格式重用、划分页面板块、设置页眉页脚、目录、引用等功能，以方便长文档的编辑、排版和管理。

4.5.1 格式重用和模板

处理长文档时，为了提高效率，保证文档格式的一致性，Word 2016 提供了与格式重用相关的功能，如格式刷和样式等。

1. 格式刷

格式刷是用来复制文字格式和段落格式的最佳工具。如在“文字处理软件 Word 2016”文档中，设置好“1.编辑修改功能”一段的格式，使用格式刷，复制该段落格式。操作过程如下。

（1）选中要复制格式的段落“1.编辑修改功能”一段。

（2）执行“开始”选项卡“剪贴板”命令组中的“格式刷”命令，鼠标光标变为刷子形状。

（3）按住鼠标左键并拖动鼠标选中目标段落，如“2.格式设置功能”一段，即可将复制的段落格式应用到目标文本上，效果如图 4-43 所示。

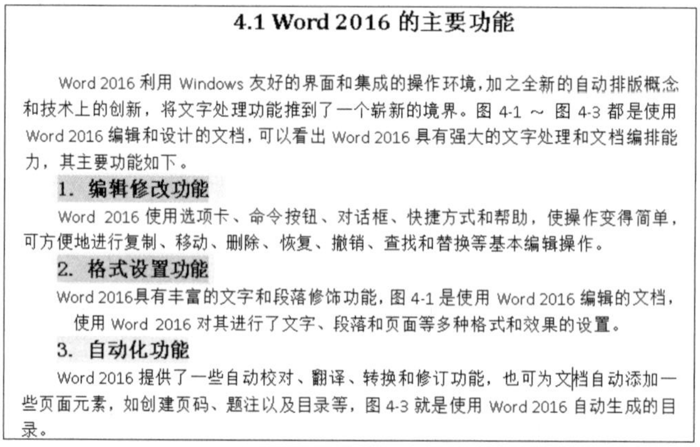
4.1 Word 2016 的主要功能

Word 2016 利用 Windows 友好的界面和集成的操作环境，加之全新的自动排版概念和技术上的创新，将文字处理功能推到了一个崭新的境界。图 4-1 ～ 图 4-3 都是使用 Word 2016 编辑和设计的文档，可以看出 Word 2016 具有强大的文字处理和文档编排能力，其主要功能如下。

1. 编辑修改功能

Word 2016 使用选项卡、命令按钮、对话框、快捷方式和帮助，使操作变得简单，可方便地进行复制、移动、删除、恢复、撤销、查找和替换等基本编辑操作。

2. 格式设置功能

Word 2016具有丰富的文字和段落修饰功能，图 4-1 是使用 Word 2016 编辑的文档，使用 Word 2016 对其进行了文字、段落和页面等多种格式和效果的设置。

3. 自动化功能

Word 2016 提供了一些自动校对、翻译、转换和修订功能，也可为文档自动添加一些页面元素，如创建页码、题注以及目录等，图 4-3 就是使用 Word 2016 自动生成的目录。

图 4-43 利用格式刷复制段落格式

这种方法只能复制格式一次，如果需要有多次复制，则在格式刷使用方法的第(2)步时双击“格式刷”按钮，再分别选定多个目标，操作结束后，再次单击该按钮或按 Esc 键，可退出“格式刷”模式，使鼠标光标恢复正常。

2. 样式

样式是指一组已经命名的字符和段落格式，它规定了文档中标题、正文以及要点等各文本元素的格式。在文档中可以将一种样式应用于某个选定的段落或字符，使该段落或字符具有样式所定义的格式。

样式包括字符样式和段落样式 2 种。字符样式包含字符格式，如字体、字号、粗体、斜体等;段落样式不但包含字符格式,还包含段落格式,如段落对齐方式、行间距、段间距等。Word 2016 预定义了标准样式,用户也可根据自己的需要修改标准样式或重新定制样式。

(1) 应用样式。

选中需要应用样式的文本或段落,在"开始"选项卡"样式"命令组的样式列表中滑动鼠标,所选文本会自动呈现当前样式应用后的视觉效果。单击所选样式,该样式所包含的格式就会被应用到当前所选文本中。样式列表如图 4-44 所示。

图 4-44 样式列表

(2) 创建样式。

当系统样式库中的样式不能满足用户需要时,用户可以自己创建样式。

选择一定的文本或段落,设置好字体或段落格式,单击"开始"选项卡"样式"命令组右侧滚动条的向下箭头,在展开的下拉列表中执行"创建样式"命令,在弹出的对话框中给样式命名保存。

(3) 修改样式。

Word 2016 中,系统样式和用户自定义的样式都可修改。方法是:右击"样式"命令组样式库中要修改的样式,在快捷菜单中执行"修改"命令,打开"修改样式"对话框,如图 4-45 所示,在此对话框中可以调整样式的设置。

样式修改后,所有应用该样式的对象的格式都会自动随之改变。

(4) 删除样式。

右击"样式"命令组样式库中要删除的样式,在快捷菜单中执行"从样式库中删除"命令,即可删除该样式。

3. 模板

模板是 Word 2016 系统自带的一种特殊文档,以.dotx 为扩展名,决定了文档的基本结构和文档设置,如字体快捷键、指定方案、页眉设置、特殊格式和样式等,使用它可以快速创建文档,大幅提高工作效率。

Word 2016 提供了大量的模板,用户可以在新建文档时直接使用它们。用户也可以将自己设计好的文档保存为模板,在"文件"选项卡中执行"另存为"命令,执行"浏览"命令,打开"另存为"对话框,将"文件类型"设置为"Word 模板"即可。

图 4-45 "修改样式"对话框

4.5.2 划分页面板块

在 Word 2016 中,通过对文档进行分页、分节和分栏处理,可以使文档的版面更加多样化,布局更加合理有效。

1. 分页

通常情况下,用户在编辑 Word 2016 文档时,系统会自动进行分页。如果需要将某一页的某个位置之后的内容强制转到下一页,可以手动强制分页。

执行"布局"选项卡"页面设置"命令组中的"分隔符"命令,在列表中执行"分页符"命令,将在插入点位置插入一个分页符,如图 4-46 所示。分页符显示为单虚线,如果要取消强制分页,选中分页符,按 Del 键将其删除即可。

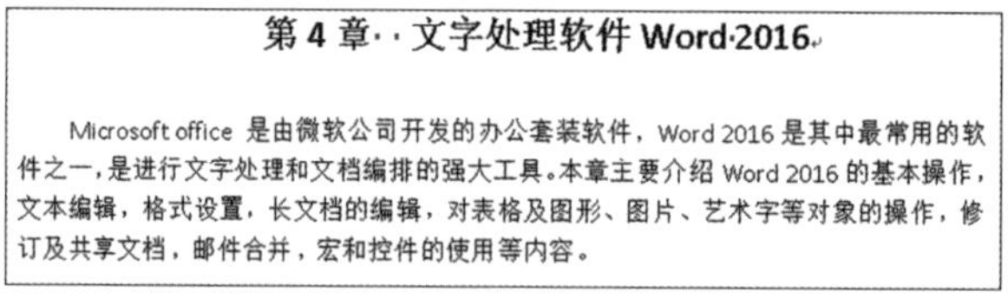

图 4-46 对文档进行强制分页

2. 分节

默认情况下,Word 2016 将整篇文档作为一节处理。有时需要对文档的不同部分进行不同的格式设置,如设置不同的页眉、页脚等,就要将文档分为多节。

执行"布局"选项卡"页面设置"命令组中的"分隔符"命令,在列表"分节符"区域中选择一种分节符,将在插入点位置插入一个分节符。Word 2016 中包括 4 种分节符。

(1) 下一页：在插入点位置添加一个分节符,并在下一页开始新的一节。

(2) 连续：在插入点位置添加一个分节符,并在分节符之后开始新的一节。

(3) 偶数页：在插入点位置添加一个分节符,并在下一个偶数页开始新的一节。

(4) 奇数页：在插入点位置添加一个分节符,并在下一个奇数页开始新的一节。

分节符显示为双虚线,若要取消分节,选中分节符后按 Del 键将其删除即可。取消分节后,该节文本将使用下一节文本的格式。

3. 分栏

默认情况下,文档中输入的内容呈单栏显示。利用分栏功能可将文档内容按指定数量分栏,方法如下。

(1) 选中要分栏的文本。

(2) 执行"布局"选项卡"页面设置"命令组中的"分栏"命令,在列表中选择一种分栏样式,或者执行菜单中的"更多分栏"命令,打开"分栏"对话框,如图 4-47 所示,在此对话框中进行栏数、宽度、间距等设置。

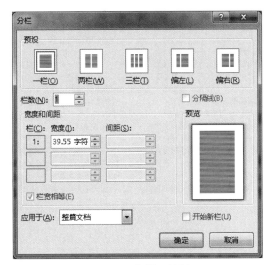

图 4-47 "分栏"对话框

有时分栏时会出现图 4-48 所示的情况,这时需要将标题设置为通栏标题。方法是：选中要设置为通栏标题的文本,执行"页面设置"命令组的"分栏"命令,选择"一栏"即可,效果如图 4-49 所示。

分栏后,有时会出现左栏与右栏长度不相等的情况,影响版面效果,可以通过设置等长栏进行调整：将插入点置于要设置等长栏的文本结尾处,执行"页面设置"命令组的"分隔符"命令,选择"连续"型分节符即可。

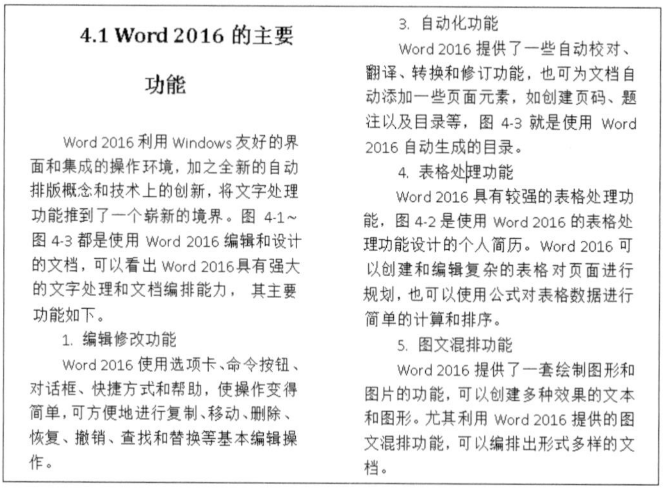

4.1 Word 2016 的主要功能

Word 2016 利用 Windows 友好的界面和集成的操作环境，加之全新的自动排版概念和技术上的创新，将文字处理功能推到了一个崭新的境界。图 4-1~图 4-3 都是使用 Word 2016 编辑和设计的文档，可以看出 Word 2016具有强大的文字处理和文档编排能力， 其主要功能如下。

1. 编辑修改功能

Word 2016 使用选项卡、命令按钮、对话框、快捷方式和帮助，使操作变得简单，可方便地进行复制、移动、删除、恢复、撤销、查找和替换等基本编辑操作。

3. 自动化功能

Word 2016 提供了一些自动校对、翻译、转换和修订功能，也可为文档自动添加一些页面元素，如创建页码、题注以及目录等，图 4-3 就是使用 Word 2016 自动生成的目录。

4. 表格处理功能

Word 2016 具有较强的表格处理功能，图 4-2 是使用 Word 2016 的表格处理功能设计的个人简历。Word 2016 可以创建和编辑复杂的表格对页面进行规划，也可以使用公式对表格数据进行简单的计算和排序。

5. 图文混排功能

Word 2016 提供了一套绘制图形和图片的功能，可以创建多种效果的文本和图形。尤其利用 Word 2016 提供的图文混排功能，可以编排出形式多样的文档。

图 4-48　未设置通栏标题

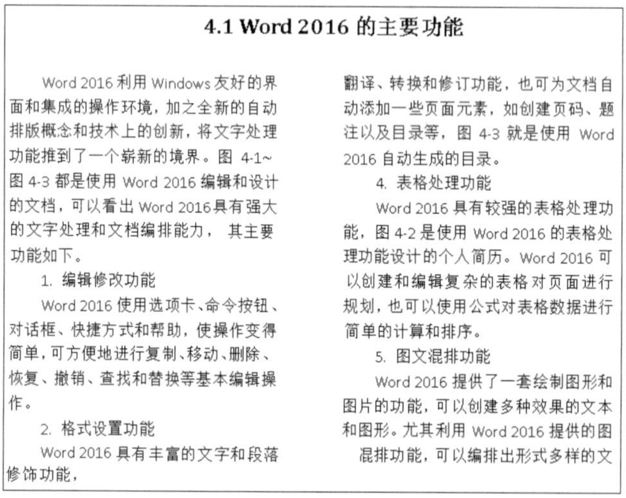

4.1 Word 2016 的主要功能

Word 2016 利用 Windows 友好的界面和集成的操作环境，加之全新的自动排版概念和技术上的创新，将文字处理功能推到了一个崭新的境界。图 4-1~图 4-3 都是使用 Word 2016 编辑和设计的文档，可以看出 Word 2016具有强大的文字处理和文档编排能力， 其主要功能如下。

1. 编辑修改功能

Word 2016 使用选项卡、命令按钮、对话框、快捷方式和帮助，使操作变得简单，可方便地进行复制、移动、删除、恢复、撤销、查找和替换等基本编辑操作。

2. 格式设置功能

Word 2016 具有丰富的文字和段落修饰功能，

翻译、转换和修订功能，也可为文档自动添加一些页面元素，如创建页码、题注以及目录等，图 4-3 就是使用 Word 2016 自动生成的目录。

4. 表格处理功能

Word 2016 具有较强的表格处理功能，图 4-2 是使用 Word 2016 的表格处理功能设计的个人简历。Word 2016 可以创建和编辑复杂的表格对页面进行规划，也可以使用公式对表格数据进行简单的计算和排序。

5. 图文混排功能

Word 2016 提供了一套绘制图形和图片的功能，可以创建多种效果的文本和图形。尤其利用 Word 2016 提供的图混排功能，可以编排出形式多样的文

图 4-49　设置通栏标题

4.5.3　页眉和页脚

页眉和页脚是指在文档页的顶端或底端重复出现的文字或图片信息，通常包含公司徽标、书名、章节名、页码和日期等信息。

页眉和页脚与文档的正文处于不同层次上，即在编辑页眉和页脚时不能编辑正文，而编辑正文时也不能同时编辑页面和页脚。

在文档中可通篇使用同一个页眉或页脚，也可在文档的不同部分使用不同的页眉和页脚。

1. 建立和编辑页眉或页脚

以建立页眉为例，执行“插入”选项卡“页眉和页脚”命令组中的“页眉”命令，在下拉列表中选择用户所需的页眉样式，或执行下拉列表中的“编辑页眉”命令，这时插入点将定位

显示在页眉处等待输入,文档编辑区的内容变灰,在功能区中出现"页眉和页脚工具设计"选项卡,如图 4-50 所示。

图 4-50 "页眉和页脚工具设计"选项卡

例如,为"文字处理软件 Word 2016"文档插入页眉,其过程如下。
(1) 执行"插入"选项卡"页眉和页脚"命令组中的"页眉"命令。
(2) 执行下拉列表中的"编辑页眉"命令。
(3) 在插入点处输入文字"文字处理软件 Word 2016",如图 4-51 所示。

图 4-51 为文档插入页眉

(4) 双击文档正文编辑区,退出页眉编辑状态。

同时编辑页眉和页脚时,可以使用"页眉和页脚工具设计"选项卡的"导航"命令组内的命令,实现页眉和页脚之间的切换。

进入页眉和页脚后,可在页眉区域中输入文字或插入图形,也可单击"页眉和页脚工具设计"选项卡"插入"命令组上的按钮插入日期时间和图片等信息。

单击"页眉和页脚工具设计"选项卡"关闭"命令组上的"关闭"按钮,可以关闭"页眉和页脚工具设计"选项卡,同时页眉和页脚退出编辑状态。

2. 创建不同页的页眉或页脚

设置各页的页眉或页脚均相同时,只需编辑某一页的页眉或页脚即可,其余各页的页眉或页脚会随之确定。当文档的各页对页眉和页脚的要求不同时,可以在"页面设置"对话框的"版式"选项卡中设置,也可在"页眉和页脚工具设计"选项卡的"选项"命令组中设置。

(1) 创建首页不同的页眉或页脚。

创建首页和其余页的页眉或页脚不同时,选中"页眉和页脚工具设计"选项卡"选项"命令组中的"首页不同"复选框,然后先编辑首页的页眉、页脚,再编辑其余页的页眉、页脚。

(2) 创建奇偶页不同的页眉或页脚。

设置奇偶页的页眉或页脚不同时,选中"页眉和页脚工具设计"选项卡"选项"命令组中的"奇偶页不同"复选框,然后先编辑某个奇数页的页眉或页脚,再编辑某个偶数页的页眉或页脚。

(3) 为文档各节创建不同的页眉或页脚。

为文档各节创建不同的页眉或页脚时,先使用分节符将文档分节,然后将光标插入某一节某一页文档的页眉或页脚上,即可输入和编辑该节的页眉或页脚内容,在"页眉和页脚工具设计"选项卡的"导航"命令组中执行"上一节"或"下一节"命令,可进入其他节的页眉或页脚的编辑状态。

默认情况下,下一节自动接受上一节的页眉或页脚信息,当前节的页眉和页脚区域的右侧会显示"与上一节相同"的提示信息,如图 4-52 所示。在"导航"命令组中单击取消"链接到前一节"选项,可以断开当前节与前一节页眉或页脚的链接,页眉和页脚区域将不再显示"与上一节相同"的提示信息,此时修改本节页眉或页脚信息不会影响前一节的内容。

图 4-52 "链接到前一节"选项

3. 删除页眉或页脚

删除页眉、页脚时,执行"插入"选项卡"页眉和页脚"命令组中的"页眉"或"页脚"命令,在下拉列表中执行"删除页眉"或"删除页脚"命令即可。

4. 设置页码

页码是页眉或页脚的组成部分。

(1) 插入页码。

通过执行"插入"选项卡"页眉和页脚"命令组中的"页码"命令,在下拉列表中选择插入页码的位置和样式,系统就为各页在指定位置加上页码。

(2) 设置页码格式。

通过执行"插入"选项卡"页眉和页脚"命令组中的"页码"命令,在下拉列表中执行"设置页码格式"命令,打开"页码格式"对话框,如图 4-53 所示,在该对话框中可以设置合适的页码格式。

4.5.4 插入目录

目录是长文档中的重要元素,尤其在一篇论文或一本

图 4-53 "页码格式"对话框

书籍中,其作用是列出文档中的各级标题以及每个标题所在的页码。Word 2016 具有自动编制目录的功能。

编排目录前必须做好准备工作:将文档中的各级标题用系统的标题样式进行格式化并为文档插入页码。之后,执行"引用"选项卡中"目录"命令组的"目录"命令,在打开的列表中选择 Word 2016 预设的目录样式;如果希望更灵活地创建目录,可以执行列表中的"自定义目录"命令,打开"目录"对话框,如图 4-54 所示,在该对话框中可以进行创建目录设置。

图 4-54 "目录"对话框

(1)选中"显示页码"和"页码右对齐"复选框。
(2)在"制表符前导符"下拉列表中选择合适的前导符。
(3)在"格式"下拉列表中选择一种目录风格,在"打印预览"框中可以看到显示效果。
(4)在"显示级别"框中指定目录中显示的标题层数。
(5)单击"确定"按钮。Word 2016 将搜索整个文档的标题及其对应页码,自动生成目录,生成的目录效果如图 4-55 所示。

4.5.5 在文档中添加引用内容

在长文档的编辑过程中,文档内容的索引、脚注尾注、题注等引用信息非常重要,这类信息的添加可以使文档的引用内容和关键内容得到有效的组织,并可随着文档内容的更新而自动更新。

1. 插入脚注和尾注

脚注和尾注一般用于在文档和书籍中显示引用资料的来源,或者用于输入说明性或补充性的信息。

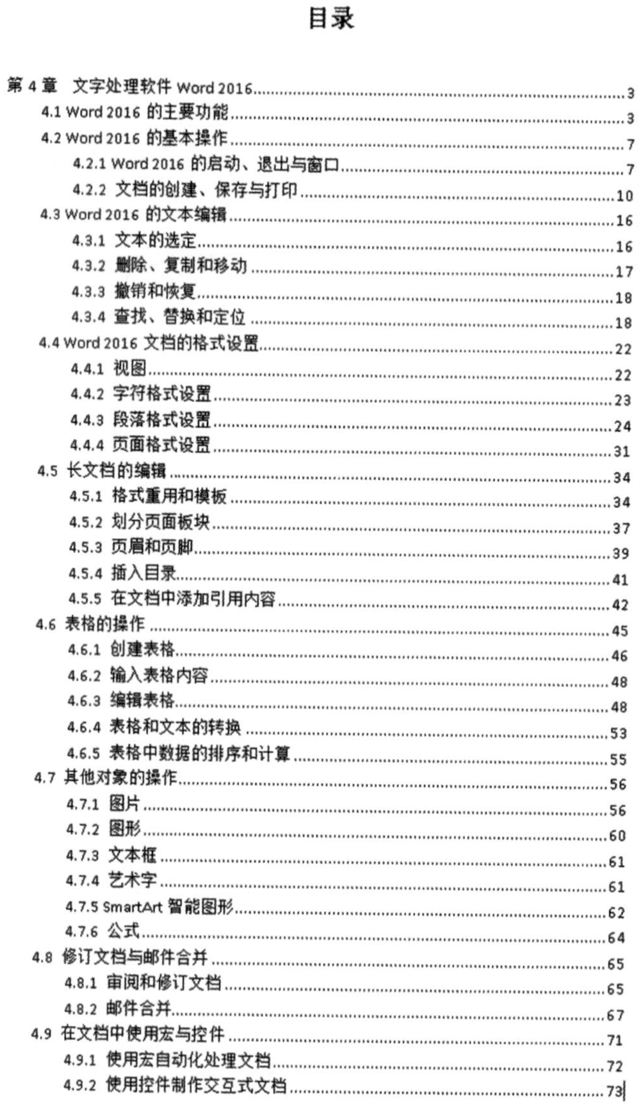

目录

第 4 章 文字处理软件 Word 2016 3
  4.1 Word 2016 的主要功能 3
  4.2 Word 2016 的基本操作 7
    4.2.1 Word 2016 的启动、退出与窗口 7
    4.2.2 文档的创建、保存与打印 10
  4.3 Word 2016 的文本编辑 16
    4.3.1 文本的选定 16
    4.3.2 删除、复制和移动 17
    4.3.3 撤销和恢复 18
    4.3.4 查找、替换和定位 18
  4.4 Word 2016 文档的格式设置 22
    4.4.1 视图 22
    4.4.2 字符格式设置 23
    4.4.3 段落格式设置 24
    4.4.4 页面格式设置 31
  4.5 长文档的编辑 34
    4.5.1 格式重用和模板 34
    4.5.2 划分页面板块 37
    4.5.3 页眉和页脚 39
    4.5.4 插入目录 41
    4.5.5 在文档中添加引用内容 42
  4.6 表格的操作 45
    4.6.1 创建表格 46
    4.6.2 输入表格内容 48
    4.6.3 编辑表格 48
    4.6.4 表格和文本的转换 53
    4.6.5 表格中数据的排序和计算 55
  4.7 其他对象的操作 56
    4.7.1 图片 56
    4.7.2 图形 60
    4.7.3 文本框 61
    4.7.4 艺术字 61
    4.7.5 SmartArt 智能图形 62
    4.7.6 公式 64
  4.8 修订文档与邮件合并 65
    4.8.1 审阅和修订文档 65
    4.8.2 邮件合并 67
  4.9 在文档中使用宏与控件 71
    4.9.1 使用宏自动化处理文档 72
    4.9.2 使用控件制作交互式文档 73

图 4-55 生成的目录效果

脚注位于当前页面的底部或指定文字的下方,而尾注则位于文档的结尾处或者指定节的结尾。脚注和尾注均通过一条短横线与正文分隔开。二者均包含注释文本,该注释文本位于页面的结尾处或者文档的结尾处,且都比正文文本的字号小一些。

在"文字处理软件 Word 2016"文档中插入脚注或尾注的操作步骤如下。

(1) 在文档中选择需要添加脚注或尾注的文本,或者将光标置于该文本的右侧。

(2) 在功能区的"引用"选项卡上,执行"脚注"命令组中的"插入脚注"命令,即可在该页面的底端加入脚注区域;执行"插入尾注"命令,即可在文档的结尾加入尾注区域。

(3) 脚注或尾注区域中输入注释文本"脚注和尾注一般用于在文档和书籍中显示引用资料的来源",如图 4-56 所示。

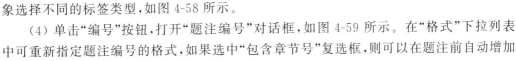

图 4-56　在文档中设置脚注或尾注

（4）单击"脚注"命令组右下角的"对话框启动器"按钮，打开"脚注和尾注"对话框，如图 4-57 所示，可对脚注或尾注的位置、格式及应用范围等进行设置。

当插入脚注或尾注后，不必将鼠标向下滚动到页面底部或文档结尾处，只需将鼠标光标停留在文档中的脚注或尾注的引用标记上，注释文本就会出现在提示信息中。

2. 插入题注

题注是一种可以为文档中的图表、表格、公式或其他对象添加的编号标签，如果在文档的编辑过程中需要对题注进行添加、删除或移动操作时，可以一次性更新所有的题注编号，而不需要再进行单独调整。

1）插入题注

在文档中定义并插入题注的操作步骤如下。

（1）在文档中定位光标到需要添加题注的位置，例如一张图片下方的说明文字之前。

（2）执行"引用"选项卡"题注"命令组中的"插入题注"命令，打开"题注"对话框。

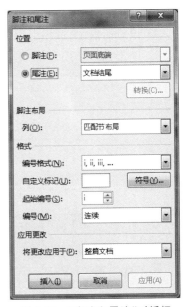

图 4-57　"脚注和尾注"对话框

（3）在"标签"下拉列表中，根据添加题注的不同对象选择不同的标签类型，如图 4-58 所示。

（4）单击"编号"按钮，打开"题注编号"对话框，如图 4-59 所示。在"格式"下拉列表中可重新指定题注编号的格式，如果选中"包含章节号"复选框，则可以在题注前自动增加标题序号。

图 4-58　"题注"对话框

图 4-59　"题注编号"对话框

（5）单击"题注"对话框中的"新建标签"按钮，打开"新建标签"对话框，如图4-60所示，在"标签"文本框中输入新的标签名称后，单击"确定"按钮。

（6）所有的设置均完成后单击"确定"按钮，即可将题注添加到相应的文档位置。

2）引用题注

在编辑文档过程中，经常需要引用已插入的题注，如"如图1所示"等。在文档中引用题注的操作方法如下。

（1）先在文档中应用标题样式，插入题注，然后将光标定位到需要引用题注的位置。

（2）执行"引用"选项卡"题注"命令组中的"交叉引用"命令，打开"交叉引用"对话框。

（3）该对话框中，选择引用类型，设定引用内容，指定所引用的具体题注。

（4）单击"插入"按钮，在当前位置插入引用，如图4-61所示。单击"关闭"按钮退出对话框。

图4-60 "新建标签"对话框

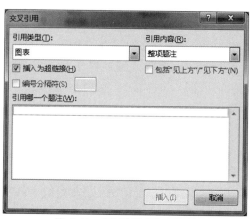
图4-61 "交叉引用"对话框

交叉引用是作为域插入文档中的，当文档中的某个题注发生变化后，只需进行一下打印预览，文档中的其他题注序号及引用内容就会随之自动更新。

4.6 表格的操作

表格是Word 2016非常重要的操作对象。Word 2016中表格由一系列彼此相连的方框组成，每个方框称为一个单元格。单元格是一个小的编辑区，其中文本的输入和编辑操作与在文档窗口中的编辑操作基本相同。

表格的每个单元格中有单元格结束符，每一行的右侧有行结束符。单元格在表格中的位置用列坐标和行坐标来确定。列坐标为A,B,C,…,行坐标为1,2,3,…。

图4-62是使用表格制作的"个人简历"。制作该简历一般要经过创建表格、输入表格内容、修改表格结构、设置表格格式、设置边框底纹等步骤。

4.6.1 创建表格

Word 2016提供了多种创建表格的方法。

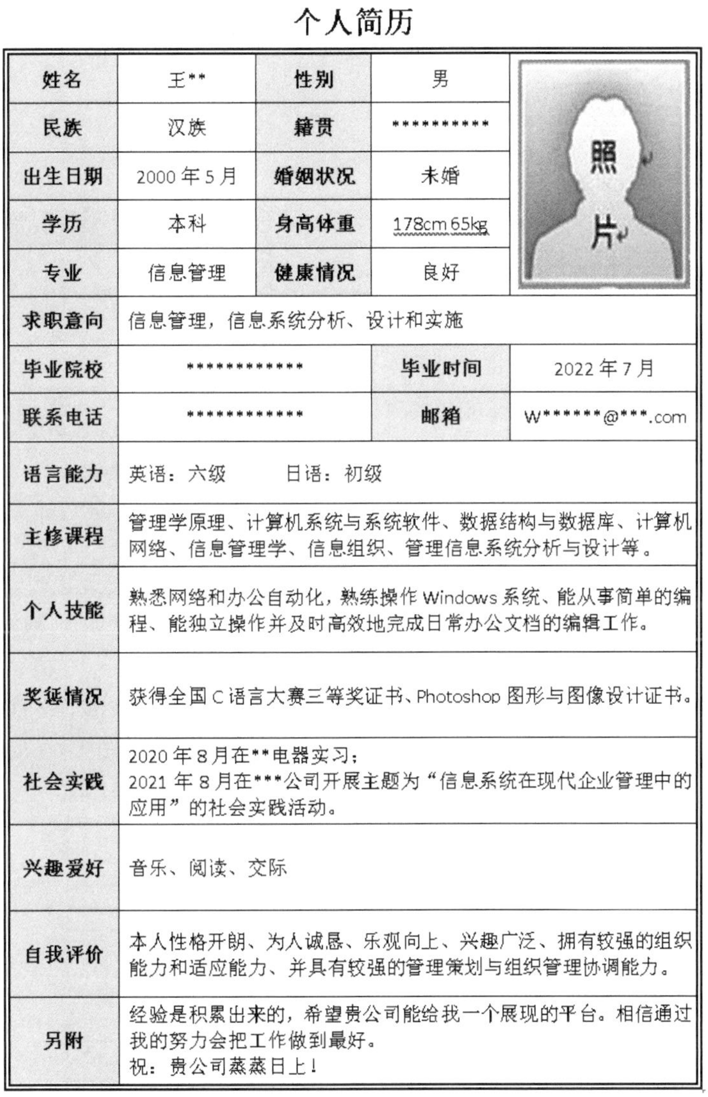

个人简历

姓名	王**	性别	男	
民族	汉族	籍贯	**********	照片
出生日期	2000年5月	婚姻状况	未婚	
学历	本科	身高体重	178cm 65kg	
专业	信息管理	健康情况	良好	
求职意向	信息管理,信息系统分析、设计和实施			
毕业院校	************	毕业时间	2022年7月	
联系电话	************	邮箱	W******@***.com	
语言能力	英语:六级　　　日语:初级			
主修课程	管理学原理、计算机系统与系统软件、数据结构与数据库、计算机网络、信息管理学、信息组织、管理信息系统分析与设计等。			
个人技能	熟悉网络和办公自动化,熟练操作Windows系统、能从事简单的编程、能独立操作并及时高效地完成日常办公文档的编辑工作。			
奖惩情况	获得全国C语言大赛三等奖证书、Photoshop图形与图像设计证书。			
社会实践	2020年8月在**电器实习; 2021年8月在***公司开展主题为"信息系统在现代企业管理中的应用"的社会实践活动。			
兴趣爱好	音乐、阅读、交际			
自我评价	本人性格开朗、为人诚恳、乐观向上、兴趣广泛、拥有较强的组织能力和适应能力、并具有较强的管理策划与组织管理协调能力。			
另附	经验是积累出来的,希望贵公司能给我一个展现的平台。相信通过我的努力会把工作做到最好。 祝:贵公司蒸蒸日上!			

图 4-62　个人简历

1. 使用即时预览创建表格

使用即时预览方式创建表格既简单又直观,并且可以即时预览到表格在文档中的效果。其操作步骤如下。

(1) 执行"插入"选项卡"表格"命令组中的"表格"命令。

(2) 在下拉列表中表格区域以滑动鼠标的方式指定所需表格的行数和列数,如图4-63所示,同时可以在文档中实时预览到表格的大小。

(3) 确定表格行列数目后,单击鼠标即可将指定行列数目的表格插入文档。

2. 使用对话框创建表格

使用"插入表格"对话框创建表格,可以选择表格尺寸和格式。操作步骤如下。

(1) 执行"插入"选项卡"表格"命令组中的"表格"命令。

(2) 下拉列表中执行"插入表格"命令，打开"插入表格"对话框，如图 4-64 所示。

图 4-63 "快速创建表格"列表

图 4-64 "插入表格"对话框

(3) 在该对话框中进行相应的参数设置，如列数"5"、行数"16"，最后单击"确定"按钮，即可在文档中插入一个 16 行 5 列的表格，插入表格的效果如图 4-65 所示。

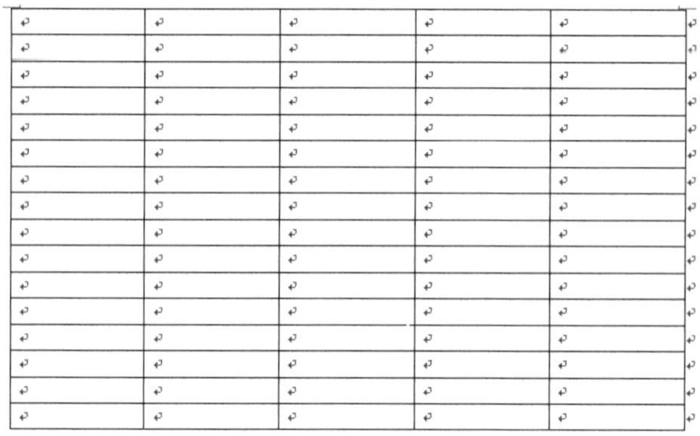

图 4-65 插入表格的效果

3. 手动绘制表格

使用手动绘制表格的方法可以灵活地创建不规则的复杂表格。操作步骤如下。

(1) 执行"插入"选项卡"表格"命令组中的"表格"命令。

(2) 在下拉列表中执行"绘制表格"命令，此时可以按住鼠标左键拖动鼠标绘制出表格外围边框和表格线。

(3) 功能区出现"表格工具设计"和"表格工具布局"两个选项卡，在"表格工具设计"选项卡中可以设置绘制表格的线型、粗细、颜色、边框和底纹等。

4. 插入快速表格

Word 2016 提供了一个“快速表格库”，其中包含一组预先设计好格式和样例数据的表格，从中选择一个便可快速创建表格。快速表格是作为构建基块存储在库中的表格，可以随时被访问和重用。操作步骤如下。

(1) 执行“插入”选项卡“表格”命令组中的“表格”命令。

(2) 在下拉列表中执行“快速表格”命令，打开系统内置的“快速表格库”列表，单击其中一个样式，即可在文档中快速插入表格。

(3) 用户可根据需要修改表格的数据，也可执行“表格工具设计”选项卡中的命令修改表格样式。

4.6.2 输入表格内容

创建好表格后，每个单元格中会出现一个段落标记，将插入点置于单元格中，然后可以输入文本。输入文本的效果如图 4-66 所示。

个人简历

姓名		性别		
民族		籍贯		
出生日期		婚姻状况		
学历		身高体重		
专业		健康情况		
求职意向				
毕业院校			邮编	
联系电话			邮箱	
语言能力				
主修课程				
个人技能				

图 4-66　在表格中输入文本的效果

除文本外，单元格中还可以插入图形和表格，Word 2016 会自动增加行高，容纳插入的图形和表格。

若要删除单元格中的内容，选中该单元格，按 Del 键即可。

4.6.3 编辑表格

创建表格后可以对表格进行编辑操作，例如调整行高、列宽，插入、删除、合并和拆分单元格等。

1. 选定单元格、行、列或表格

(1) 选中当前单元格：鼠标指向单元格左边界处，当指针变成黑色右上箭头时，单击。

(2) 选中一整行：鼠标指向该行左边界处，当指针变成黑色右上箭头时，单击。

(3) 选中一整列：鼠标指向该列上边界处，当指针变成黑色向下箭头时，单击。

(4) 选中整个表格：单击表格左上角的十字箭头。

(5) 选中多个单元格：单击第一个单元格，按住 Shift 键，再单击最后一个单元格，即可选中连续的矩形区域的单元格；选中第一个单元格，按住 Ctrl 键，依次选中其余所需单元格,即可选中非连续的若干单元格。

2. 表格中的插入和删除操作

(1) 插入单元格、行、列。

如果要插入单元格,首先确定活动单元格,然后单击“表格工具布局”选项卡“行和列”命令组右下角的“对话框启动器”按钮,打开“插入单元格”对话框,如图 4-67 所示,在该对话框中进行选择“活动单元格右移”或“活动单元格下移”,即可在活动单元格左侧或上侧插入一个新单元格。若在该对话框中选择“整行插入”或“整列插入”,即可在活动单元格上侧插入一行或左侧插入一列。

(2) 删除单元格、行、列。

执行“表格工具布局”选项卡“行和列”命令组中的“删除”命令,在下拉列表中执行“删除单元格”命令,打开“删除单元格”对话框,如图 4-68 所示,在该对话框中进行选择,即可删除活动单元格或其所在的行或列。

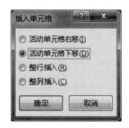

图 4-67 “插入单元格”对话框

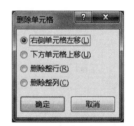

图 4-68 “删除单元格”对话框

3. 合并和拆分单元格

(1) 合并单元格。

选定要合并的若干相邻单元格,执行“表格工具布局”选项卡“合并”命令组中的“合并单元格”命令;或右击选中的单元格,在快捷菜单中执行“合并单元格”命令。在“个人简历”表格中,有多处单元格需要合并,合并效果如图 4-69 所示。

个人简历

姓名		性别		
民族		籍贯		
出生日期		婚姻状况		
学历		身高体重		
专业		健康情况		
求职意向				
毕业院校			邮编	
联系电话			邮箱	
语言能力				
主修课程				
个人技能				

图 4-69 合并单元格效果

(2) 拆分单元格。

选定要拆分的单元格,执行“表格工具布局”选项卡“合并”命令组的“拆分单元格”命令;或右击选中的单元格,在快捷菜单中执行"拆分单元格"命令,打开"拆分单元格"对话框,如图 4-70 所示,输入要拆分的列数和行数,单击"确定"按钮即可。

图 4-70 "拆分单元格"对话框

4. 格式化表格

选定表格,在选定区域右击,在快捷菜单中执行"表格属性"命令,打开"表格属性"对话框,如图 4-71 所示。

(1)"表格"选项卡:进行表格对齐方式、文字环绕的设置,单击"边框和底纹"按钮,可以进行表格边框和底纹的设置。

(2)"行"选项卡:进行表格行高的设置。

图 4-71 "表格属性"对话框

如设置"个人简历"表格中行高,方法如下。

① 选定"个人简历"表格中第 1～8 行。

② 打开"表格属性"对话框,选择"行"选项卡,设置"指定高度"为"1 厘米"。

③ 单击"确定"按钮。

使用上面方法可以把第 9～10 行的行高设置为 1.3 厘米,把其余行的行高设置为 2 厘米。

(3)"列"选项卡:进行表格列宽的设置。

(4)"单元格"选项卡:进行单元格内容垂直对齐格式的设置。

调整好行高和列宽的表格效果如图 4-72 所示。

5. 文字对齐

设置表格内容的对齐方式,先选中要对齐内容的单元格,在"表格工具布局"选项卡

个人简历

姓名		性别		
民族		籍贯		
出生日期		婚姻状况		
学历		身高体重		
专业		健康情况		
求职意向				
毕业院校			邮编	
联系电话			邮箱	
语言能力				
主修课程				

图 4-72　调整好行高和列宽的表格效果

“对齐方式”命令组中选择“水平居中”对齐方式,文字对齐的效果如图 4-73 所示。

个人简历

姓名		性别		
民族		籍贯		
出生日期		婚姻状况		
学历		身高体重		
专业		在健康情况		
求职意向				
毕业院校			邮编	
联系电话			邮箱	
语言能力				
主修课程				

图 4-73　文字对齐的效果

6. 设置文字方向

选中需调整文字方向的单元格,执行“表格工具布局”选项卡“对齐方式”命令组中的“文字方向”命令,可调整单元格中的文字方向。

7. 添加边框和底纹

可以通过给表格或部分单元格添加边框和底纹,来突出所强调的内容,或增加表格的美观性。

1）添加表格边框

(1）选定表格或表格中的单元格。在此,选中“个人简历”整个表格。

(2)执行在"开始"选项卡"段落"命令组中的"下框线"命令,在列表中执行"边框和底纹"命令,打开"边框和底纹"对话框,如图4-74所示。

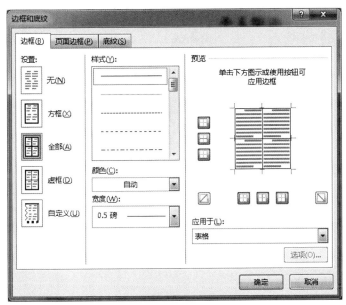

图 4-74 "边框和底纹"对话框

(3)在"边框"选项卡中设置表格边框的样式、颜色和宽度,单击右侧"预览"区域的按钮可选择应用边框的框线。

(4)在"应用于"下列列表中选择"表格",如果选择"文字"或"段落",则是为单元格中的文字或段落添加边框。

(5)单击"确定"按钮。

2)添加底纹

选定表格中的单元格,打开"边框和底纹"对话框,选择"底纹"选项卡,指定填充色和图案等,在"应用于"下列列表中按需要进行选择。

设置好边框和底纹的表格效果如图4-75所示。

8. 自动套用格式

插入点置于要套用格式的表格中,单击"表格工具设计"选项卡"表格样式"命令组样式列表滚动条下的三角按钮,在下拉列表中选择样式;或者执行下拉列表中的"修改表格样式"命令,打开"修改样式"对话框,在该对话框的"样式基准"列表中选择表格要套用的格式。

4.6.4 表格和文本的转换

在 Word 2016 中可以很方便地进行文本和表格之间的转换。

1. 表格转换成文本

将表格转换成文本,可以指定"逗号"、"制表符"、"段落标记"或"其他字符"作为转换

个人简历

姓名		性别		
民族		籍贯		
出生日期		婚姻状况		
学历		身高体重		
专业		健康情况		
求职意向				
毕业院校		邮编		
联系电话		邮箱		
语言能力				
主修课程				
个人技能				

图 4-75　边框和底纹的添加效果

时分隔文本的分隔符。转换方法如下。

（1）选定要转换成文本的行或整个表格。

（2）执行"表格工具布局"选项卡"数据"命令组中的"转换为文本"命令，弹出"表格转换成文本"对话框，如图 4-76 所示。

（3）选择所需的文字分隔符。

（4）单击"确定"按钮。

2．文本转换成表格

在 Word 2016 中可以将具有某种排列规则的文本转换成表格，转换时必须指定文本中的"逗号"、"制表符"、"段落标记"或"其他字符"作为单元格文字的分隔位置。转换方法如下。

（1）先将需要转换的文本通过插入分隔符来指明在何处将文本分行分列，如下面文本所示，插入段落标记表示分行，插入逗号表示分列。

姓名,计算机,高数,英语

王宝丽,88,97,94

张高虎,90,87,92

李璐,97,90,79

（2）选中要转换的文本，执行"插入"选项卡"表格"命令组中的"表格"命令，在下拉列表中执行"文本转换成表格"命令，打开"将文字转换成表格"对话框，如图 4-77 所示，在该对话框中进行参数设置。转换后的表格如表 4-2 所示。

图 4-76 "表格转换成文本"对话框

图 4-77 "将文本转换成表格"对话框

表 4-2 转换后的表格

姓 名	计 算 机	高 数	英 语
王宝丽	88	97	94
张高虎	90	87	92
李璐	97	90	79

4.6.5 表格中数据的排序和计算

在 Word 2016 中，用户可以对表格中的数据进行排序，也可以利用函数对数据进行计算。

1. 表格中数据的排序

表格中的数据可以按需要进行排序，方法如下。

（1）将插入点置于要排序的表格中。

（2）执行"表格工具布局"选项卡"数据"命令组中的"排序"命令，打开"排序"对话框，如图 4-78 所示。

（3）在"主要关键字"列表中选择要排序的列名。

（4）在"类型"下拉列表中选择要排序的方式。

（5）选定"升序"或"降序"单选按钮，单击"确定"按钮。

Word 2016 允许按照 3 个关键字排序，若需要按多个关键字排序，还要设置次要关键词和第三关键字。

2. 表格中数据的计算

对表格中的数据可以进行求和、求平均值等数据统计，具体方法如下。

（1）插入点置于要放置计算结果的单元格。

（2）执行"表格工具布局"选项卡"数据"命令组中的"公式"命令，打开"公式"对话框，

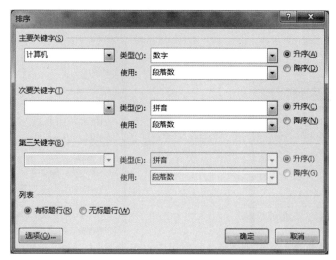

图 4-78 "排序"对话框

如图 4-79 所示。

（3）在对话框的"粘贴函数"下拉列表中选择所需函数，如 SUM( )、AVERAGE( )等，"公式"文本框中会出现所选函数；或者在"公式"文本框中直接输入公式。然后在公式的括号中输入引用单元格，就可对所引用单元格的内容进行函数计算。注意："公式"文本框中输入的公式必须以"＝"开头。

以 SUM( )函数为例，介绍 3 种函数括号中可以指定的操作对象。

图 4-79 "公式"对话框

① SUM(LEFT)和 SUM(ABOVE)分别表示对插入点左侧或上方若干相邻单元格内容求和。

② 引用单独的单元格。若引用多个单独的单元格，需用逗号分隔单个单元格。如 SUM(A1,B2,C5)表示对 A1,B2,C5 三个不相邻的单元格内容求和。

③ 引用连续单元格。需用冒号分隔引用矩形区域的左上角和右下角的单元格。如 SUM(A1:C5)表示对 A1 到 C5 矩形区域中的单元格内容求和。

（4）在"编号格式"下拉列表中设置计算结果的格式。

（5）单击"确定"按钮。

4.7 其他对象的操作

利用 Word 2016 提供的图文混排功能，可以增加文档的视觉效果。用户可以在文档中插入图片、艺术字、文本框、自选图形、公式等各种对象，并对它们进行编辑。

4.7.1 图片

1. 插入联机图片

当连接了 Internet 时,用户可以直接在 OneDrive 或者必应搜索引擎上按照关键词搜索图片并插入文档之中。在 Word 2016 文档中插入联机图片的方法如下。

(1) 将鼠标定位在要插入联机图片的位置。

(2) 执行"插入"选项卡"插图"命令组中的"联机图片"命令,打开"插入图片"对话框,如图 4-80 所示。

图 4-80 "插入图片"对话框

(3) 在"必应图像搜索"文本框中输入关键词,单击"搜索"按钮,即可进行搜索。

2. 插入来自文件的图片

在 Word 2016 文档中可以插入各种格式的图片文件。操作步骤如下。

(1) 执行"插入"选项卡"插图"命令组中的"图片"命令。

(2) 打开"插入图片"对话框,选择要插入的图片,单击"插入"按钮,即可将图片插入文档中。

3. 插入屏幕截图

Word 2016 具有屏幕图片捕获能力,可以方便地在文档中直接插入已经在计算机中开启的屏幕画面,并且可以按照选定的范围截取屏幕内容。操作步骤如下。

(1) 执行"插入"选项卡"插图"命令组中的"屏幕截图"命令,打开下拉列表,如图 4-81 所示。

图 4-81 "屏幕剪辑"命令下拉列表

(2) 在下拉列表中显示目前在计算机中开启的窗口屏幕缩略图,单击选择某一缩略图,即可将该窗口画面作为图片插入文档中。

(3) 如果需要截取窗口的一部分,可以执行下拉列表中的"屏幕剪辑"命令,在屏幕上拖动鼠标选择某一屏幕区域即可作为图片插入文档中。

4. 编辑图片

选定要编辑的图片,功能区出现"图片工具格式"选项卡,如图 4-82 所示,选择选项卡上合适的命令,就可对图片进行编辑。

图 4-82 "图片工具格式"选项卡

(1) 移动图片。

图片在文档中的存在方式有两类:嵌入式和浮动式。默认情况下,插入的图片为嵌入式。嵌入式图片与文字类似,只能在文档的每一行中移动和存放,而不能随意移动。浮动式图片则可以在文档中随意移动。

选定要移动的图片,当指针为"＋"形状时,拖动鼠标到新位置,放开鼠标即可实现图片的移动。

(2) 设置图文环绕方式。

图文环绕方式决定了图片之间以及图片与文字之间的位置关系。

选定要设置的图片,在功能区"图片工具格式"选项卡"排列"命令组中执行"环绕文字"命令,打开下拉列表,如图 4-83 所示,选择某种环绕方式即可。通过设置图文环绕方式可将嵌入式图片转换为浮动式图片。

也可在"环绕文字"命令列表中执行"其他布局选项"命令,打开"布局"对话框,在"文字环绕"选项卡中设置环绕方式、环绕文字及距离正文文字的距离等,如图 4-84 所示。

(3) 调整图片大小。

用户可以根据需求调整插入文档中的图片大小。

单击图片,图片周围出现 8 个控制点,用鼠标拖动控制点可改变图片大小;也可单击"图片工具格式"选项卡"大小"命令组右下角的"对话框启动器"按钮,打开"布局"对话框,在"大小"选项卡"缩放"区域中设置图片的高度和宽度的百分比,如图 4-85 所示。

(4) 裁剪图片。

当图片中的某部分多余时,可以将其裁剪掉。

图 4-83 "环绕文字"命令下拉列表

可以执行"图片工具格式"选项卡"大小"命令组的"裁剪"命令剪裁图片,如图 4-86 所示。执行"裁剪"命令,可使用鼠标拖动的方法进行图片的任意裁剪;执行"裁剪为形状"命令,可将图片裁剪为某一种形状;执行"纵横比"命令,可将图片按预设的某种比例进行快速裁剪。

图 4-84 "文字环绕"选项卡

图 4-85 "大小"选项卡

实际上,在裁剪完成后,图片中被裁剪的多余区域依然保留在文档中,只是被隐藏起来而已。若要彻底删除多余区域,可在"图片工具格式"选项卡"调整"命令组中执行"压缩图片"命令,打开"压缩图片"对话框,在该对话框中选择"删除图片的剪裁区域"即可,如图 4-87 所示。

图 4-86 "裁剪"命令列表

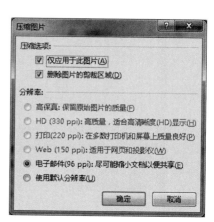

图 4-87 "压缩图片"对话框

（5）设置图片外观。

用户可根据需要设置图片的样式、亮度、对比度和颜色等。

选定要设置的图片,在"图片工具格式"选项卡"图片样式"命令组中选择预置的图片艺术效果即可快速实现图片外观的设置。还可以配合"调整"命令组中的选项调整图片的亮度、对比度、颜色等不同参数,实现对图片外观的多样化设置。

4.7.2 图形

Word 2016 提供了大量的预置图形,可以满足文档排版的各种需要。对于多个图形,为了保持它们所拥有相对固定的位置关系,可以使用画布将它们组合到一起。

1. 绘制图形

执行"插入"选项卡"插图"命令组中的"形状"命令,在列表中选择所需的图形,然后在文档中按住鼠标左键进行拖动,即可绘制出一个指定大小的图形。如果需要多次重复绘制同一个图形,可在列表中右击要使用的图形,在快捷菜单中执行"锁定绘图模式"命令,再进行绘制,当要绘制其他图形时,按 Esc 键即可退出当前图形的绘制状态。

2. 在图形中添加文字

右击文档中的图形,在快捷菜单中执行"添加文字"命令,图形中出现插入点,此时可输入和编辑文字。

3. 设置图形外观

单击文档中的图形,出现"绘图工具格式"选项卡,如图 4-88 所示,使用该选项卡"形状样式"命令组下拉列表中的选项可快速设置图形外观,也可执行"形状填充""形状轮廓""形状效果"命令自定义图形外观。

图 4-88 "绘图工具格式"选项卡

4. 使用画布整合多个图形

使用绘图画布可以将多个不同的图形组合到一起,这样在移动绘图画布时其中的图形将随之一起移动,而且图形之间的位置关系不会发生任何变化。使用画布绘图的方法如下。

(1) 执行"插入"选项卡"插图"命令组中的"形状"命令,在列表中选择"新建绘图画布"选项,即可在插入点位置插入一个绘图画布。

(2) 单击绘图画布,然后在画布中插入图片或绘制图形,这样这些图形对象都是位于画布中的。

(3) 选定文档中的画布或者图形,功能区出现"绘图工具格式"选项卡,通过该选项卡可以对绘图画布以及图形进行格式设置。

5. 组合

如果使用几个图形共同绘制一个图形,并且这个图形对各形状有严格的位置要求,可以将这些图形组合在一起,以便在复制、移动和更改图形时能对其进行整体操作。

(1) 组合图形:按住 Ctrl 键的同时,依次选择需要组合的所有图形,放开 Ctrl 键,右击所选图形,在快捷菜单中执行"组合"→"组合"命令。

(2) 取消组合:右击组合后的图形对象,在快捷菜单中执行"组合"→"取消组合"命令。

4.7.3 文本框

文本框是一种可移动位置、可调整大小的文字或图形容器。使用文本框,可以在一页上放置多个文字块内容,还可以对文本框中的文字或图形进行一些特殊处理,如更改文字方向、设置文字环绕等。

(1) 插入文本框:执行"插入"选项卡"文本"命令组中的"文本框"命令,在下拉列表中选择合适的文本框样式,可在文档中快速插入一个文本框;或执行"绘制文本框"或"绘制竖排文本框"命令,鼠标光标变成"+"形状后,在需要添加文本框的位置拖动鼠标左键,即可插入一个空文本框。

(2) 文本框的文本编辑:可对文本框中的文本设置字体格式和段落格式,也可对文本框中的内容进行插入、删除、修改、移动和复制等操作,方法同文本内容一样。

(3) 调整文本框大小:选定文本框,调整文本框边框的控制点。

(4) 移动文本框:选定文本框,使用鼠标拖动文本框边框移至目标位置。

4.7.4 艺术字

在 Word 2016 中可以插入或创建艺术字,增加文字的艺术效果。

1. 插入艺术字

执行"插入"选项卡"文本"命令组的"艺术字"命令,在下拉列表中选择合适的艺术字样式,这时会在文档插入点位置出现艺术字文本框,在文本框内输入文本内容即可。

2. 修改艺术字

单击文档中的艺术字,功能区出现"绘图工具格式"选项卡,可在"艺术字样式"命令组中改变艺术字的样式类型,也可设置文本填充、文本轮廓、文本效果等。

4.7.5 SmartArt 智能图形

Word 2016 SmartArt 智能图形中提供了一些模板,例如列表、流程图、组织结构图和关系图等,使用 SmartArt 功能可以快速创建出专业而美观的图示化效果。

1. 创建 SmartArt 图形

(1) 插入点置于要插入 SmartArt 图形的位置,执行"插入"选项卡"插图"命令组的"SmartArt"命令,打开"选择 SmartArt 图形"对话框,如图 4-89 所示。

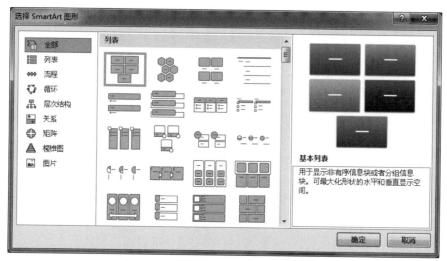

图 4-89 "选择 SmartArt 图形"对话框

(2) 在对话框左侧选择所需的类型,如"流程",在中间列表窗口选择需要的图形,如"圆箭头流程"。

(3) 单击"确定"按钮,即可在插入点位置创建此图形,效果如图 4-90 所示。

在文档中选定某一 SmartArt 图形,功能区将出现"SmartArt 工具设计"和"SmartArt 工具格式"选项卡,如图 4-91 所示。

2. 在形状内输入文字

在 SmartArt 图形中,用户可以通过"[文本]"窗格在图形中输入或编辑文字。也可选中 SmartArt 图形后,在"SmartArt 工具设计"选项卡"创建图形"命令组中执行"文本

图 4-90 插入 SmartArt 图形的效果

窗格"命令,即展开新的窗格,在其中输入每个形状的文本,效果如图 4-92 所示。

图 4-91 "SmartArt 工具设计"选项卡

3. 为 SmartArt 图形添加形状

预设的 SmartArt 图形样式包含特定数量的形状,如果形状数量不能满足需要,可以进行插入形状的操作。

(1) 选择文档 SmartArt 图形中的最后一个形状。

(2) 执行"SmartArt 工具设计"选项卡"创建图形"命令组中的"添加形状"命令,在列表中选择形状添加的位置"在后面添加形状",即在所选形状后面添加了新形状。

(3) 按 4.7.5.2 中介绍的方法输入所需文本,效果如图 4-93 所示。

图 4-92 在 SmartArt 图形形状中
输入文字的效果

图 4-93 为 SmartArt 图形
添加形状的效果

4. 更改形状级别

SmartArt 图形中,用户可以执行"升级"和"降级"命令,增加或减小所选形状的级别。

(1) 选择需要改变级别的形状文本,如"存钱"。

(2) 执行"SmartArt 工具设计"选项卡"创建图形"命令组中的"降级"命令,此时所选形状被降级,效果如图 4-94 所示。

5. 更改形状布局

用户可以根据需要对 SmartArt 图形的类型重新选择。

(1) 选择 SmartArt 图形。

(2) 在"SmartArt 工具设计"选项卡"版式"命令组中选择新的版式,如"向上箭头",此时所选 SmartArt 图形应用了更改的布局效果,如图 4-95 所示。

6. 将图片创建为 SmartArt 图形

用户可以将文档中的图片创建为 SmartArt 图形,方法是:选择文档中的一个嵌入式图片,执行"图片工具格式"选项卡"图片样式"命令组中"图片版式"命令,在列表中选择一个 SmartArt 布局，然后修改 SmartArt 图形中的文字即可。

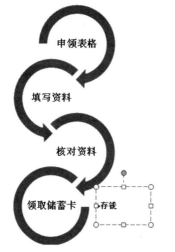

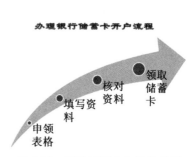

图 4-94　为 SmartArt 图形中形状降级的效果　　　图 4-95　更改了形状布局的效果

对于文档内的非嵌入式图片，可以同时选择多个图片并一次性为它们创建 SmartArt 图形。

4.7.6　公式

Word 2016 主要使用插入公式组输入公式。具体方法如下。

（1）插入点置于文档要输入公式的位置。

（2）执行"插入"选项卡"符号"命令组中的"公式"命令，在列表中执行"插入新公式"命令。

（3）在文档中自动插入了一个用于输入公式的编辑器，同时出现"公式工具设计"选项卡，如图 4-96 所示，在该选项卡中显示了可用的公式编辑工具。

（4）选择合适的公式结构，然后输入公式的其他部分。

图 4-96　"公式工具设计"选项卡

4.8　修订文档与邮件合并

4.8.1　审阅和修订文档

Word 2016 提供了为文档添加批注和修订文档的功能，为多人共同完成文档审阅提供了相关操作。

1. 为文档添加批注

批注功能可以对文档中选定的文本内容添加说明性文字,如关于内容的修改意见等。

1) 添加批注

给所选择的文本插入批注的步骤如下。

(1) 选择要设置批注的文本或内容。

(2) 执行"审阅"选项卡"批注"命令组中的"新建批注"命令。

(3) 在文档右侧显示的批注框中输入批注内容,设置批注效果如图 4-97 所示。

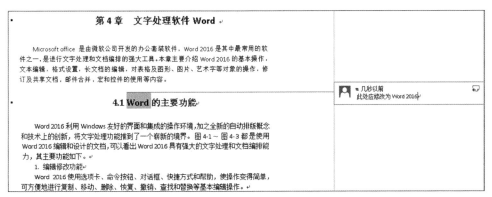

图 4-97 添加批注

除了在文档中插入文本批注信息以外,还可以插入音频或视频对象作为批注信息,使文档协作在形式上更加丰富。

2) 处理批注

如果某条批注不再需要,可以将其删除;如果某条批注中提出的问题已经解决,可以将其标记为完成或者对其进行答复。

操作方法是右击该批注,在快捷菜单中执行"删除批注""答复批注"或者"将批注标记为完成"等命令即可;也可在功能区"审阅"选项卡"批注"命令组中执行"删除"命令,在列表中执行"删除文档中的所有批注"命令即可删除文档中的所有批注。

2. 修订文档

在修订状态下修改文档时,Word 2016 应用程序将跟踪文档中所有内容的变化状况,同时会把对当前文档修改、删除、插入的每一项操作都标记下来。

执行"审阅"选项卡"修订"命令组中的"修订"命令,即可使文档进入修订模式。在修订模式中可对文档内容进行任意修改,每一次修改都将显示出特有的修订标记,如图 4-98 所示。

右击某个修订,在快捷菜单中可以通过执行"接受"或"拒绝"命令确定是否接受对文档内容的修改。

3. 设置批注与修订

可以根据需要对批注和修订的外观进行自定义设置。单击"审阅"选项卡"修订"命令组中右下角的"对话框启动器"按钮,打开"修订选项"对话框,如图 4-99 所示,在该对话框中可以调整批注和修订的外观。

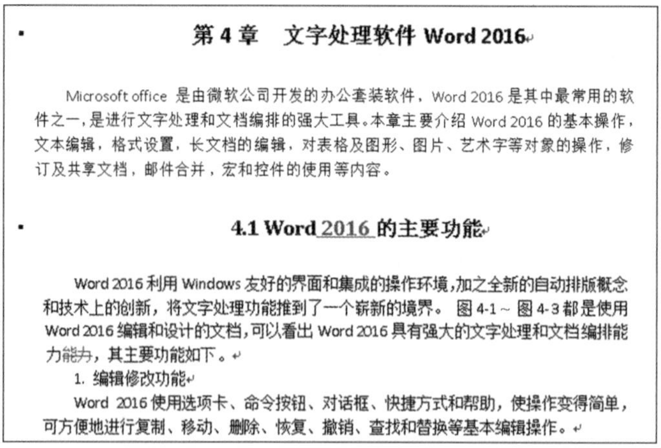

第 4 章　文字处理软件 Word 2016

Microsoft office 是由微软公司开发的办公套装软件，Word 2016 是其中最常用的软件之一，是进行文字处理和文档编排的强大工具。本章主要介绍 Word 2016 的基本操作，文本编辑，格式设置，长文档的编辑，对表格及图形、图片、艺术字等对象的操作，修订及共享文档，邮件合并，宏和控件的使用等内容。

4.1 Word 2016 的主要功能

Word 2016 利用 Windows 友好的界面和集成的操作环境，加之全新的自动排版概念和技术上的创新，将文字处理功能推到了一个崭新的境界。图 4-1～图 4-3 都是使用 Word 2016 编辑和设计的文档，可以看出 Word 2016 具有强大的文字处理和文档编排能力能力，其主要功能如下。

1. 编辑修改功能

Word 2016 使用选项卡、命令按钮、对话框、快捷方式和帮助，使操作变得简单，可方便地进行复制、移动、删除、恢复、撤销、查找和替换等基本编辑操作。

图 4-98　修订文档内容

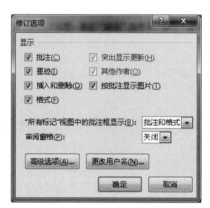

图 4-99　"修订选项"对话框

4. 自动更正

Word 2016 提供自动更正功能以自动检测并更正输入错误、单词拼写错误、语法错误和大小写错误等。

执行"文件"选项卡中的"选项"命令，打开"Word 选项"对话框，在左侧选择"校对"，即可在右侧窗口中设置自动更正的检查规则。

4.8.2　共享文档

Word 2016 文档除了打印外，也可以根据用户的需求通过多种方式进行共享。

1. 通过电子邮件共享文档

用户可以将编辑完成的文档通过电子邮件的方式发送给其他用户，操作步骤如下。

(1) 选择"文件"选项卡打开 Word 2016 后台视图。

(2) 选择"共享"选项，在右侧执行"电子邮件"命令，单击"作为附件发送"按钮，如图 4-100 所示。

(3) 打开"欢迎使用 Outlook 2016 "对话框，按照对话框向导完成文档共享。

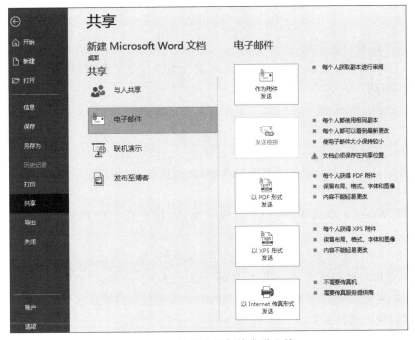

图 4-100　使用电子邮件发送文档

2. 转换成 PDF 文档格式共享文档

可以将编辑完成的文档保存为 PDF 格式,这样既可以保证文档的只读性,同时又确保了没有部署 Microsoft Office 产品的用户可以正常浏览文档。将文档另存为 PDF 文档的具体操作步骤如下。

(1) 单击"文件"选项卡打开 Office 后台视图。

(2) 选择"导出"选项,在右侧执行"创建 PDF/XPS 文档"命令,单击"创建 PDF/XPS",如图 4-101 所示。

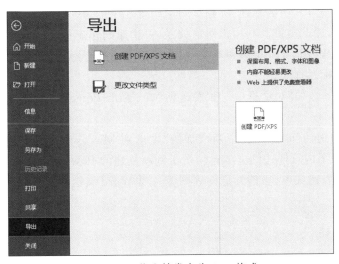

图 4-101　将文档发布为 PDF 格式

(3) 打开"发布为 PDF/XPS"对话框,输入文件名并选择保存位置后,单击"发布"按钮。

3. 与其他组件共享信息

Office 为 Word 与 Excel、PowerPoint 等其他组件提供了共享信息的方法。

1) 基本方法

Word、Excel、PowerPoint 三者之间传递和共享数据最通用的方法是通过剪贴板和插入对象方式。

(1) 通过剪贴板。

① 在 Excel 工作表中选择要复制的数据区域,执行"开始"选项卡"剪贴板"命令组的"复制"命令。

② 打开 Word 文档或 PowerPoint 演示文稿,将光标定位到要插入 Excel 表格的位置。

③ 单击"开始"选项卡"剪贴板"命令组的"粘贴"命令下方的黑色箭头,在"粘贴选项"下拉列表中选择一种粘贴方式。其中,执行"选择性粘贴"命令,将会打开"选择性粘贴"对话框,单击选择"粘贴链接",将会使得插入的内容与源数据同步更新。

(2) 以对象方式插入。

① 打开 Word 文档,将光标定位到要插入 Excel 表格的位置。

② 执行"插入"选项卡"文本"命令组的"对象"命令,打开"插入对象"对话框,选择"由文件创建"选项卡,选择要插入的文件。

③ 在插入的表格中双击,进入编辑状态,可以输入数据、对表格进行编辑修改,修改完毕后,在表格区域外单击即可返回 Word 文档。

2) 将 Word 文档发送到 PowerPoint 中

在 Word 中可以方便、高效地编辑处理一些长文档,如论文、演讲稿、书籍等,有时候需要将 Word 生成的文档进行压缩、精简,制作成简短的演示文稿,以便授课或展示。

Word 的内置样式与 PowerPoint 演示文稿中的文本存在着对应关系,一般情况下,样式标题 1 对应幻灯片中的标题,标题 2 对应幻灯片中的第一级文本,标题 3 对应幻灯片中的第二级文本,以此类推。利用该对应关系,可快速制作演示文稿。具体方法如下。

(1) 首先在 Word 2016 中编辑好文档,为需要发送到 PowerPoint 演示文稿中的文本内容使用内置的标题样式。

(2) 在"Word 选项"对话框中,把"发送到 Microsoft PowerPoint"命令添加到"快速访问工具栏"。

(3) 执行"快速访问工具栏"中新增加的"发送到 Microsoft PowerPoint"命令,Word 2016 即可将应用了内置样式的文本自动发送到新创建的 PowerPoint 演示文稿中。

该方法只能发送文本,不能发送图表图像。当 Word 文档比较长时,生成演示文稿的时间也比较长。

4.8.3 邮件合并

Word 2016 提供了强大的邮件合并功能,可以批量创建信函、电子邮件、传真、信封、标签、目录等文档,具有极强的实用性和便捷性。

1. 邮件合并基础

Word 2016 的邮件合并是将一个主文档与一个数据源结合起来,最终生成一系列输出文档。一般而言,完成邮件合并任务,需要包含主文档、数据源、合并文档几部分。

1) 主文档

主文档是经过特殊标记的 Word 2016 文档,包含了基本的文本内容,这些文本内容在所有输出文档中都是相同的,如信件的信头、主体以及落款等。另外还有一系列的合并域,用于插入在每个输出文档中都要发生变化的文本,如收件人的姓名和地址等。

2) 数据源

数据源实际上是一个数据列表,包含了用户希望合并到输出文档的数据。通常它保存了姓名、通信地址、电子邮件地址、传真号码等数据字段。Word 2016 的邮件合并功能主要支持以下几类数据源。

(1) Microsoft Office 地址列表:在邮件合并过程中,"邮件合并"任务窗格提供了创建简单的"Office 地址列表"功能,必要时可以在新建的列表中填写收件人的姓名和地址等相关信息。

(2) Microsoft Word 数据源:可以使用某个 Word 文档作为数据源。该文档应该只包含 1 个表格,该表格的第 1 行必须用于存放标题行,其他行必须包含邮件合并所需要的数据记录。

(3) Microsoft Excel 工作表:可以从工作簿内的任意工作表或命名区域选择数据。

(4) Microsoft Outlook 联系人列表:可以在"Outlook 联系人列表"中直接检索联系人信息。

(5) Microsoft Access 数据库:在 Access 中创建的数据库。

(6) HTML 文件:使用只包含 1 个表格的 HTML 文件。表格的第 1 行必须用于存放标题行,其他行则必须包含邮件合并所需要的数据记录。

3) 邮件合并的最终文档

邮件合并的最终文档是一份可以独立存储或输出的 Word 2016 文档,其中包含了所有的输出结果。最终文档中有些文本内容在每份输出文档中都是相同的,这些相同的内容来自主文档;有些文本内容会随着收件人的不同而发生变化,这些变化的内容来自数据源。

邮件合并功能将主文档和数据源合并在一起,形成一系列的最终文档。数据源中有多少条记录,就可以生成多少份最终结果文档。

2. 邮件合并的基本方法

进行邮件合并,通常需要先创建主文档,然后选择数据源,插入域,最后合并生成结果。用户既可以通过 Word 2016 提供的邮件合并向导来完成,也可以直接创建邮件合并文档。

1) 通过邮件合并向导创建

邮件合并向导提供了非常方便的中文信封制作功能。具体操作步骤如下。

(1) 创建一个空白的 Word 2016 文档作为主文档。

(2) 执行"邮件"选项卡"创建"命令组的"中文信封"命令,打开"信封制作向导"对话框,如图 4-102 所示。

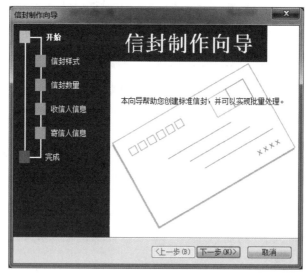

图 4-102 "信封制作向导"对话框

(3) 单击"下一步"按钮,打开"选择信封样式"对话框,在"信封样式"下拉列表中选择信封样式,这里选择默认设置,如图 4-103 所示。

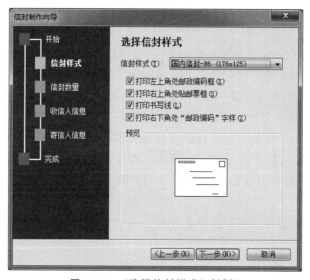

图 4-103 "选择信封样式"对话框

(4) 单击"下一步"按钮,打开"选择生成信封的方式和数量"对话框,选择生成信封的方式和数量,这里选择"基于地址簿文件,生成批量信封",如图 4-104 所示。

(5) 单击"下一步"按钮,打开"从文件中获取并匹配收信人信息"对话框,单击"选择地址簿"按钮,在"打开"对话框中选择"通讯录.xlsx"作为地址簿。在"从文件中获取并匹

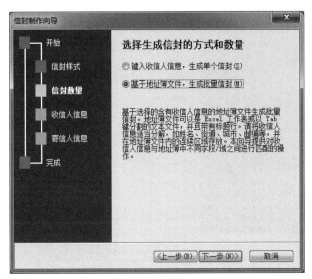

图 4-104 "选择生成信封的方式和数量"对话框

配收信人信息"对话框中,分别选择收件人和地址簿中的对应项,如图 4-105 所示。

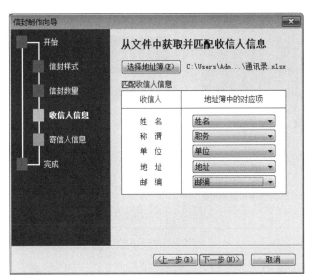

图 4-105 "从文件中获取并匹配收信人信息"对话框

(6) 单击"下一步"按钮,打开"输入寄信人信息"对话框,分别输入寄信人姓名、单位、地址、邮编等信息,如图 4-106 所示。

(7) 单击"下一步"按钮,打开"信封制作向导"的最后一个对话框,如图 4-107 所示,单击"完成"按钮,生成多个标准信封,样式效果如图 4-108 所示。

(8) 保存生成的中文信封文档,文件名为"中文信封.docx"。

2) 直接进行邮件合并

很多情况下,需要制作一些信函或者邀请函,这类邮件的内容通常包括固定不变的内

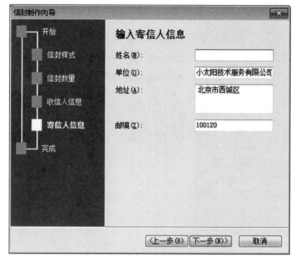

图 4-106 "输入寄信人信息"对话框

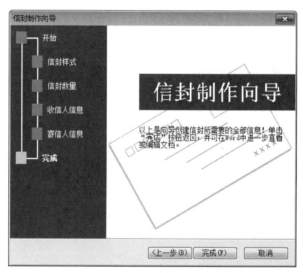

图 4-107 "完成"对话框

容和变化的内容,可以直接利用邮件合并功能实现。具体操作步骤如下。

(1) 创建并保存主文档"邀请函主文档.docx",其内容及格式如图 4-109 所示。

(2) 在 Word 2016 中打开"邀请函主文档.docx",执行"邮件"选项卡"开始邮件合并"命令组中的"选择收件人"命令,在命令列表中选择"使用现有列表",打开"选取数据源"对话框。

(3) 在"选取数据源"对话框中,选择"通讯录.xlsx"文件为数据源文件。

(4) 在主文档中将光标插入"尊敬的"文本后面,执行"邮件"选项卡"编辑和插入域"命令组中的"插入合并域"命令,在列表中分别选择要插入的域名"姓名""职务"等,如图 4-110 所示。

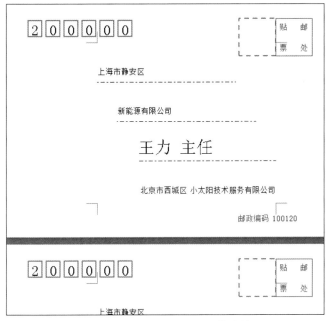

图 4-108　生成的中文信封文档的效果

图 4-109　"邀请函主文档.docx"文档

（5）执行"邮件"选项卡"完成"命令组的"完成并合并"命令，在下拉列表中选择合并结果输出方式为"编辑单个文档"，打开"合并到新文档"对话框，单击"确定"按钮，合并后的新文档效果如图 4-111 所示。

（6）把形成的合并结果文档保存为"邀请函"，同时保存主文档。

3）设置邮件合并规则

在进行邮件合并时，可能需要设置一些条件来对最终的合并结果进行控制，例如只输出某些符合条件的记录等。在邮件合并时设置合并规则的方法如下。

（1）在主文档中插入合并域后，执行"邮件"选项卡"编写和插入域"命令组的"规则"命令。

（2）在打开的规则下拉列表中，执行某一命令，进行规则设置即可。其中执行"如

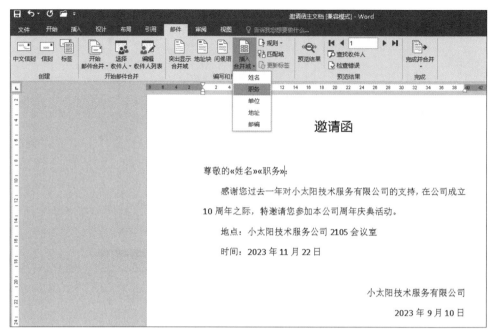

图 4-110 插入合并域

图 4-111 合并后的"邀请函"效果

果……那么……否则……"命令,可以设置显示条件以控制输入文档的显示信息;执行"跳过记录条件",则可设置符合指定条件的记录在合并结果中显示并输出。

4.9 在文档中使用宏与控件

在 Word 2016 中,可以使用宏和控件提高文档编辑和处理的效率。对于包含大量烦琐操作的重复性工作,可以将其录制为宏,从而实现文档处理的自动化。使用控件,可以方便地制作调查问卷等表单。

4.9.1 使用宏自动化处理文档

宏是一系列 Word 命令和指令,这些命令和指令组合在一起,形成了一个单独的命令集,以实现任务执行的自动化。如果要在 Word 2016 中反复执行某项任务,可以使用宏来自动执行。

在 Word 2016 中可以通过撰写 VBA 代码的方式创建宏,也可以直接通过记录键盘和鼠标的动作来录制宏。前者更为灵活,后者则非常简便。本教材暂不涉及 VBA 编程。

1. 录制宏

录制宏是指利用 Word 2016 提供的功能将使用者在文档中的操作完整地记录下来,以后可以通过播放录制的宏来自动重复执行指定的操作。录制宏的操作方法如下。

(1) 在功能区添加"开发工具"选项卡。单击"文件"选项卡,打开 Word 后台视图,单击左侧的"选项"按钮,打开"Word 选项"对话框,在左侧切换到"自定义功能区"选项卡,在右侧"自定义功能区"区域中选择"开发工具"选项,单击"确定"按钮,Word 功能区中便添加了"开发工具"选项卡,如图 4-112 所示,该选项卡包括宏和控件等高级功能的命令。

图 4-112 "开发工具"选项卡

(2) 在"开发工具"选项卡的"代码"命令组中执行"录制宏"命令,打开"录制宏"对话框;或者在"视图"选项卡上的"宏"命令组中执行"宏"命令,在下拉列表中执行"录制宏"命令,也可打开"录制宏"对话框。

(3) 在"宏名"文本框中输入所要录制宏的名称,在"将宏保存在"列表中选择保存宏的位置,如图 4-113 所示。

图 4-113 "录制宏"对话框

(4) 为了将来调用宏更加快捷,可以将宏指定到功能区的一个按钮或键盘快捷键。

这里以快捷键为例。

① 单击"录制宏"对话框中的"键盘"按钮,打开"自定义键盘"对话框,如图 4-114 所示。

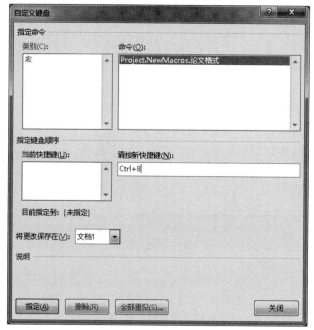

图 4-114 "自定义键盘"对话框

② 在"将更改保存在"下拉列表中选择要保存的位置。

③ 将光标插入"请按新快捷键"文本框中,在键盘上按下要使用的快捷键,例如 Ctrl+8。

④ 单击"指定"按钮,此时快捷键会出现在"当前快捷键"列表框中,然后单击"关闭"按钮,开始宏的录制。

(5) 当进入宏录制状态后,鼠标光标会变成 形状,"开发工具"选项卡上的"代码"命令组的"录制宏"命令也显示为"停止录制"。在宏录制状态下,用户可以通过键盘和鼠标完成各种格式设置。所有操作都完成后,执行"停止录制"命令,即可结束宏的录制。

(6) 录制宏完成后,选择文件类型为"启用宏的 Word 文档(＊.docm)"进行保存。

2. 应用宏

建立好宏之后,就可以反复应用宏来自动化完成 Word 中的复杂任务。应用宏的方法如下。

(1) 如果在创建宏的过程中已经将其指定到功能区的按钮或者键盘快捷键,只需要单击按钮或者按下快捷键,就可以运行已经录制好的宏。

(2) 如果没有将宏指定到按钮或者快捷键,可以在"开发工具"选项卡"代码"命令组中执行"宏"命令,打开"宏"对话框,在列表框中选择要使用的宏,单击"运行"按钮,即可运行宏。

(3) 录制的宏会包含一些额外的不必要的代码,这样会降低宏的执行效率,因此用户可以对录制完成的宏代码进行编辑,从而使其更加简洁高效。在"宏"对话框中,选中要编辑的宏,单击"编辑"按钮即可打开 Microsoft Visual Basic for Applications 代码编辑窗口,在其中可以对宏代码进行优化。

4.9.2 使用控件制作交互式文档

在 Word 2016 中,可以使用控件来制作电子表单,在合同、简历、试卷和调查问卷中实现交互的无纸化填写。

在 Word 2016 中,用户可以插入 3 类控件,分别是内容控件、旧式窗体和 ActiveX 控件。最为简单和常用的是内容控件,如果需要填空可以选择"格式文本内容控件"或"纯文本内容控件",如果需要在多个选项中进行复选,则可以使用"复选框内容控件",此外还有关于图片、日历和构建基块等内容的控件可供选择。

这里以"组合框内容控件"为例介绍插入控件的方法。

(1) 将光标定位在文档中要插入控件的位置。

(2) 在"开发工具"选项卡"控件"命令组中执行"组合框内容控件"命令,插入控件,如图 4-115 所示。

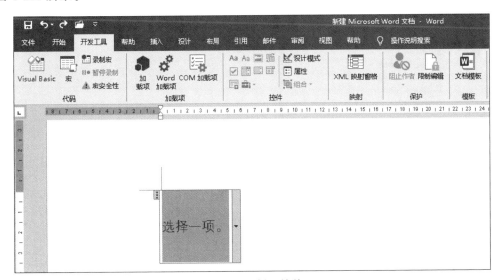

图 4-115　插入控件

(3) 在"开发工具"选项卡"控件"命令组中执行"属性"命令,打开"内容控件属性"对话框,如图 4-116 所示。

(4) 在"内容控件属性"对话框中设置控件标题、标记等属性。选择"锁定"选项区域中的"无法删除内容控件"复选框,则可以防止控件被无意中删除。在"下拉列表属性"选项区域中单击"添加"按钮,打开"添加选项"对话框,在其中添加"显示名称"和"值",单击"确定"按钮,即可将下拉列表选项添加到左侧列表框中,如图 4-117 所示。

(5) 重复以上操作,直到添加完成全部选项值,单击"内容控件属性"对话框中的"确定"按钮,完成设置,效果如图 4-118 所示。

图 4-116 "内容控件属性"对话框

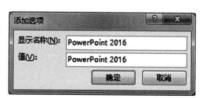

图 4-117 添加选项值

图 4-118 "组合框内容控件"的添加效果

第 5 章　电子表格软件 Excel 2016

Excel 2016 是 Microsoft Office 办公组件中一款功能强大的电子表格软件。它不但可以制作表格，还可以进行数据处理、统计分析、生成图表等操作，广泛地应用于金融、财经、财会等众多领域。本章主要介绍 Excel 2016 的基础知识和基本操作。

5.1　Excel 2016 的主要功能

我们先来观察图 5-1～图 5-3 这 3 幅图。

	A	B	C	D	E	F	G	H	I
1	成绩分析表								
2	学号	姓名	专业	性别	英语	微积分	计算机	平均成绩	总成绩
3	202401	祝宝珍	电子商务	女	96.00	93.00	87.00	92.00	276.00
4	202402	蔡英超	大数据	男	54.00	62.00	38.00	51.33	154.00
5	202403	江润芹	大数据	女	93.00	95.00	98.00	95.33	286.00
6	202404	李晶	信息管理	女	68.00	98.00	76.00	80.67	242.00
7	202405	李永凯	电子商务	男	88.00	75.00	39.00	67.33	202.00
8	202406	朱玉良	信息管理	男	79.00	89.00	99.00	89.00	267.00
9	202407	高冬妍	大数据	女	98.00	88.00	78.00	88.00	264.00
10	202408	李贺	信息管理	女	94.00	85.00	76.00	85.00	255.00
11	202409	李鹏飞	电子商务	男	99.00	99.00	99.00	99.00	297.00
12	202410	许锡亮	电子商务	男	83.00	84.00	85.00	84.00	252.00
13	202411	尹花	大数据	女	97.00	97.00	68.00	87.33	262.00
14	202412	田慧玲	信息管理	女	60.00	77.00	90.00	75.67	227.00
15	平均分								
16	最高分								
17	最低分								

图 5-1　原始数据

	A	B	C	D	E	F	G	H	I
1	成绩分析表								
2	学号	姓名	专业	性别	英语	微积分	计算机	平均成绩	总成绩
3	202401	祝宝珍	电子商务	女	96	93	87	92.00	276.00
4	202405	李永凯	电子商务	男	88	75	39	67.33	202.00
5	202409	李鹏飞	电子商务	男	99	99	99	99.00	297.00
6	202410	许锡亮	电子商务	男	83	84	85	84.00	252.00
7	202402	蔡英超	大数据	男	54	62	38	51.33	154.00
8	202403	江润芹	大数据	女	93	95	98	95.33	286.00
9	202407	高冬妍	大数据	女	98	88	78	88.00	264.00
10	202411	尹花	大数据	女	97	97	68	87.33	262.00
11	202404	李晶	信息管理	女	68	98	76	80.67	242.00
12	202406	朱玉良	信息管理	男	79	89	99	89.00	267.00
13	202408	李贺	信息管理	女	94	85	76	85.00	255.00
14	202412	田慧玲	信息管理	女	60	77	90	75.67	227.00
15	平均分				84.08	86.83	77.75	82.89	
16	最高分				99.00	99.00	99.00	99.00	
17	最低分				54.00	62.00	38.00	51.33	

图 5-2　成绩分析表

通过这 3 幅图我们知道，Excel 2016 可以协助我们完成如下的工作，即 Excel 2016 的主要功能。

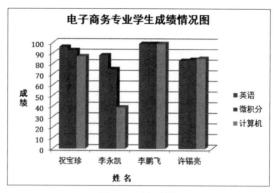

图 5-3　柱形图

(1) 简单、方便地制作表格的功能。

Excel 2016 可以方便地创建和编辑表格,对数据进行输入、编辑计算、复制、移动、设置表格格式等,并且帮助我们保存数据。

例如,图 5-1 是输入的原始数据,而图 5-2 则是经过编辑得到的精美表格。

(2) 快捷的数据处理和数据分析功能。

Excel 2016 可以采用公式和函数自动处理数据,具有较强的数据统计分析能力,能对工作表中的数据进行排序、筛选、分类汇总、统计和查询等操作。

仔细观察图 5-2 会发现,在图 5-1 中空白的"平均成绩""总成绩""平均分"等内容都已经填写好了,这就是 Excel 2016 帮我们计算出来的。排序、筛选等功能在这张表中没有体现,将在 5.6 节中为大家讲解。

(3) 强大的图形、图表功能。

Excel 2016 可以根据工作表中的数据快速生成图表,直观、形象地表示和反映数据,使得数据易于阅读和评价,便于分析和比较。

例如,图 5-3 就是根据图 5-2 中的部分数据快速生成的。

通过本章的学习,读者将掌握这些方法,熟练运用 Excel 的基本功能,制作出精美、实用的表格。

5.2　Excel 2016 的基本操作

5.2.1　Excel 2016 的启动与退出

1. 启动 Excel 2016

启动 Excel 2016 的方法通常有以下 4 种。

(1) 双击 Excel 2016 的桌面快捷方式启动。

(2) 选择"开始"菜单,在"程序"右侧的菜单中找到 Microsoft Office,然后单击 Microsoft Office Excel 2016 启动。

(3) 双击打开 Excel 2016 文件启动。

(4) 执行"开始"菜单中的"运行"命令,在"运行"对话框中输入"excel"启动。

2. Excel 2016 的窗口组成

Excel 2016 启动后,出现图 5-4 所示的窗口,与 Word 窗口类似,Excel 2016 窗口也包含标题栏、状态栏、任务窗格等,还包含 Excel 2016 特有的组成元素。

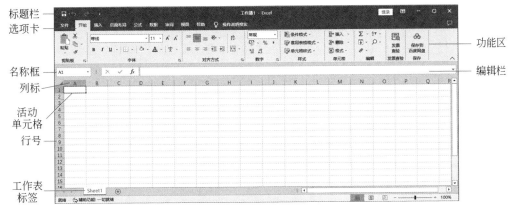

图 5-4　Excel 2016 窗口

(1) 工作簿。

工作簿是指在 Excel 中用来保存并处理工作数据的文件,Excel 2016 创建的工作簿文件扩展名是.xlsx。

(2) 工作表。

工作簿中的每一张表称为工作表。工作簿是由工作表组成的,每个工作簿默认包含 3 个工作表,最多可以包含 255 个工作表。如果把一个工作簿比作一本书,一张工作表就是其中的一页。

每张工作表都有一个名称,显示在工作表标签上,如图 5-4 所示,默认标签为 Sheet1。

每张工作表由若干行和列组成。各列上方的字母为 A,B,C,…,AA,…,IV,称为列标,用于标识列(共 256 列);各行左侧的数字 1,2,3,…,65536,称为行号,用于标识行(共 65536 行)。

(3) 单元格。

工作表中的行列相交处为一个单元格,单元格是工作表的最小单位。

单击任意单元格,该单元格周围会出现加粗的黑色边框,该单元格称为活动单元格,如图 5-4 所示。名称框显示的就是活动单元格的名称,单元格的名称由列标和行号组成,用于标识工作表中唯一的单元格。例如图 5-4 中,活动单元格为第 1 列第一行,用 A1 表示。

(4) 名称框。显示活动单元格地址或区域的名称。

(5) 编辑栏。显示或编辑活动单元格中的数据、公式等内容。

(6) 工作表标签。显示工作表的名称,单击可切换当前工作表。

3. 退出 Excel 2016

Excel 2016 退出的方法与 Word 2016 相同,不再赘述。

5.2.2 工作簿文件的基本操作

1. 工作簿的建立

建立工作簿常用以下 3 种方法。

(1) 启动 Excel 2016,将自动创建一个名为"工作簿 1.xlsx"的空白工作簿。

(2) 执行"文件"→"新建"命令,单击左上角的"空白工作簿"按钮,创建空白工作簿。

(3) 执行"文件"→"新建"命令,在可用模板中单击需要的模板,如"季节性照片日历""个人月度预算"等,可以创建固定模板的工作簿。

2. 打开工作簿

在资源管理器中找到扩展名为.xlsx 的工作簿文件,双击启动 Excel 2016,同时打开该文件。

其他打开方法与 Word 2016 相同,不再赘述。

3. 保存工作簿

执行"文件"→"保存"或"另存为"命令可以保存工作簿;单击标题栏上的"快速保存"按钮,也可以保存工作簿。一个工作簿就是一个 Excel 文件,工作簿名就是主文件名,扩展名为.xlsx。也可以选择不同的文件类型保存工作簿,如网页文件、模板等。

5.2.3 工作表的基本操作

1. 工作表的添加

若要在已有工作簿中添加新的工作表,可以在 Excel 窗口底部的工作表标签之后,单击"新工作表"按钮填加工作表,如图 5-5 所示。拖动工作表标签可以改变工作表的位置。

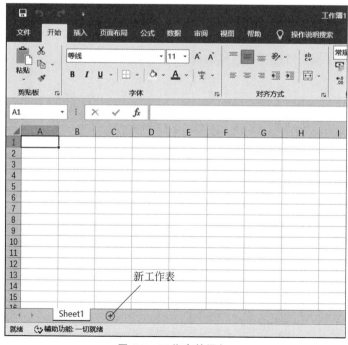

图 5-5 工作表的添加

2. 工作表的删除

右击要删除的工作表标签,在弹出的快捷菜单中执行"删除"命令。

3. 重命名工作表

(1) 右击工作表的名字,在弹出的快捷菜单中执行"重命名"命令,工作表名都将反白显示,输入新的名字,按 Enter 键即可。

(2) 双击工作表名,工作表名都将反白显示,输入新的名字,按 Enter 键即可。

4. 工作表的移动或复制

(1) 在当前工作簿中移动或复制。

拖动工作表标签,可以将选定的工作表移动到指定位置;拖动的同时按下 Ctrl 键,则可以复制工作表到指定位置。

(2) 在不同的工作簿之间移动或复制。

将用于复制和接收工作表的工作簿都打开,右击需要复制的工作表标签,在弹出的快捷菜单中选择"移动或复制"命令,打开图 5-6 所示的对话框。

在"工作簿"下拉菜单中选择用来接收工作表的工作簿。也可以单击"新工作簿",即可将选定工作表移动或复制到新工作簿中。

在"下列选定工作表之前"列表框中选择一个表,则移动或复制到该表的前面;也可以选择"移至最后",则移动或复制到工作簿的最后。

若是复制,则需勾选"建立副本"复选框,否则不必勾选。

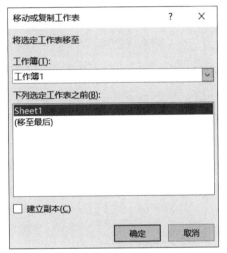

图 5-6 "移动或复制工作表"对话框

5. 工作表窗口的拆分和冻结

(1) 拆分。

有时工作表的数据非常多,需要分屏显示,如果要对照工作表中距离较远的数据,则可将工作表窗口按照水平或垂直方向拆分成几部分。

单击要拆分位置的单元格,选择"视图"选项卡中的"拆分"命令,窗口中立即在选定单元格的上方和左侧出现了两条拆分线。如图 5-7 所示,拆分后,单击水平方向拆分线下方的任意单元格,滑动鼠标滚轮,可以纵向滚动当前区域的记录;拖动窗口下方的滑动杆,可以横向滚动记录。

(2) 冻结。

在滚动浏览记录时,"冻结"窗口顶部或左侧的区域,可保持行列标志始终可见。

例如在图 5-8 中,学生的记录很多,需要分屏显示,可以将表第 1、2 行"冻结",以便数据滚动时始终能看到列标题。单击第二行中的任意单元格,在"视图"选项卡中单击"冻结窗格",在弹出的快捷菜单中选择"冻结拆分窗格"命令,在第二行的下方会出现一条黑色的冻结线,以后通过滚动条滚动屏幕查看数据时,前两行的内容将始终出现在屏幕上。

图 5-7　窗口拆分

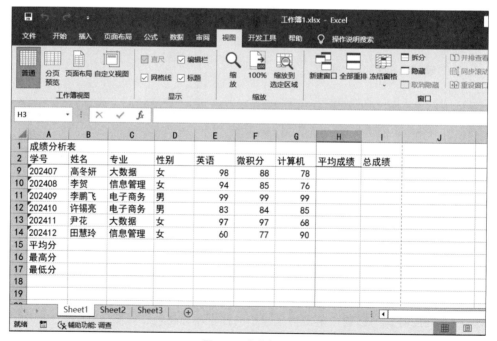

图 5-8　冻结拆分

5.2.4 单元格的基本操作

1. 选定单元格

在 Excel 中,任何操作之前都必须选定单元格,单元格的选定有单选和多选之分。

(1) 选定一个单元格:单击该单元格。

(2) 选定整行或整列单元格:单击列标或行号。

(3) 选定连续矩形区域内的多个单元格:单击矩形区域的左上角单元格,拖动鼠标到矩形区域的右下角单元格,释放鼠标;或者单击左上角的单元格,然后按下 Shift 键,同时单击右下角的单元格。

(4) 选定不连续的单元格:按下 Ctrl 键,同时依次单击要选定的单元格。

(5) 同时选定多个不相邻的单元格、多行、多列、矩形区域等。

2. 插入单元格

(1) 选定要插入单元格的位置或单元格区域,选定的单元格数量即为要插入的单元格数量。

(2) 单击"开始"选项卡"单元格"组中的"插入"命令,弹出图 5-9 所示的下拉菜单,选择"插入单元格"命令。

3. 删除单元格

(1) 选定要删除的单元格或单元格区域。

(2) 单击"开始"选项卡"单元格"组中的"删除"命令,在弹出的下拉菜单中选择"删除单元格"命令。

图 5-9 "插入"下拉菜单

5.3 数据的输入与编辑

5.3.1 数据的输入

Excel 中可以输入各种类型的数据,数据的输入有以下方法。

(1) 直接输入:单击某单元格使其成为活动单元格,就可以输入数据了;若该单元格已有数据,新输入数据会替换原数据。

(2) 在编辑栏中输入:双击单元格中,可以将数据输入到光标处。

(3) 在编辑栏中输入:单击单元格,在编辑框中,将数据输入,按 Enter 键确定;或者单击编辑框前的"×"按钮取消。

单元格的数据输入完成或者修改编辑,按 Enter 键或者 Tab 键表示当前单元格输入完成,Enter 键将选定下方单元格,Tab 键将选定右侧单元格。

5.3.2 数据的类型及输入方法

常见的 Excel 数据类型有数值型、字符型、日期和时间型和逻辑型,用来记录不同形式的数据,不同的数据类型输入的方法有所不同。

1. 数值型数据的输入

数值型数据是指能进行数学计算的数据,由数字 0~9、正负号、小数点、百分号等组成。数值型数据在单元格中自动右对齐。

（1）当在某个单元格中输入的数值位数太多时，系统会自动改成科学记数法表示。

（2）当输入的数据出现分数、小数、百分号、货币符号、千位分隔符、科学记数法等符号时，可以通过"单元格格式"选项进行设置。方法如下。

① 选定要设置数据格式的单元格，可以是一个单元格，也可以是整行、整列或多个单元格组成的区域。

② 单击"开始"选项卡下"单元格"组中的"格式"按钮，在弹出的下拉菜单中选择"设置单元格格式"命令。弹出如图 5-10 所示的对话框。

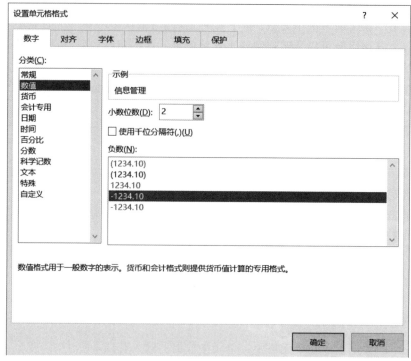

图 5-10　设置单元格格式

③ 选择"数字"选项卡，在分类中选择"数值"，可以在右侧窗口中设置小数位数、是否使用千位分隔符以及负数的形式。

④ 如果单元格中的数据涉及货币、分数、百分比等，可选择对应的分类进行设置。

例如将图 5-2 中的平均成绩列设为 2 位小数，就可以使用上述方法。

（3）当单元格中的数值型数据的长度超出列宽时，单元格中会显示一串"♯"，事实上当前单元格中的内容并没有发生改变，可以通过编辑栏浏览。

（4）输入分数时，为了与日期型数据相互区别，需要先输入数字"0"和一个空格。例如输入 2/3，则应该输入"0 2/3"；若直接输入"2/3"，系统会认为是 2 月 3 日。

2. 字符型数据的输入

字符型数据是指英文字母、汉字、非计算性的数字、标点符号、特殊字符等。字符型数据自动左对齐。

若输入阿拉伯数字,系统会自动识别为数值型数据,若要将其作为字符型数据输入,则需在输入数字前先输入一个西文单引号"'"。例如图 5-1 中"英语"和"学号"两列,输入的数据都是数字,但是英语成绩是数值型数据,直接输入即可;学号是字符型数据,在输入数字前先输入"'"。请读者看图观察这两列的区别。

当字符串的长度超出单元格的宽度时,若右侧单元格为空,则多出的字符串将占用右侧单元格的位置显示;若右侧单元格不为空,则多出的字符串将自动隐藏,可以通过编辑栏浏览当前单元格的完整内容。

3. 日期和时间型数据的输入

日期和时间型数据默认的情况下自动右对齐。

日期型数据可以用"/"、"-"或汉字分隔年、月、日。系统支持不同国家的日期格式。如 2024 年 10 月 1 日可以用 2024-10-1、2024/10/1、2024 年 10 月 1 日、10-1-14 等来表示。用户可以输入其中任意一种形式,系统将自动识别,并转换为默认的格式。日期格式也可以修改,方法与数值型数据相同。

输入时间时,可以用":"分隔时、分、秒。Excel 支持 12 小时制和 24 小时制,例如下午 3 点 45 分 20 秒,可以表示为 15:45:20 或 3:45:20 PM。12 小时制中,用"AM"代表上午,"PM"代表下午。

需要注意的是,时间和 AM 或 PM 之间必须输入一个空格;同时输入日期和时间时,日期在前,时间在后,日期和时间之间必须输入一个空格。

4. 逻辑型数据的输入

逻辑型数据只有真和假两个值。用"true"表示真,"false"表示假,输入时不区分大小写,Excel 会自动将其转换为大写并居中对齐。若将"true"或"false"作为字符型数据输入,则需要先输入西文单引号"'",以示区别。

5.3.3 数据的编辑

1. 自动填充数据

Excel 2016 具有自动填充数据的功能,可以自动填充相同的或有规律的数据,为用户提供了极大的便利。

自动填充可以通过以下两种方法实现。

使用填充柄:如图 5-11 所示,将鼠标移动到选定区域黑色粗线框的右下角,鼠标光标变成"+",这就是填充柄。可以在横向或纵向上拖动鼠标进行填充。

使用"序列"对话框:执行"开始"选项卡下"编辑"组中的"填充"命令,在下拉菜单中选择"系列",弹出"序列"对话框。

1) 填充相同的数据

在一行或列的第一个单元格中填入数据,将鼠标光标移动到填充柄上单击,将填充柄向需要填充数据的单元格方向拖动,释放鼠标,相同的数据将填充在拖过的单元格里。

2) 按序列填充数据

可以用以下方法给图 5-1 中的学号列填入数据。

学号是一个等差数列,在 A3 单元格中输入"'202401",A4 单元格中输入"'202402";

选中 A3、A4 两个单元格，拖动填充柄至 A14，释放鼠标，A3:A14 区域将被填入一个差为 1 的等差序列。差为 1，也可以称为步长为 1。

用"序列"对话框填充一个等差序列。

首先在 K1 单元格输入"1"，并将 K1 作为活动单元格，如图 5-12 所示，在"序列"对话框中填入相应的内容，完成后单击"确定"按钮。即可自动填充一列 1～30 的顺序数字。

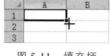

图 5-11 填充柄

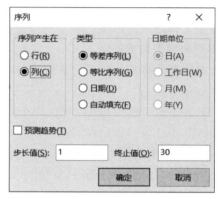

图 5-12 "序列"对话框

填充等比数列的方法与等差数列基本相同，读者可尝试操作，不再赘述。

3) 自定义序列

Excel 自带了一些填充序列，如图 5-13 所示。用户可在任意单元格中输入其中的任意一个值，用填充柄拖动，实现填充。当然，用户也可以创建自定义序列，操作步骤如下。

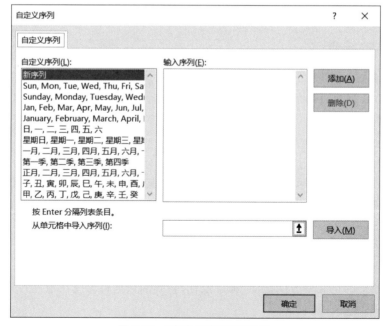

图 5-13 "自定义序列"对话框

(1) 输入将要作为填充序列的数据,在工作表中选定相应的区域,如图 5-14 所示。

(2) 在"文件"选项卡中执行"选项"命令弹出"Excel 选项"对话框,选择"高级"选项卡中的"常规"一栏,单击"编辑自定义列表"按钮,弹出"自定义序列"对话框,如图 5-13 所示。

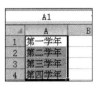

图 5-14 自定义序列填充

(3) 单击"导入"按钮,图 5-14 中的数据将导入到图 5-13 的"输入序列"列表框中,单击"添加"按钮,在自定义序列的最后一行将会出现刚刚添加的序列,单击"确定"按钮,新序列就添加好了。

(4) 如果需要修改自定义序列,则可以在"自定义序列"列表框中选择要修改的序列,在"输入序列"列表框中进行修改;如果需要删除自定义序列,则选择要删除的序列,单击"删除"按钮即可。

已经添加的自定义序列,就可以像 Excel 自带的序列一样填充了。

2. 数据验证的设置

通过设置数据验证可以对输入的数据进行限制,防止非法的输入。操作步骤如下。

(1) 选定要设置数据验证的单元格区域。

(2) 单击"数据"选项卡下的"数据工具"组中的"数据验证"按钮,弹出"数据验证"对话框。

(3) 选择对应的选项卡进行设置。

例如,在图 5-1 中,学生的成绩应该在 0~100,选中 E、F、G 共 3 列,在"数据验证"对话框的"设置"选项卡的"允许"下拉列表中选择"整数",在"数据"下拉列表中选择"介于",最小值最大值分别输入 0 和 100,如图 5-15 所示。也可以在"输入信息""出错警告"选项卡中进行其他的相关设置。

图 5-15 "数据验证"对话框

3. 清除数据

清除数据是指将选定的单元格中的内容、格式或批注等从工作表中删除,单元格仍然留在工作表中,步骤如下。

(1) 选定要清除的单元格或单元格区域。

(2) 执行"开始"选项卡中的"编辑"组中的"清除"命令,在弹出的下拉菜单中选择相应的命令。

4. 复制、粘贴数据

Excel 的"复制""剪切""粘贴"操作与 Word 类似,功能也相同,因此不再重复介绍。

Excel 提供了"选择性粘贴"功能,可以不粘贴整个单元格,而是选择单元格中特定的内容进行粘贴,步骤如下。

(1) 选定要复制的单元格。

(2) 单击"开始"选项卡上的"复制"按钮,或者按快捷键 Ctrl+C。

(3) 选定粘贴区域的左上角单元格。

(4) 单击"开始"选项卡上的"粘贴"按钮上向下的箭头,如图 5-16 所示,在弹出的下拉菜单中单击相应的按钮,即可只粘贴单元格的公式、数值、格式等内容;也可以执行"选择性粘贴"命令,弹出"选择性粘贴"对话框,如图 5-17 所示。

图 5-16 "粘贴"下拉菜单

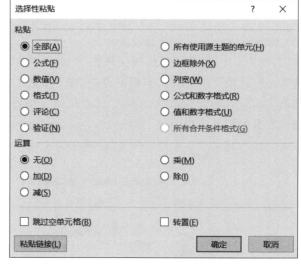

图 5-17 "选择性粘贴"对话框

在"粘贴"区域中选择相应的单选项进行选择性粘贴;选择"运算"区域中的选项,可以对原单元格和目标单元格中的数据进行计算,将计算结果粘贴到目标单元格中;若勾选"跳过空单元格"复选框,原单元格中的空单元格将不被粘贴,相应的目标单元格也不会被替换;若勾选"转置"复选框,原单元格中按行排列的数据将改为按列排列,按列排列的数据将改为按行排列。

5.3.4 工作表的格式化

1. 设置对齐方式

Excel 设置了默认的数据对齐方式,在新建工作表中输入数据时,会根据数据类型的不同自动对齐,用户也可以根据需要修改对齐方式。数据在单元格的水平和垂直方向都可以选择不同的对齐方式,Excel 2016 还为用户提供了单元格内容的缩进及旋转等功能。

选定要自定义对齐方式的单元格,右击,在弹出的快捷菜单选择"设置单元格格式",弹出"设置单元格格式"对话框,单击"对齐"选项卡,如图 5-18 所示。

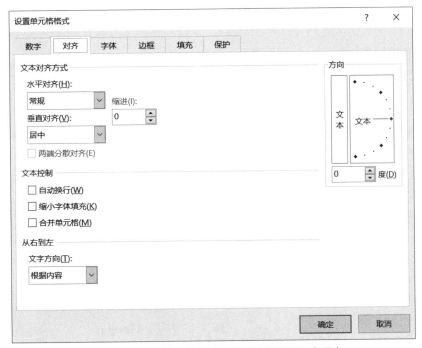

图 5-18　设置"单元格格式"对话框的"对齐"选项卡

(1) "文本对齐方式"区域:可设置水平和垂直对齐方式。

(2) "文本控制"区域:选择"自动换行"复选框,可以对输入的文本根据列宽自动换行;选择"缩小字体填充"复选框,可以缩小字体适应列宽;选择"合并单元格"复选框,可以将多个选定的单元格合并为一个。

(3) "方向"区域:可以将单元格中的数据从−90°到 90°之间旋转。

2. 字体的设置

为了使表格内容更加醒目,可以对一张工作表的各部分内容字体进行不同的设置。如图 5-2 中,"成绩分析表""姓名"等单元格的字体就根据内容进行了不同的设置。在"设置单元格格式"对话框中选择"字体"选项卡,可以对字体、字形、字号、下画线、颜色、特殊效果等进行设置。

3. 边框的设置

在 Excel 中默认显示的网格线是不能被打印出来的,用户需要自己给表格设置打印时所需的边框,如图 5-1 所示的网格线,是不能被打印出来的。在"设置单元格格式"对话框中选择"边框"选项卡,可以对边框的线型、内部边框、外部边框和颜色等进行设置。图 5-2 是对图 5-1 设置了边框以后的效果。

4. 底纹的设置

为了使表格的各部分更加美观,便于浏览,Excel 2016 提供了对表格的不同部分设置底纹图案或背景颜色的功能。在"设置单元格格式"对话框中选择"填充"选项卡,可以设置当前选定单元格区域的底纹颜色、图案等。

5. 表格行高和列宽的设置

新建的工作表使用默认的行高和列宽,所有行高和列宽均相等,用户可以根据需要对行高和列宽进行调整。

(1) 使用鼠标调整:将鼠标光标移动到要调整宽度的列标右侧的边线上,当鼠标光标的形状变为左右双向箭头时,单击,在水平方向上拖动鼠标调整列宽。行高的调整方式类似,用鼠标拖动要调整的行号下面的边线即可。

(2) 使用菜单调整:选定要调整的行或列中的任意单元格,单击"开始"选项卡下的"格式"按钮,在弹出的下拉菜单中选择"行高"或"列宽",也可以选择"自动调整",让 Excel 根据内容自动调整。当选择"行高"或"列宽"时,需在弹出的对话框中输入具体数字,单位是"磅"。

6. 条件格式的设置

Excel 2016 提供了根据条件设置格式的功能,可以设置符合条件的数据格式,而不符合条件的数据格式不发生改变。例如图 5-2 中,如果想对每门课不及格的学生成绩进行设置,就可以使用这种方法,步骤如下。

首先选中 E3:G14 单元格区域,单击"开始"选项卡下"样式"组中的"条件格式"按钮,弹出"条件格式"下拉菜单,如图 5-19 所示,单击"突出显示单元格规则"下拉菜单中的"小于"选项,弹出"小于"对话框,如图 5-20 所示,在"为小于以下值的单元格设置格式:"文本框中输入"60",在"设置为"下拉列表框中选择相应的格式,单击"确定"按钮。英语、微积分、计算机三门课程小于 60 分的成绩将变为浅红填充色深红色文本。

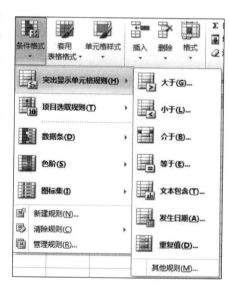

图 5-19 "条件格式"下拉菜单

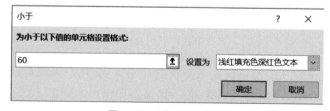

图 5-20 "小于"对话框

在"条件格式"下拉菜单中可以选择"项目选取规则",在下拉列表中选择"值最大的

10 项""值最小的 10 项""高于平均值""低于平均值"等设置单元格格式。

还可以通过对"数据条""色阶""图标集"的设置为数据应用条件格式,只需快速浏览即可立即识别一系列数值中存在的差异。

如果已有的条件格式不能满足需求,也可以通过"新建规则"自定义规则。

7. 套用表格格式和样式

1) 自动套用格式

自动套用格式是指 Excel 2016 内置的表格方案,在方案中已经对表格中的各组成部分定义了特定的格式,用户可以直接使用它们快速设置,方法如下。

(1) 选择要使用自动套用格式的单元格区域。例如在图 5-1 中选择 A1:I17 区域。

(2) 单击"开始"菜单中的"套用表格格式"选项,如图 5-21 所示,在弹出的下拉菜单中选择一种格式。出现"套用表格格式"对话框,单击"确定"按钮,所选单元格区域就套用了所选择的格式。

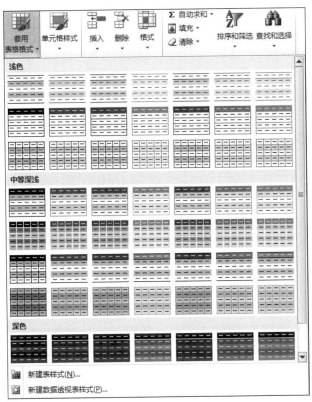

图 5-21 套用表格格式

若 Excel 自带的格式不能满足需求,用户可以选择"套用表格格式"按钮,在弹出的下拉菜单中"新建表样式",自定义套用格式。

2) 样式

样式是保存多种已定义格式的集合,Excel 自带许多已定义样式,应用样式的操作步骤如下。

(1) 选择要使用样式的单元格区域。

(2) 单击"开始"菜单中的"单元格样式"选项,在下拉菜单中选择所需的样式即可。

用户也可以根据需要自定义样式,在"单元格样式"下拉菜单中选择"新建单元格样式",在弹出的对话框进行设置即可。

5.4 公式和函数

函数和公式是 Excel 的核心。在单元格输入公式或函数时,Excel 2016 会立即显示计算的结果;如果公式或函数中引用的单元格数据发生改变,Excel 2016 会自动更新计算的结果。利用公式和函数可以完成求和、平均、汇总等运算,充分发挥电子表格的作用。

5.4.1 单元格引用和区域引用

引用是对工作表中的一个或一组单元格进行标识,它可以告诉 Excel 公式和函数使用了哪些单元格的值。通过引用可以在一个公式或函数中使用工作表中不同部分的数据,可以引用工作簿中不同工作表的数据,还可以对其他工作簿或其他应用程序中的数据进行引用。

1. 单元格引用

单元格引用有 3 种方式:相对引用、绝对引用和混合引用。

(1) 相对引用:用列标和行号表示单元格,它仅指出引用的相对位置。当把一个含有相对引用的公式或函数复制到其他单元格位置时,公式或函数中的单元格地址也发生了相应的改变。

【例 5-1】 如图 5-1 所示,在 I3、I4 单元格分别计算学生祝宝珍、蔡英超的总成绩。

操作步骤如下。

① 选中 I3 单元格,输入公式"=E3+F3+G3",按 Enter 键确定输入,在 I3 单元格可以看到计算出的总成绩是 276,而编辑栏显示的仍然是计算公式"=E3+F3+G3"。

② 复制 I3 单元格,将它粘贴到 I4 单元格,会看到 I4 单元格内的数据与 I3 不同,它显示的是学生蔡英超的总成绩,而编辑栏显示的是公式"=E4+F4+G4"。公式中的单元格随目标单元格位置的改变而发生了相应的改变,如图 5-22 所示。

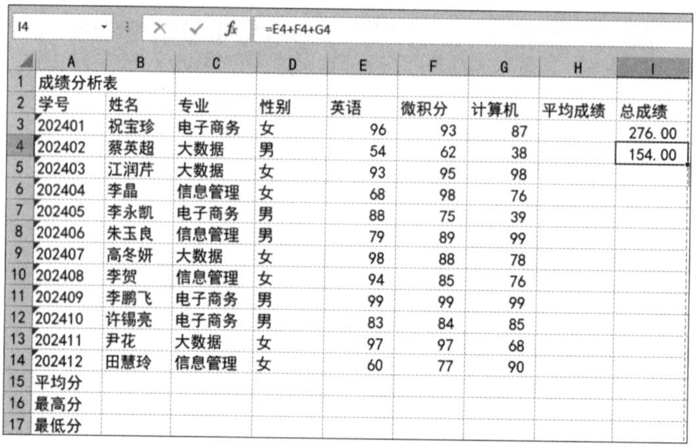
I4 =E4+F4+G4

	A	B	C	D	E	F	G	H	I
1	成绩分析表								
2	学号	姓名	专业	性别	英语	微积分	计算机	平均成绩	总成绩
3	202401	祝宝珍	电子商务	女	96	93	87		276.00
4	202402	蔡英超	大数据	男	54	62	38		154.00
5	202403	江润芹	大数据	女	93	95	98		
6	202404	李晶	信息管理	女	68	98	76		
7	202405	李永凯	电子商务	男	88	75	39		
8	202406	朱玉良	信息管理	男	79	89	99		
9	202407	高冬妍	大数据	女	98	88	78		
10	202408	李贺	信息管理	女	94	85	76		
11	202409	李鹏飞	电子商务	男	99	99	99		
12	202410	许锡亮	电子商务	男	83	84	85		
13	202411	尹花	大数据	女	97	97	68		
14	202412	田慧玲	信息管理	女	60	77	90		
15	平均分								
16	最高分								
17	最低分								

图 5-22 相对引用

（2）绝对引用：在行号和列标前分别加上“＄”，它指出的是引用的绝对位置，绝对引用的单元格地址不会发生改变。

假设上例中在 I3 单元格输入的是“＝＄E＄3＋＄F＄3＋＄G＄3”，就是单元格的绝对引用，确定输入后 I3 单元格显示的值与上例一样都是 276。复制 I3 到 I4，I4 单元格显示的计算结果仍然是 276，编辑栏显示的仍然是“＝＄E＄3＋＄F＄3＋＄G＄3”。绝对引用的单元格地址没有发生改变，如图 5-23 所示。

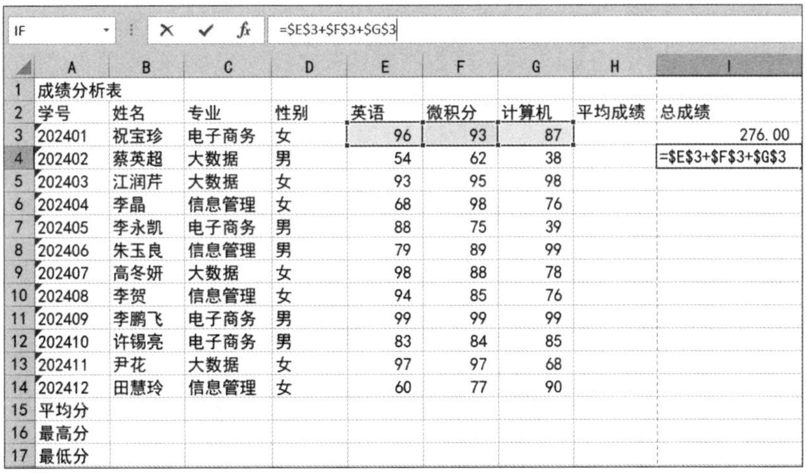
IF　=$E$3+$F$3+$G$3

	A	B	C	D	E	F	G	H	I
1	成绩分析表								
2	学号	姓名	专业	性别	英语	微积分	计算机	平均成绩	总成绩
3	202401	祝宝珍	电子商务	女	96	93	87		276.00
4	202402	蔡英超	大数据	男	54	62	38		=$E$3+$F$3+$G$3
5	202403	江润芹	大数据	女	93	95	98		
6	202404	李晶	信息管理	女	68	98	76		
7	202405	李永凯	电子商务	男	88	75	39		
8	202406	朱玉良	信息管理	男	79	89	99		
9	202407	高冬妍	大数据	女	98	88	78		
10	202408	李贺	信息管理	女	94	85	76		
11	202409	李鹏飞	电子商务	男	99	99	99		
12	202410	许锡亮	电子商务	男	83	84	85		
13	202411	尹花	大数据	女	97	97	68		
14	202412	田慧玲	信息管理	女	60	77	90		
15	平均分								
16	最高分								
17	最低分								

图 5-23　绝对引用

（3）混合引用：在行列的引用中，一个相对引用，另一个绝对引用，如＄E3 或 E＄3。混合引用的单元格复制时，相对引用的部分随公式或函数位置的变化而变化，绝对引用的部分不发生改变。

上述例子中，单元格的引用都在同一工作表中，除此之外，单元格的引用也可以在同一工作簿的不同工作表中，甚至可以在不同工作簿中。在不同工作簿中引用单元格格式如下。

```
[工作簿名称]工作表名称!单元格引用
```

其中，“[]”表示可省略，引用时不输入。

例如，“＝工作簿 2Sheet1！ A1”指的是“工作簿 2.xlsx”文件中的“Sheet1”工作表中的“A1”单元格。

若在同一工作簿中引用，则可以省略“[工作簿名称]”，只输入“Sheet1！ A1”即可。

若在同一工作簿的同一工作表中引用，则可以省略“[工作簿名称]工作表名称!”，只输入“A1”即可。

2. 区域引用

公式或函数中经常用到对区域内多个单元格的引用，例如，A3:G5 代表从左上角 A3 单元格到右下角 G5 单元格这个矩形区域，如图 5-24 中黑色框部分。A3:G5，H1:H5，I2 代表 A3:G5 和 H1:H5 两个矩形区域内所有单元格以及 I2 单元格，如图 5-24 中阴影部分。

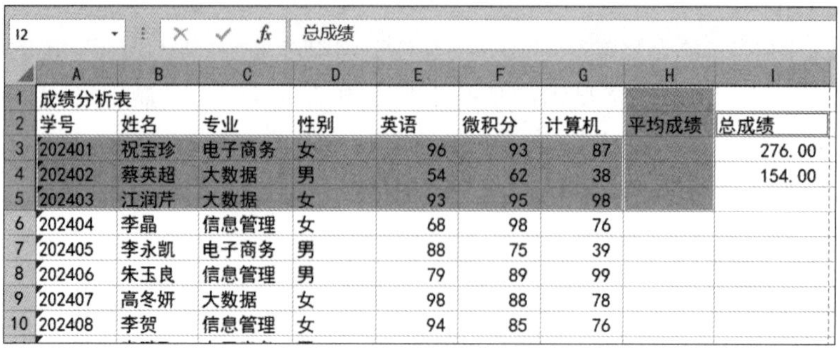
I2 总成绩

	A	B	C	D	E	F	G	H	I
1	成绩分析表								
2	学号	姓名	专业	性别	英语	微积分	计算机	平均成绩	总成绩
3	202401	祝宝珍	电子商务	女	96	93	87		276.00
4	202402	蔡英超	大数据	男	54	62	38		154.00
5	202403	江润芹	大数据	女	93	95	98		
6	202404	李晶	信息管理	女	68	98	76		
7	202405	李永凯	电子商务	男	88	75	39		
8	202406	朱玉良	信息管理	男	79	89	99		
9	202407	高冬妍	大数据	女	98	88	78		
10	202408	李贺	信息管理	女	94	85	76		

图 5-24 区域引用

区域引用也可以使用单元格引用的3种方式。

5.4.2 公式

公式是由常量、运算符、单元格引用、区域引用、函数等构成的等式。

1. 运算符

(1) 算术运算符：用于完成数学运算，运算结果为数值型数据。

(2) 文本运算符：用于连接两个字符串，运算结果为字符型数据。例如，表达式“山东财经大学”&“东方学院”的运算结果为字符串“山东财经大学东方学院”。

(3) 比较运算符：用于比较数据的大小，运算结果为逻辑型数据。参与比较的数据类型必须一致。比较运算应遵循以下规则。

① 数值型数据按数值大小比较。

② 字符型数据按照字符的ASCII码值进行比较，中文字符按照拼音进行比较。

③ 逻辑值数据FALSE小于TRUE。

④ 日期型、日期时间型数据时间早的数据小于时间晚的数据。

Excel中的各运算符及运算优先级如表5-1、表5-2所示。

表 5-1 Excel 中的运算符

类　型	运　算　符	含　义
算术运算符	+、-、*、/、^、%	加、减、乘、除、乘方、取余数
文本运算符	&	字符串连接
比较运算符	=、>、>=、<、<=、<>	等于、大于、大于或等于、小于、小于或等于、不等于

2. 公式的输入

在Excel中输入公式，必须以“=”开头，可以在编辑栏也可以在单元格中直接输入公式，确认输入后，编辑栏中显示的是原始公式，而单元格中显示公式计算的结果。

例5-1中，在I3中输入的“=E3+F3+G3”就是一个公式。

5.4.3 函数

Excel 为用户提供了大量的函数,可以进行数学、文本、逻辑、查找信息等计算,使用函数可以方便数据的录入,提高计算的效率。Excel 2016 除了自带内置函数外,还允许用户自定义函数。函数的格式如下。

函数名(参数 1,参数 2,…)

使用函数有 2 种方法,直接输入或者通过选项卡选取,操作方法如下。

1. 输入函数

(1) 输入内容。

在单元格中,输入等于"=",然后输入一个字母(如"a"),可以查看可用函数列表。

使用向下键向下滚动浏览该列表。

在滚动浏览列表时,将看到每个函数的屏幕提示。例如,ABS 函数的屏幕提示是"返回数值的绝对值,即不带符号的数值"。

用户也可以不通过函数列标选取,直接输入函数。

(2) 选择函数并填写参数。

在列表中,双击要使用的函数。Excel 将在单元格中输入函数名称,后面紧跟一个左括号。例如"=SUM("。

在左括号后面输入一个或多个参数。Excel 将提示应该输入何种类型的信息作为参数。有时是数字,有时是文本,有时是对其他单元格的引用。

例如,ABS 函数要求使用数字作为参数。UPPER 函数(可将小写文本转换为大写文本)要求使用文本字符串作为参数。PI 函数不需要任何参数,因为它只返回 pi(3.14159…)值。

注意:

① 输入公式或函数都应以"="开头。

② 公式或函数中引用单元格或单元格区域时,可以输入,也可以用鼠标拖动直接选定。

2. 通过选项卡选取函数

单击"公式"选项卡中的"插入函数"按钮,在弹出的"插入函数"对话框进行相应的选择和设置。

【例 5-2】 在图 5-1 所示的成绩分析表中,完成以下操作。

(1) 利用公式和函数将学生祝宝珍的平均成绩填充在 H3 单元格。

(2) 计算祝宝珍同学的平均分等级,填充在 J3 单元格。等级标准为:平均分在 60 分以下,则等级为"不合格";大于或等于 60 分,则等级为"合格"。

操作步骤如下。

(1) 选定 H3 单元格,在编辑栏中输入"=a",双击选择 AVERAGE,用鼠标拖动选择 E3:G3 区域,按 Enter 键确定输入。

表 5-2 运算优先级

运算符 (优先级由高到低)
-(负号)
%
^
*、/
+、-
&
>、>=、<、<=、<>

(2) 选定 J3 单元格,单击"公式"选项卡中的"插入函数"按钮,在弹出的"插入函数"对话框"或选择类别"下拉列表中选择"常用函数","选择函数"列表框可以选择"IF",如图 5-25 所示。

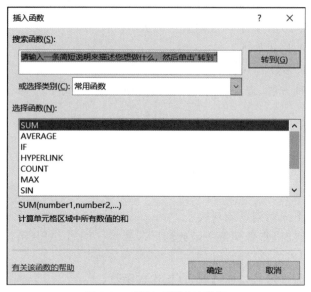

图 5-25 "插入函数"对话框

(3) 选择完成后确定输入,弹出"函数参数"对话框。如图 5-26 所示,填入相应参数。

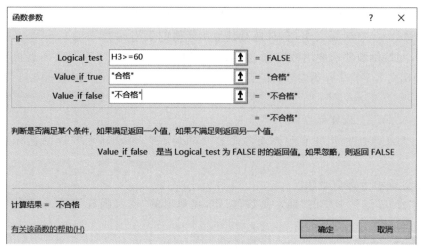

图 5-26 "函数参数"对话框

(4) 确定输入后,J3 单元格显示成绩等级为"合格",而编辑框显示的是"=IF(H3>=60,"合格","不合格")",如图 5-27 所示。也可以在 J3 单元格将该公式直接输入。

例 5-2 中的两个小题,分别使用了输入函数的 2 种方法。其中第(2)题使用了 IF 函数,IF 函数的详细介绍参考 5.4.4 节 Excel 的常用函数。

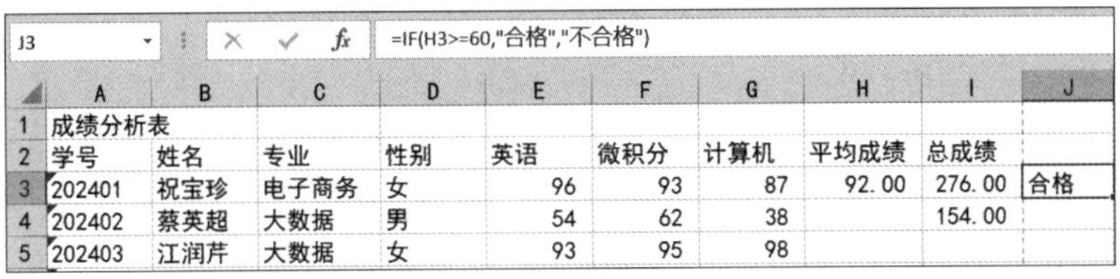
J3 =IF(H3>=60,"合格","不合格")

	A	B	C	D	E	F	G	H	I	J
1	成绩分析表									
2	学号	姓名	专业	性别	英语	微积分	计算机	平均成绩	总成绩	
3	202401	祝宝珍	电子商务	女	96	93	87	92.00	276.00	合格
4	202402	蔡英超	大数据	男	54	62	38		154.00	
5	202403	江润芹	大数据	女	93	95	98			

图 5-27　例 5-2 的结果

注意：

使用公式或函数输入数据的单元格，可以复制到其他位置，复制后相对引用的单元格地址会发生改变；也可以使用自动填充。

例如，图 5-27 中 J3 单元格已经计算出了成绩等级，可以使用填充柄向下拖动鼠标到 J14 单元格，表中所有学生的成绩等级就都计算出来了。

采用同样的方法可以计算所有学生的平均成绩和总成绩。

5.4.4　Excel 常用函数

1. 数学函数

(1) 绝对值函数 ABS。

格式：ABS(number)

功能：返回参数 number 的绝对值。

例如：ABS(−7)的返回值为 7；ABS(7)的返回值为 7。

(2) 取整函数 INT。

格式：INT(number)

功能：取一个不大于参数 number 的最大整数。

例如：INT(8.9)，INT(−8.9)其结果分别是 8，−9。

(3) 圆周率函数 PI。

格式：PI()

功能：返回圆周率 π 的值。

说明：此函数不需要参数，但函数名后的括号不能少。

(4) 四舍五入函数 Round。

格式：Round(number，n)

功能：根据指定位数，将数字四舍五入。

说明：其中 n 为整数，函数按指定 n 位数，将 number 进行四舍五入。

当 n>0 时，数字将被四舍五入到所指定的小数位数。

当 n=0 时，数字将被四舍五入成整数。

当 n<0 时，数字将被四舍五入到小数点左边的指定位数。

例如：Round(21.45，1)、Round(21.45，0)、Round(21.45，−1)其结果分别是 21.5，21，20。

(5) 求余函数 MOD。

格式：MOD(number,divisor)

功能：返回两数相除的余数。结果的正负号与除数相同。

说明：Number 为被除数，Divisor 为除数。

例如：MOD(3,2)等于 1，MOD(-3,2)等于 1，MOD(3,-2)等于-1，MOD(-3,-2)等于-1。

(6) 随机函数 RAND。

格式：RAND()

功能：返回一个位于[0,1)区间内的随机数。

说明：此函数不需要参数，但函数名后的括号不能少。产生[a,b]内的随机整数公式：int(rand(*(b-a+1))+a。

(7) 平方根函数 SQRT。

格式：SQRT(number)

功能：返回给定正数的平方根。

例如：SQRT(9)等于 3。

(8) 求和函数 SUM。

格式：SUM(number1,number2,…)

功能：返回参数表中所有参数之和。

说明：number1,number2,…是 1～30 个需要求和的参数。若在参数中直接输入数值、逻辑值或文本型数字，则逻辑真值和假值将转换为数值 1 和 0，文本型数字将转换成对应的数值型数字参加运算。若引用的单元格中出现空白单元格、逻辑值文本型数字，则该参数将被忽略。

(9) 条件求和函数 SUMIF。

格式：SUMIF(range,criteria,sum_range)

功能：根据指定条件对若干单元格求和。

说明：

range：用于条件判断的单元格区域。

criteria：进行累加的单元格应满足的条件，其形式可以为数字、表达式或文本。

例如：条件可以表示为 5、"6" "<60" "教授"。

sum_range：求和的实际单元格。如果省略 sum_range，则直接对 range 中的单元格求和。

例如：A1:A4 单元区域中分别存放 4 个职工的月收入，分别为：2000、2500、3000 和 5000。

B1:B4 单元区域中的内容为：教授、讲师、教授、副教授。

则 SUMIF(B1:B4,"教授",A1:A4)的值为 5000，表示求 B1:B4 单元格中职称为教授人员对应于 A1:A4 单元格中月收入的和。

2. 统计函数

(1) 求平均值函数 AVERAGE。

格式：AVERAGE(number1,number2,…)

功能：求参数的平均值。

说明：最多可以有 30 个参数，参数可以是数值、区域或区域名。若引用参数中包含文字、逻辑值或空单元格，则将忽略这些参数。

例如：A1:A5 区域中的数值分别为 1,2,3,4,5，则 AVERAGE(A1:A5) 为 3。

(2) COUNT 函数。

格式：COUNT(value1,value2,…)

功能：计算所列参数(最多 30 个)中数值型数据的个数。

说明：函数计数时，会把直接作为参数输入的数字、文本型数字、空值、逻辑值、日期计算进去；但对于错误值或无法转化成数据的内容则会被忽略。如果参数是数组或引用，那么只统计数组或引用中的数字，数组或引用中的空白单元格、逻辑值、文本型数字也将被忽略。

这里的"空值"是指函数的参数中有一个"空参数"，和工作表单元格的"空白单元格"是不同的。

例如：COUNT(0,1,FALSE,"5","three" 4,6.6670,8,#div/0!) 中就有一个空值计数时也计算在内，该函数的值为 8；而 COUNT(A1:D4) 是计算区域 A1:D4 中非空白的数字单元格的个数。

注意，空白单元格不计算在内。

(3) COUNTA 函数。

格式：COUNTA(value1,value2,…)

功能：计算所列参数(最多 30 个)中数据项的个数。

说明：这里，"数据"是一个广义的概念，可以包含任何类型的数据。但如果参数是单元格引用，则引用中的空白单元格将被忽略。

例如：COUNTA(5,TRUE, ,"", "ABC") 的计算结果为 5。

(4) 条件计数函数 COUNTIF。

格式：COUNTIF (range, criteria)

功能：计算给定区域内满足特定条件的单元格数目。

说明：

range：希望计算的满足特定条件的非空单元格目的区域。

criteria：需计数单元格应满足的条件，其形式可以为数字、表达式或文本。

例如：设 A1:A4 中的内容分别是 red、green、red 和 black，则 COUNTIF(A1:A4,"red") 为 2；若 B1:B4 中的内容分别为 25、35、40 和 60，则 COUNTIF(B1:B4,">=40") 为 2。

(5) 最大值函数 MAX。

格式：MAX(number1,number2,…)

功能：求参数表(最多 30 个)中的最大值。

说明：参数可以是数值、空白单元格、逻辑值或数字的文本表达式等。错误值或不能转化为数值的文字作为参数时，会引起错误。若参数中不含数字，则返回 0。

例如：MAX(78,"98",TRUE,66) 的计算结果为 98。

(6) 最小值函数 MIN。

格式：MIN(number1,number2,…)

功能：求参数表(最多 30 个)中的最小值。

说明：参数说明与最大值函数 MAX 相同。

3．文本函数

(1) LOWER 函数。

格式：LOWER(text)

功能：将一个字符串中的所有大写字母转换为小写字母。

说明：text 是要转换为小写形式的字符串。函数 LOWER 不改变字符串中的非字母的字符。

例如：LOWER("Apt. 2B")等于"apt. 2b"。

(2) UPPER 函数。

格式：UPPER(text)

功能：将一个字符串中的所有小写字母转换为大写字母。

说明：text 是要转换为大写形式的字符串。函数 UPPER 不改变字符串中的非字母的字符。

例如：UPPER("total")等于"TOTAL"。

(3) LEFT 函数。

格式：LEFT(text,num_chars)

功能：在字符串 text 中从左边第一个字符开始截取 num_chars 个字符。

说明：参数 num_chars 为截取的字符串的长度,必须大于或等于零。

如果 num_chars 大于 text 的总长度,则返回 text 全部内容。如果省略 num_chars,则视为 1。

例如：LEFT("计算机应用基础",5)为"计算机应用",LEFT("abcd")为"a"。

(4) RIGHT 函数。

格式：RIGHT(text,num_chars)

功能：在字符串 text 中从右边第一个字符开始截取 num_chars 个字符。

说明：参数说明同 LEFT 函数。

例如：RIGHT("Merry,Christmas",9)为"Christmas",RIGHT("abcd")为"d"。

(5) MID 函数。

格式：MID(text,start_num,num_chars)

功能：从字符串 text 的第 start_num 个字符开始截取 num_chars 个字符。

说明：start_num 是截取字符串的起始位置。如果 start_num 大于字符串的长度,则函数 mid 返回" "(空字符串);如果 start_num 小于字符串的长度,但 start_num 与 num_chars 的和超过字符串长度,则函数 mid 返回从 start_num 到字符串结束的所有字符;如果 start_num 小于 1,则函数 Mid 将返回错误值♯VALUE!。

例如：MID("peking university",1,6)为"peking"。

(6) LEN 函数。

格式：LEN(text)

功能：返回字符串 text 中字符的个数。

例如：len("university")为 10。

4. 日期与时间函数

(1) DATE 函数。

格式：DATE(year,month,day)

功能：返回指定日期的序列数，所谓序列数是从 1900 年 1 月 1 日到所输入日期之间的总天数。

说明：year 代表年份，是介于 1900～9999 的一个数字。

month 代表月份，如果输入的月份大于 12，将从指定年份的一月份开始往上加算。

day 代表该月份中第几天，如果 day 大于该月份的最大天数，将从指定月份的第一天开始往上加算。

例如：DATE(2024,5,1)为 45413，返回代表 2024 年 5 月 1 日的序列数。

(2) YEAR 函数。

格式：YEAR(serial_number)

功能：返回与序列数 serial_number 相对应的年份数。

例如：YEAR(45413)为 2024。

(3) MONTH 函数。

格式：MONTH(serial_number)

功能：返回序列数 serial_number 相对应的月份数。

例如：MONTH(45413)为 5。

(4) DAY 函数。

格式：DAY(serial_number)

功能：返回序列数 serial_number 相对应的天数。

例如：DAY(45413)为 1。

(5) TODAY 函数。

格式：TODAY()

功能：返回计算机系统内部时钟现在日期的序列数。

例如：TODAY()为 45413，表示计算机系统当前日期是 2024 年 5 月 1 日。

(6) TIME 函数。

格式：TIME(hour,minute,second)

功能：返回指定时间的序列数。

说明：该序列数是一个介于 0～0.999999999 的十进制小数，对应着自 0:00:00(12:00:00 AM)到 23:59:59(11:59:59 PM)的时间。

其中，hour 介于 0～23，代表小时；minute 介于 0～59，代表分钟；second 介于 0～59，代表秒。

例如：TIME(12,0,0)为 0.5，对应 12:00:00 PM；TIME(17,58,10)为 0.748726852，

对应 5:58:10 PM。

(7) NOW 函数。

格式：NOW()

功能：返回计算机系统内部时钟的现在日期和时间的序列数。

说明：该序列数是一个大于 1 的带小数的正数，其中整数部分代表当前日期，小数部分代表当前时间。

例如：NOW() 为 39523.486866667，表示 2008 年 3 月 16 日 11:52 AM。

5. 数据库统计函数

数据库统计函数的格式为：函数名(database,field,criteria)。其中 database 是包含字段的数据库区域；field 指定函数所要统计的数据列，可以是带引号的字段名，如"级别"，也可以是字段名所在单元格地址，还可以是代表数据库中数据列位置的序号，如 1 表示第一列，2 表示第二列等；criteria 为一组包含给定条件的单元格区域，即条件区域。条件区域的写法同高级筛选。

常用的数据库统计函数有如下几个。

DAVERAGE(database,field,criteria)：对数据库中满足条件记录的指定字段求平均值。

DSUM(database,field,criteria)：对数据库中满足条件记录的指定字段求和。

DMAX(database,field,criteria)：对数据库中满足条件记录的指定字段求最大值。

DMIN(database,field,criteria)：对数据库中满足条件记录的指定字段求最小值。

DCOUNT(database,field,criteria)：计算指定数据库中符合条件且包含有数字的单元格数。

DCOUNTA(database,field,criteria)：返回数据库中满足给定条件的非空单元格数目。

6. 其他函数

(1) 频率分析函数 FREQUENCY。

格式：FREQUENCY(range1,range2)

功能：将区域 range1 中的数据按垂直区域 range2(分段点)进行频率分布的统计，统计结果放在 range2 右边列的对应位置。

说明：输入公式前要选定显示结果的区域，返回数组中的元素个数比 range2 中的元素数目多一个，输入公式完毕要按快捷键 Ctrl+Shift+Enter，不能按 Enter 键。

(2) 排名函数 RANK。

格式：RANK(number,range,rank-way)

功能：返回单元格 number 在一个垂直区域 range 中的排位名次，rank-way 是排位的方式。

rank-way 为 0 或省略，按降序排列(值最大的为第 1 名)。

rank-way 不为 0 则按升序排列(值最小的为第 1 名)。

说明：RANK 函数对相同数的排位相同。但相同数的存在将影响后续数值的排位。

5.5 数据图表

图表是 Excel 最常用的对象之一,它是根据选定的工作表单元格区域(称为数据源)内的数据按照一定的数据系列而生成的,用图形表示工作表数据的方法。图表能够更形象地反映出数据的关系及趋势,当数据源数据发生变化时,图表中对应的数据也对应发生改变。使用图表可以使数据更加直观,一目了然。

Excel 2016 提供了强大的图表功能,有柱形图、条形图、折线图、饼图等,可以方便用户根据需要进行选择。例如,公司主管要了解某商品每月的销售情况,他不但要了解每月销售的具体数据,更要关心每月数据的变化,用折线图就能满足他的需求。而如果他想了解每种产品营业额占所有商品销售营业额的百分比,就应该选择饼图,更能体现部分与整体之间的关系。

了解 Excel 常用的图表及其用途,正确选择图表,可以使数据更加清晰。

柱形图:用于一个或多个数据系列中的数据之间的比较。

条形图:实际上是横向的柱形图。

折线图:反映数据的变化趋势,在某一时间段内数据的相关值。

饼图:反映部分与整体直接的相对大小关系。

XY 散点图:一般用于科学计算。

面积图:显示某一个时间段内的累积变化。

圆环图:显示部分与整体之间的关系,每个环代表一个数据系列。

曲面图:类似于拓扑图形,曲面图中的颜色和图案用来指示同一取值范围内的区域。

5.5.1 图表结构

Excel 的图表按照所在位置可以分为以下两种。

嵌入式图表:与数据源在同一个数据表中。

独立式图表:以一张独立的工作表的形式存在,默认名称为 Chart1。

图 5-28 是在 5.1 节出现过的信息管理系学生成绩柱状图,我们通过它来了解图表的基本组成。

图表的主要组成部分及其作用如下。

图表区:整个图表及其包含的元素。

图表标题:图表的文本标题,它自动与坐标轴对齐或在图表顶端居中,也可以省略不写。

坐标轴:为图表提供计量和比较的参考线,一般包括 X 轴、Y 轴。

网格线:绘图区的线条,用于配合坐标轴的刻度显示数据。

图例:用于标示图表中数据系列的颜色。

背景墙:数据系列后面的区域,用于显示维度和边角尺寸。

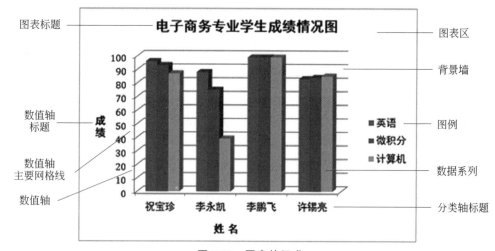

图 5-28　图表的组成

5.5.2　创建图表

下面通过例 5-3 来学习如何创建图表。

【例 5-3】　以图 5-1 数据为基础建立图 5-3 所示的图表，操作步骤如下。

(1) 在"插入"选项卡找到中间文字的"图表"组，单击"柱形图"按钮，在弹出的下拉菜单中选择"三维柱形图"，如图 5-29 所示。也可以单击"推荐的图表"按钮，在弹出的"插入图表"对话框中选择。选择完成后，工作区中出现了一个图表，它并不符合我们的目标，需要进行设置。

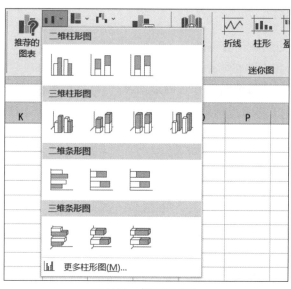

图 5-29　柱形图菜单

(2) 标题栏出现了"图表工具"选项卡，单击"选择数据"按钮，如图 5-30 所示，弹出

"选择数据源"对话框,如图 5-31 所示。单击"图表数据区域"最右侧的"选择数据"按钮,"选择数据源"对话框折叠起来,鼠标光标变成空心十字,配合 Ctrl 键选择信息管理系 4 名学生的姓名、英语、微积分、计算机成绩。选区如图 5-32 所示。选择完成后再次单击"选择数据"按钮,展开"选择数据源"对话框。

图 5-30 "图表工具"选项卡

(3) 单击"切换行/列"按钮,姓名出现在"水平轴标签"栏,"图例项"栏出现"系列 1""系列 2""系列 3",单击"系列 1",单击"编辑"按钮,在"编辑数据系列"对话框中的"系列名称框"输入"E2"。确定后,将"系列 1"改为"英语"。用上述方法将"系列 2""系列 3"改为"微积分""计算机",如图 5-31 所示。

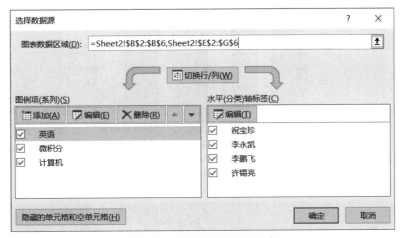

图 5-31 "选择数据源"对话框

(4) 确定后的图表如图 5-33 所示。与目标图表相比还缺少标题等组成部分。单击"图表工具"选项卡下的"图表设计"选项卡,单击"添加图表元素"按钮,在下拉列表中选择"图表上方",在图标区输入图表标题,如图 5-34 所示。添加坐标轴标题、修改图例的方法与此类似。

(5) 创建的图表是嵌入式图表,出现在当前工作表 Sheet1 中,嵌入式图表可以转换为独立式图表,单击"图表工具"选项卡下的"图表设计"选项卡,单击最右侧的"移动图表",在弹出的"移动图表"对话框中选择"新工作表",确定即可。

5.5.3 图表的格式化与编辑

图表的格式化与编辑是指按用户的要求对图表内容、图表格式、图表布局和外观进行编辑和设置的操作,使图表的显示效果满足用户的需求。

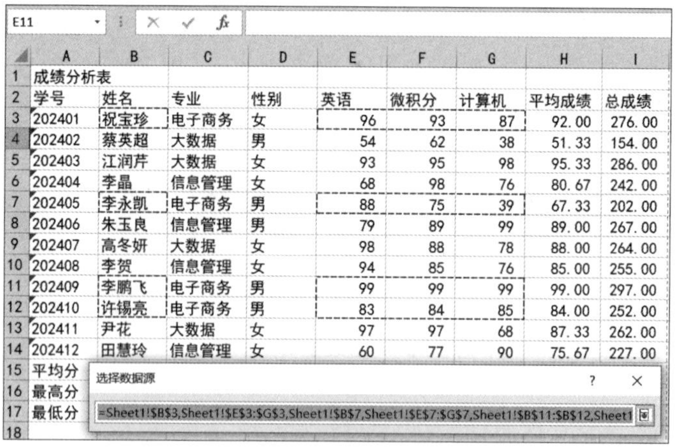

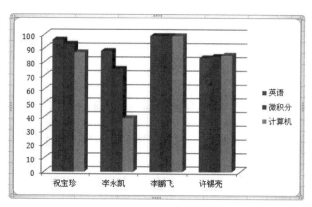

图 5-32　选区

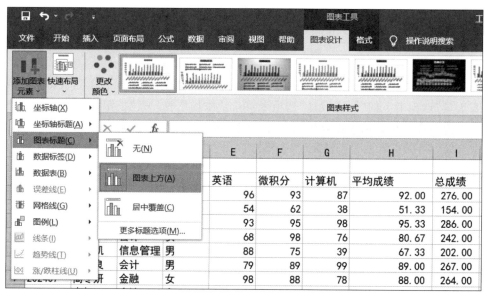

图 5-33　图表

图 5-34　"图表设计"选项卡

1. 格式化图表

要对图表进行格式化,必须从工作表切换到图表。嵌入式图表只需单击图表任意位置;独立式图表则需单击工作表标签切换到图表。格式化图表有以下两种方法。

(1) 单击"图表工具"选项卡下的"格式"选项卡,单击格式面板最左侧的下拉列表,可以选择图表区域,如图 5-35 所示。选择不同的区域,格式面板会发生相应的变化。用户可以通过格式面板将对应区域的格式进行设置。

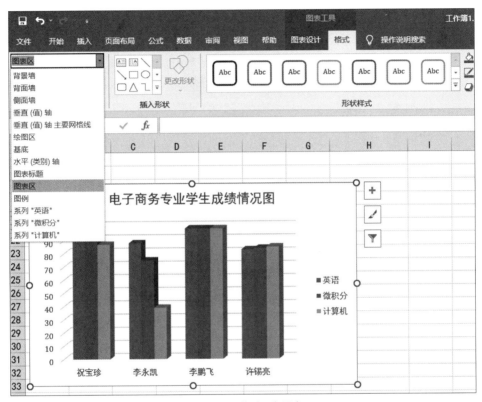

图 5-35 "格式"选项卡

(2) 想要编辑图表的哪一部分,就在图表上双击它,界面右侧会弹出对应的格式对话框,例如双击图例,弹出"设置图例格式"对话框,如图 5-36 所示。

图表的格式化包括如下。

对图表文字的格式化、坐标轴刻度的格式化、改变数据标志的颜色、网格线的设置、图表格式、自动套用等。

对图表中的图例进行添加、修改、删除和移动。

对图表中的数据系列或数据点进行添加和删除。

2. 编辑图表

编辑图表可以修改图表标题、为图表添加数据标志、删除图表文字等。

在图表的任意位置右击,在弹出的快捷菜单有"更改图表类型""另存为模板""选择数据"等 5 个选项,可以对图表进行调整和设置。也可以单击"图表工具"选项卡对应的按钮

图 5-36 "设置图例格式"对话框

进行设置。

当数据源的数据发生改变时,图表的内容也发生相应的改变。例如,例 5-3 中,学生祝宝珍的英语成绩为 96,在原数据表中将其改为 66,则确认输入后,图表中表示祝宝珍英语成绩的系列将自动变短。

5.6 数据管理

Excel 2016 不但具有数据计算和处理的能力,还有强大的数据管理的能力。可以通过数据清单对数据进行排序、筛选、分类和汇总等操作。

5.6.1 数据清单

1. 数据清单的概念

数据清单是位于工作表中的有组织的信息集合,是可以精确的存储数据的一个矩形区域。数据清单也可以看作数据库表格。

如图 5-37 所示,A2:I14 区域就是一个数据清单。

2. 创建数据清单应遵循的规则

(1) 数据清单的第一行必须为字符型数据,作为相应的列的标题。其他每一行的数

	A	B	C	D	E	F	G	H	I
1	成绩分析表								
2	学号	姓名	专业	性别	英语	微积分	计算机	平均成绩	总成绩
3	202401	祝宝珍	电子商务	女	96	93	87	92.00	276.00
4	202402	蔡英超	大数据	男	54	62	38	51.33	154.00
5	202403	江润芹	大数据	女	93	95	98	95.33	286.00
6	202404	李晶	信息管理	女	68	98	76	80.67	242.00
7	202405	李永凯	电子商务	男	88	75	39	67.33	202.00
8	202406	朱玉良	信息管理	男	79	89	99	89.00	267.00
9	202407	高冬妍	大数据	女	98	88	78	88.00	264.00
10	202408	李贺	信息管理	女	94	85	76	85.00	255.00
11	202409	李鹏飞	电子商务	男	99	99	99	99.00	297.00
12	202410	许锡亮	电子商务	男	83	84	85	84.00	252.00
13	202411	尹花	大数据	女	97	97	68	87.33	262.00
14	202412	田慧玲	信息管理	女	60	77	90	75.67	227.00
15	平均分								
16	最高分								
17	最低分								

图 5-37　数据清单

据构成一条记录。

（2）数据清单的每一列必须包含相同类型的数据。

（3）不允许出现空行和空列，也不允许有完全相同的两行。

3. 使用数据清单编辑数据

数据清单中的数据除了可以用工作表编辑外，还可以使用数据记录单来编辑。选中图 5-37 中的 A2:I14 区域，单击标题栏上的"自定义快速访问工具栏"按钮，如图 5-38 所示，在弹出的下拉菜单中选择"其他命令"，弹出"Excel 选项"对话框，在"从下列位置选择命令"下拉列表中选择"不在功能区中的命令"，在下面的列表框中选择"记录单"，单击"添加"按钮，如图 5-39 所示。确定后，在标题栏的"自定义快速访问工具栏"按钮左侧出现"记录单"按钮，如图 5-40 所示。

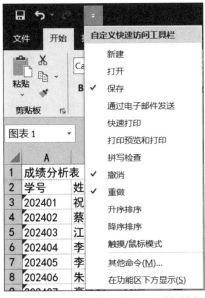

图 5-38　"自定义快速访问工具栏"按钮

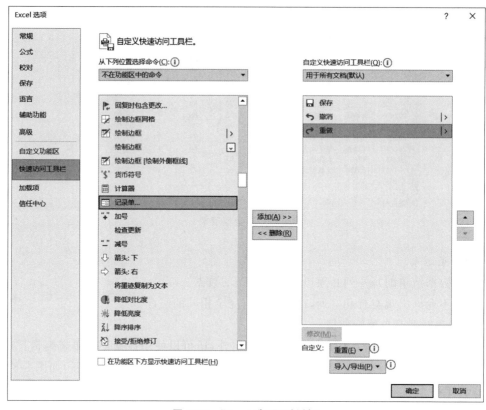

图 5-39 "Excel 选项"对话框

选中 A2:I14 区域,单击"记录单"按钮,弹出"记录单"对话框,如图 5-41 所示。用户可以使用记录单进行如下操作。

图 5-40 "记录单"按钮

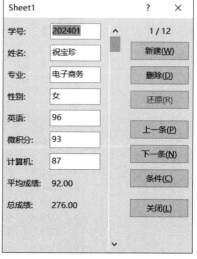

图 5-41 "记录单"对话框

(1) 查看记录。

对话框左侧显示第一条记录的各字段的数据,右侧最上面显示当前数据清单中的总记录数和当前显示的是第几条记录。可以使用"上一条"和"下一条"按钮、垂直滚动条等来查看不同记录。当记录很多时,还可以利用"条件"按钮来查找某些特定的记录。例如要查找所有信息管理系的女生的记录,可单击"条件"按钮,在"专业"栏中输入"信息管理",在"性别"栏中输入"女",则在对话框中就只显示符合条件的记录了。

(2) 编辑记录。

单击要编辑的文本框,定位光标,就可以直接编辑修改记录了。

(3) 新建记录。

在对话框中单击"新建"按钮,记录单左边显示一条空白记录,然后依次输入新记录的各字段的值,输入完毕,按 Enter 键。如此重复,可以添加多条记录。

(4) 删除记录。

在"记录单"对话框中,定位到要删除的记录,单击"删除"按钮删除当前记录。此操作不能撤销。

5.6.2 数据的排序

在工作表中输入的数据往往是没有规律的,但在日常数据处理中,经常需要按某种规律排列数据。Excel 可以按字母、数字或日期等数据类型进行排序,排序有"升序"和"降序"两种方式。可以使用一列数据作为一个关键字段进行排序,称为简单排序;也可以使用多列数据作为关键字段进行排序,称为复杂排序。

数值型数据按照数值大小排序;字符型数据中的英文字母按照字母顺序排序,汉字按照拼音或笔画排序;日期时间型数据按照时间早晚排序;空值(即没有填入任何值)无论升序还是降序总是排在最后。

1. 简单排序

按一个字段的大小排序(此字段称为关键字段),例如将图 5-37 中的数据按照总成绩从多到少的顺序排序,有如下两种方法。

(1) 单击总成绩列中的任意一个单元格;单击"数据"选项卡上的"升序"按钮或"降序"按钮,如图 5-42 所示。

(2) 单击总成绩列中的任意一个单元格;单击"数据"选项卡上的"排序"按钮,出现图 5-43 所示的"排序"对话框;在"列"下方对应的"排序依据"下拉列表中选择"总成绩",第二列"排序依据"下方对应的下拉列表中选择"单元格值","次序"下拉列表中选择"降序",单击"确定"按钮。

"升序"按钮

"降序"按钮

图 5-42 排序

2. 复杂排序

如果在排序时,数据清单中关键字段的值相同(此字段称为排序依据),则需要再按另一个字段的值来排序(此字段称为次关键字段),以此类推,还可以添加多个次要关键字。我们称需要用到多个关键字进行的排序为复杂排序。例如,按性别分别查看男女生的总成绩,按降序排序。操作方法如下。

图 5-43 "排序"对话框

打开图 5-43 所示的"排序"对话框,为"排序依据"选择"性别""数值""升序";单击"添加条件"按钮,为"次要关键字"选择"总成绩""数值""降序"。单击"确定"按钮,结果如图 5-44 所示。

	A	B	C	D	E	F	G	H	I
1	成绩分析表								
2	学号	姓名	专业	性别	英语	微积分	计算机	平均成绩	总成绩
3	202409	李鹏飞	电子商务	男	99	99	99	99.00	297.00
4	202406	朱玉良	信息管理	男	79	89	99	89.00	267.00
5	202410	许锡亮	电子商务	男	83	84	85	84.00	252.00
6	202405	李永凯	电子商务	男	88	75	39	67.33	202.00
7	202402	蔡英超	大数据	男	54	62	38	51.33	154.00
8	202403	江润芹	大数据	女	93	95	98	95.33	286.00
9	202401	祝宝珍	电子商务	女	96	93	87	92.00	276.00
10	202407	高冬妍	大数据	女	98	88	78	88.00	264.00
11	202411	尹花	大数据	女	97	97	68	87.33	262.00
12	202408	李贺	信息管理	女	94	85	76	85.00	255.00
13	202404	李晶	信息管理	女	68	98	76	80.67	242.00
14	202412	田慧玲	信息管理	女	60	77	90	75.67	227.00
15	平均分								
16	最高分								
17	最低分								

图 5-44 复杂排序结果

在"排序"对话框中,单击"选项"按钮,出现"排序选项"对话框,在"方向"选项框中,可以选择"按列排序"或"按行排序",在"方法"选项框中,可以选择"字母排序"或"笔画排序"。

5.6.3 数据筛选

筛选是指根据给定的条件,从数据清单中找出并显示满足条件的记录,不满足条件的记录被暂时隐藏起来。Excel 2016 提供了两种筛选清单命令:自动筛选和高级筛选。与排序不同,筛选并不重排清单,只是暂时隐藏不必显示的行。

1. 自动筛选

单击需要筛选的数据清单中的任一单元格,在"数据"选项卡中单击"筛选"按钮。自动筛选后,在每个字段名右侧均出现一个下拉箭头,如图 5-45 所示。

(1) 设置自动筛选。

单击某个列标题上的下拉箭头,如图 5-46 所示,在展开的下拉列表中,可以选择要筛选的具体值或者设置筛选条件。

① 可以按照升序、降序、颜色对当前列排序。

图 5-45 自动筛选

图 5-46 "自动筛选"下拉菜单

② "数据筛选"下拉菜单。

可以根据需要在"数字筛选"下拉菜单中选择"等于""不等于"等选项,在弹出的对话框中设置具体值,也可以单击"自定义筛选"进行设置。

③ 可以在下面的列表框勾选决定是否显示某个具体的值。

例如,只显示电子商务专业的总成绩大于 240 分的男生,就需要对专业、总成绩、性别三列同时进行自动筛选。筛选结果如图 5-47 所示。

	A	B	C	D	E	F	G	H	I
1	成绩分析表								
2	学号	姓名	专业	性别	英语	微积分	计算机	平均成绩	总成绩
3	202409	李鹏飞	电子商务	男	99	99	99	99.00	297.00
5	202410	许锡亮	电子商务	男	83	84	85	84.00	252.00

图 5-47 自动筛选结果

注意:自动筛选可以同时满足涉及多列数据的多个条件,条件之间是逻辑与的关系,即筛选结果同时满足所有条件。

(2)取消自动筛选。

取消某一列的自动筛选,则可以选择该列下拉菜单中的"从**中清除筛选器"将筛选清除。

取消数据清单中所有列的自动筛选,则在"数据"选项卡中单击"清除"按钮。

若要关闭自动筛选箭头,则在"数据"选项卡中再次单击"筛选"按钮即可。

2. 高级筛选

如果多个筛选条件之间涉及逻辑或的关系,则需要使用高级筛选。

建立高级筛选之前,首先必须在数据清单之外的空白区域建立一个筛选条件区域,在该区域内设定筛选条件。

一个筛选条件区域通常至少包含两行,第一行用来指定列标题,其余行用来指定筛选条件。例如显示英语、微积分、计算机三门成绩都大于 80 分或者总成绩大于 240 分的学生,筛选条件区域如图 5-48 所示。

	A	B	C	D	E	F	G	H	I
1	成绩分析表								
2	学号	姓名	专业	性别	英语	微积分	计算机	平均成绩	总成绩
3	202409	李鹏飞	电子商务	男	99	99	99	99.00	297.00
4	202406	朱玉良	信息管理	男	79	89	99	89.00	267.00
5	202410	许锡亮	电子商务	男	83	84	85	84.00	252.00
6	202405	李永凯	电子商务	男	88	75	39	67.33	202.00
7	202402	蔡英超	大数据	男	54	62	38	51.33	154.00
8	202403	江润芹	大数据	女	93	95	98	95.33	286.00
9	202401	祝宝珍	电子商务	女	96	93	87	92.00	276.00
10	202407	高冬妍	大数据	女	98	88	78	88.00	264.00
11	202411	尹花	大数据	女	97	97	68	87.33	262.00
12	202408	李贺	信息管理	女	94	85	76	85.00	255.00
13	202404	李晶	信息管理	女	68	98	76	80.67	242.00
14	202412	田慧玲	信息管理	女	60	77	90	75.67	227.00
15	平均分								
16	最高分								
17	最低分								
18					英语	微积分	计算机	总成绩	
19					>=80	>=80	>=80		
20								>=240	

图 5-48 高级筛选条件区域

由此筛选条件可以看出,筛选条件区域行与行之间是逻辑或的关系,同行的单元格之间是逻辑与的关系。列出条件后,就可以设置高级筛选了,步骤如下。

(1) 单击"数据"选项卡下"排序和筛选"面板中的"高级"按钮,弹出"高级筛选"对话框,如图 5-49 所示。

(2) 在"方式"选项中选择结果的显示位置。

(3) 确定"列表区域"和"条件区域"。

(4) 单击"确定"按钮。

高级筛选结果如图 5-50 所示。

如果将自动筛选中的例子"只显示信息管理系的总成绩大于 240 分的男生"修改为"只显示信息管理系的学生或者总成绩大于 240 分的男生"又该如何操作呢?请读者思考并尝试操作,将两次筛选的结果进行比较。

图 5-49 "高级筛选"对话框

图 5-50 高级筛选结果

5.6.4 数据的分类汇总

分类汇总是把数据清单中的数据分门别类地统计处理。不需要用户自己建立公式,Excel 会自动对各类别的数据进行求和、求平均等多种计算,并且把汇总的结果以"分类汇总"和"总计"显示出来。在 Excel 2016 中分类汇总可进行的计算有求和、平均值、最大值、最小值等。分类汇总又分为简单分类汇总和嵌套分类汇总。

注意:数据清单中必须包含带有标题的列;分类汇总之前,必须先要对分类汇总的列排序。

1. 简单分类汇总

对一个字段仅作一种方式的汇总,称为简单分类汇总。例如,按学生所在专业查看英语、微积分、计算机三门课程的平均分。操作步骤如下。

(1) 首先按照专业列排序。排序后相同专业学生的记录连在了一起。

(2) 单击"数据"选项卡中"分级显示"面板中的"分类汇总"按钮,弹出图 5-51 所示的"分类汇总"对话框。

(3) 在"分类字段"下拉列表中选择"专业",这是要分类汇总的列标题;在"汇总方式"下拉列表中选择"平均值";在"选定汇总项"下面的列表中选中"英语""微积分""计算机"

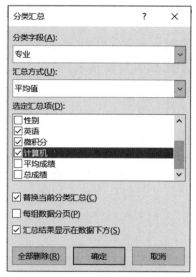

图 5-51 "分类汇总"对话框

复选框;因为结果要显示在数据列表的下面,所以选中"汇总结果显示在数据下方"复选框。

(4) 定义完毕,单击"确定"按钮得到图 5-52 所示的结果。

	A	B	C	D	E	F	G	H	I
1	成绩分析表								
2	学号	姓名	专业	性别	英语	微积分	计算机	平均成绩	总成绩
3	202403	江润芹	大数据	女	93.00	95.00	98.00	95.33	286.00
4	202407	高冬妍	大数据	女	98.00	88.00	78.00	88.00	264.00
5	202411	尹花	大数据	女	97.00	97.00	68.00	87.33	262.00
6	202402	蔡英超	大数据	男	54.00	62.00	38.00	51.33	154.00
7			大数据 平均值		85.50	85.50	70.50		
8	202405	李永凯	电子商务	男	88.00	75.00	39.00	67.33	202.00
9	202409	李鹏飞	电子商务	男	99.00	99.00	99.00	99.00	297.00
10	202410	许锡亮	电子商务	男	83.00	84.00	85.00	84.00	252.00
11	202401	祝宝珍	电子商务	女	96.00	93.00	87.00	92.00	276.00
12			电子商务 平均值		91.50	87.75	77.50		
13	202406	朱玉良	信息管理	男	79.00	89.00	99.00	89.00	267.00
14	202408	李贺	信息管理	女	94.00	85.00	76.00	85.00	255.00
15	202404	李晶	信息管理	女	68.00	98.00	76.00	80.67	242.00
16	202412	田慧玲	信息管理	女	60.00	77.00	90.00	75.67	227.00
17			信息管理 平均值		75.25	87.25	85.25		
18	平均分								
19	最高分								
20	最低分								
21			总计平均值		84.08	86.83	77.75		

图 5-52 简单分类汇总结果

(5) 工作表的左侧出现了分级显示区,图中左上方的"1""2""3"按钮可以控制显示或隐藏某一级别的明细数据,通过左侧的"+""-"按钮也可以实现这一功能。

如果想清除分类汇总,回到数据清单的初始状态,可以单击"分类汇总"对话框中的"全部删除"按钮。

2. 嵌套分类汇总

嵌套分类汇总是指对同一个数据清单进行多次分类汇总,分为以下两种情况。

（1）对同一列进行多种汇总。

例如，按专业求英语、微积分、计算机的平均分，并统计各专业的人数。

这个例子需要两种汇总方式，第一种是求平均值，第二种是计数，两种都是对同一列"专业"进行分类汇总。操作如下：在以上简单汇总结果的基础上，再次打开"分类汇总"对话框，在"分类字段"中选择"专业"，在"汇总方式"中选择"计数"，在"选定汇总项"下面的列表中选中"学号"复选框，取消选中"替换当前分类汇总"复选框，如图5-53所示。单击"确定"按钮，完成分类汇总，结果如图5-54所示。

（2）对不同列分别进行多次分类汇总。

在一个分类汇总结果的基础上，再使用其他分类字段进行分类汇总。这种情况下的分类汇总必须保证在所有汇总之前，以两个分类字段作为主要关键字和次要关键字，对数据清单进行排序。

例如，在按专业求英语、微积分、计算机平均分的基础上，统计各专业的男女生人数，操作如下。

在以上例子的基础上，再次打开"分类汇总"对话框，单击"全部删除"按钮，将以前的分类汇总删除。

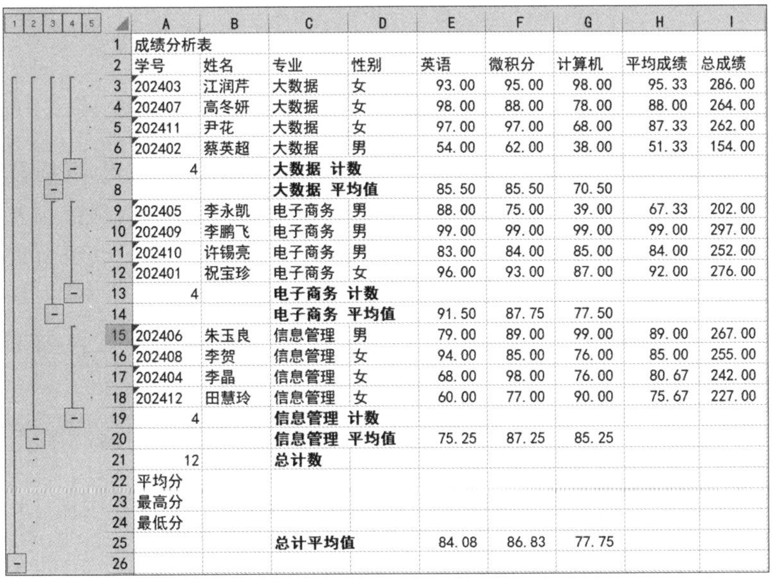

图 5-53 "计数"的设置

图 5-54 嵌套分类汇总结果（一）

我们需要对数据清单重新排序。选中A2:I14区域，单击"排序"按钮，设置"主要关键字"为"专业"，"次要关键字"为"性别"，单击"确定"按钮。

第一次分类汇总，设置按专业求英语、微积分、计算机平均分，方法与简单分类汇总完全相同。

第二次分类汇总,再次打开"分类汇总"对话框。在"分类字段"中选择"性别",在"汇总方式"中选择"计数",在"选定汇总项"下面的列表中选中"学号"复选框,取消选中"替换当前分类汇总"复选框,单击"确定"按钮,完成分类汇总,结果如图 5-55 所示。

	A	B	C	D	E	F	G	H	I
1	成绩分析表								
2	学号	姓名	专业	性别	英语	微积分	计算机	平均成绩	总成绩
3	202402	蔡英超	大数据	男	54.00	62.00	38.00	51.33	154.00
4	1			男 计数					
5	202403	江润芹	大数据	女	93.00	95.00	98.00	95.33	286.00
6	202407	高冬妍	大数据	女	98.00	88.00	78.00	88.00	264.00
7	202411	尹花	大数据	女	97.00	97.00	68.00	87.33	262.00
8	3			女 计数					
9			大数据	平均值	85.50	85.50	70.50		
10	202405	李永凯	电子商务	男	88.00	75.00	39.00	67.33	202.00
11	202409	李鹏飞	电子商务	男	99.00	99.00	99.00	99.00	297.00
12	202410	许锡亮	电子商务	男	83.00	84.00	85.00	84.00	252.00
13	3			男 计数					
14	202401	祝宝珍	电子商务	女	96.00	93.00	87.00	92.00	276.00
15	1			女 计数					
16			电子商务	平均值	91.50	87.75	77.50		
17	202406	朱玉良	信息管理	男	79.00	89.00	99.00	89.00	267.00
18	1			男 计数					
19	202408	李贺	信息管理	女	94.00	85.00	76.00	85.00	255.00
20	202404	李晶	信息管理	女	68.00	98.00	76.00	80.67	242.00
21	202412	田慧玲	信息管理	女	60.00	77.00	90.00	75.67	227.00
22	3			女 计数					
23			信息管理	平均值	75.25	87.25	85.25		
24	12			总计数					
25				总计平均值	84.08	86.83	77.75		
26	平均分								
27	最高分								
28	最低分								

图 5-55 嵌套分类汇总结果(二)

5.6.5 数据透视表

之所以称为数据透视表,是因为可以动态地改变它们的版面布置,以便按照不同方式分析数据,也可以重新安排行号和列标。每一次改变版面布置时,数据透视表都会立即按照新的版面布置重新计算数据。另外,如果原始数据发生更改,则可以更新数据透视表。

创建数据透视表的方法如下。

(1) 在"插入"选项卡的"表格"面板中,单击"数据透视表"下拉箭头,选择"数据透视表"选项,弹出图 5-56 所示的对话框。

(2) 在"请选择要分析的数据"中选中"选择一个表或区域"单选按钮,并选中要建立数据透视表的数据。

(3) 在"选择放置数据透视表的位置"中选择"现有工作表"单选按钮,并选中要放置数据透视表的位置。

(4) 单击"确定"按钮,在 Excel 窗口右侧弹出图 5-57 所示的任务窗格。

(5) 在"数据透视表字段列表"任务窗格中拖动相应的属性到行标签、列标签或者数据区域完成布局,单击"关闭"按钮。

到这里,5.1 节里面的 3 个表的制作方法就全部讲解完成了。图 5-3 中最下面三行平均分、最高分、最低分的数据,读者可以根据所学知识自行补充完整。

图 5-56 "创建数据透视表"对话框

图 5-57 数据透视表字段列表

5.6.6 数据透视图

数据透视图为关联数据透视表中的数据提供其图形表示形式。数据透视图也是交互式的。创建数据透视图时,会显示数据透视图筛选窗格。可使用此筛选窗格对数据透视图的基础数据进行排序和筛选。对关联数据透视表中的布局和数据的更改将立即体现在数据透视图的布局和数据中,反之亦然。

数据透视图可以显示数据系列、类别、数据标记和坐标轴(与标准图表相同)。也可以更改图表类型和其他选项,例如标题、图例的位置、数据标签、图表位置等。

创建数据透视图的方法如下。

(1)在"插入"选项卡的"表格"面板中,如图 5-58 所示,单击"数据透视表"按钮,弹出图 5-59 所示的对话框。

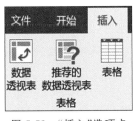

图 5-58 "插入"选项卡

图 5-59 数据透视图选项

(2)在"选择表格或区域"中的"表/区域"选中要建立数据透视表的数据。

(3) 在"选择放置数据透视表的位置"中选择"现有工作表",并选中要放置数据透视表的位置。

(4) 单击"确定"按钮,在 Excel 窗口右侧弹出图 5-60 所示的任务窗格。

图 5-60　数据透视图字段列表

(5) 在"数据透视表字段列表"任务窗格中拖动相应的属性到行标签、列标签或者数据区域完成布局,单击"关闭"按钮。

5.6.7　宏

宏是可运行任意次数的一个操作或一组操作,可以自动执行重复任务。如果总是需要在 Excel 2016 中重复执行某个任务,则可以录制一个宏来自动执行这些任务。在创建一个宏后,可以编辑宏,对其工作方式进行轻微更改。

可以在 Excel 2016 中快速录制宏,许多宏都是使用 Visual Basic for Applications(VBA)创建的,并由软件开发人员负责编写。

本节中,打开素材文件夹中"工作簿 1",以为其创建一个自动标识每科前 3 名的宏并运行该宏为例,介绍如何在 Excel 2016 中录制并运行宏。本书暂不涉及通过 VBA 编程语言录制宏的内容。

1. 显示"开发工具"选项卡

录制宏需要用到"开发工具"选项卡,但是默认情况下,不会显示"开发工具"选项卡,因此需要进行下列设置。

(1) 在"文件"选项卡上单击"选项",打开"Excel 选项"对话框。

(2) 在左侧的类别列表中单击"自定义功能区",在右上方的"自定义功能区"下拉列表中选择"主选项卡"。

(3) 在右侧的"主选项卡"列表中,单击选中"开发工具"复选框,如图 5-61 所示。

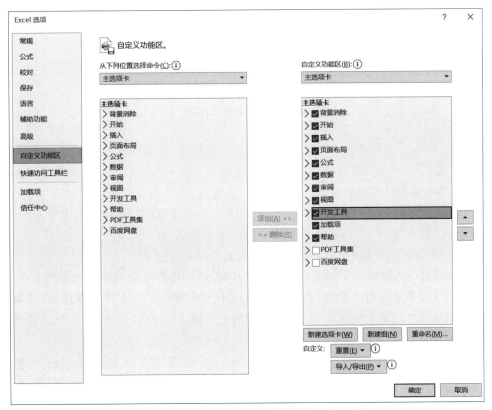

图 5-61　在"Excel 选项"对话框设置"开发工具"

(4) 单击"确定"按钮,"开发项目"选项卡显示在功能区中。

2. 录制宏

录制宏的过程就是记录鼠标单击操作和键盘击键操作的过程。录制宏时,宏录制器会记录完成需要宏来执行的操作所需的一切步骤,但是记录的步骤中不包括在功能区上导航的步骤。

(1) 打开素材文件夹中的"工作簿 1",先在数据列表外的任一单元格中单击,然后在"开发工具"选项卡上的"代码"组中单击"录制宏"按钮,打开图 5-62 所示的"录制宏"对话框。

(2) 在"宏名"文本框中,为将要录制的宏输入一个名称,此处输入"top_three",表示该宏功能为标出前 3 名。

图 5-62 "录制宏"对话框

提示：宏实际上是由 Excel 自动记录的一个小程序，宏名称必须以字母或输入的名称+下画线开头，不能包含空格等无效字符，不能使用单元格地址等工作簿内部名称，否则将会出现宏名无效的错误消息。

（3）在"保存在"下拉列表中选择要用来保存宏的位置，此处选择"当前工作簿"。

（4）在"说明"框中，可以输入对该宏功能的简单描述。

（5）单击"确定"按钮，退出对话框，同时进入宏录制过程。

（6）运用鼠标、键盘对工作表进行各项操作时，这些操作过程均将被记录到宏中。此处，对学生成绩单进行以下操作，在"开始"选项卡上的"样式"组中依次选择"条件格式""项目选项规则""值最大的前10项"命令，在值框中输入3，格式任选一种，然后单击"确定"按钮。

（7）操作执行完毕后，在"开发工具"选项卡上的"代码"组中单击"停止录制"按钮。

（8）将工作簿文件保存为可以运行宏的格式，在"开始"选项卡上执行"另存为"命令，打开"另存为"对话框，在"保存类型"下拉列表中单击选择"Excel 启用宏的工作簿（*.xlsm）"，文件名改为"启用宏的学生成绩单"，然后单击"保存"按钮。

3. 运行宏

（1）打开包含宏的工作簿，选择运行宏的工作表。此处打开前面保存的包含宏的文档"工作簿 1.xlsm"（注意：包含宏的文档以 *.xlsm 为扩展名），选择英语列中的 E2:E14 单元格区域，目的是找出英语成绩的前三名。

（2）在"开发工具"选项卡上的"代码"组中，单击"宏"按钮打开"宏"对话框。

（3）在"宏名"列表框中单击要运行的宏，此处单击新录制的宏"top_thee"。

（4）单击"执行"按钮，Excel 2016 自动执行宏并显示相应结果。

4. 删除宏

（1）打开包含要删除宏的工作簿。

（2）在"开发工具"选项卡上的"代码"组中，单击"宏"按钮，打开"宏"对话框。

（3）在"位置"下拉列表中，选择含有要删除宏的工作簿。
（4）在"宏名"列表框中，单击要删除的宏的名称。
（5）单击"删除"按钮，弹出一个提示对话框。
（6）单击"是"按钮，删除指定的宏。

5.7 页面设置与打印

工作表或图表在编辑好之后，打印前，应使用打印预览功能模拟显示，若不满意，可通过"页面设置"进行适当设置，直到效果满意时再打印。

5.7.1 页面设置

单击"页面布局"选项卡，通过执行"页面设置"面板中的命令可以进行页面的打印方向、缩放比例、纸张大小以及打印质量的设置，如图 5-63 所示。注意，如果你的计算机没有添加打印机，"页边距""纸张方向"等按钮将不可用。

图 5-63　页面设置

1. 页边距的设置

单击"页边距"按钮在弹出的下拉菜单中单击"自定义边距"选项，弹出"页面设置"对话框的"页边距"选项卡，如图 5-64 所示。可以分别在"上""下""左""右"编辑框中设置页边距；在"页眉""页脚"编辑框中设置页眉和页脚的位置；在"居中方式"中可以选择"水平"或"垂直"复选框。

2. 页眉/页脚的设置

单击"页面设置"对话框中的"页眉/页脚"选项卡，如图 5-65 所示，如果设置页眉和页脚，可单击"页眉"和"页脚"的下拉列表，选择内置的页眉和页脚格式。也可以分别单击"自定义页眉""自定义页脚"按钮，在相应的对话框中自己定义。

3. 工作表的设置

单击"页面设置"对话框中的"工作表"选项卡，如图 5-66 所示。

（1）打印区域：若不设置，则当前整个工作表为打印区域；若需设置，则单击"打印区域"右侧的折叠按钮，在工作表中拖动选定打印区域后，再单击"打印区域"右侧的折叠按钮，返回对话框，单击"确定"按钮。

（2）打印标题：如果要使每一页上都重复打印列标志，则单击"顶端标题行"编辑框，然后输入列标志所在行的行号；如果要使每一页上都重复打印行标志，则单击"从左端重复的列数"编辑框，然后输入行标志所在列的列标。

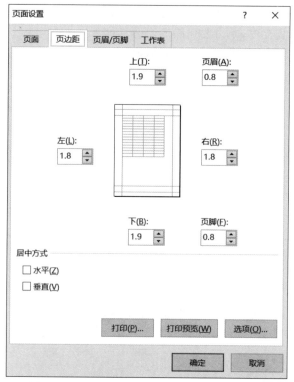

图 5-64 "页面设置"对话框的"页边距"选项卡

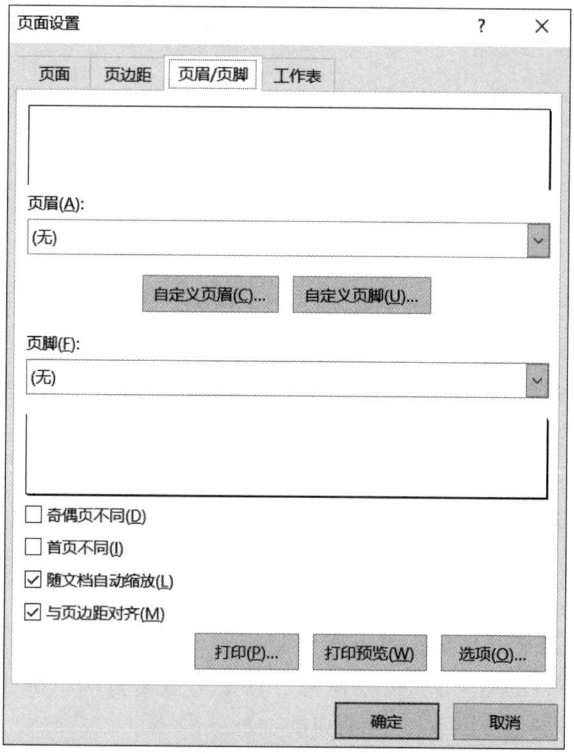

图 5-65 "页面设置"对话框的"页面/页脚"选项卡

（3）打印选项：该区域有很多复选框，根据需要自行选择即可。其中选中图中的"行和列标题"复选框可以在每页都打印行号和列标。

单击"文件"选项卡的"打印"按钮，在该页面单击"页面设置"按钮，也可以打开"页面设置"对话框。

5.7.2 打印预览

选择要打印的工作表为当前工作表，单击"文件"选项卡的"打印"按钮，中间界面出现打印设置，如图 5-67 所示。右侧界面出现打印预览。

图 5-66 "工作表"选项卡

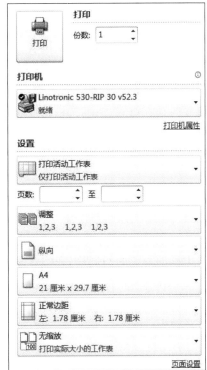

图 5-67 打印

在打印前，一般都会先进行预览，这样可以防止不必要的浪费。根据需求在图 5-67 所示的界面中填入相应的内容，并观察预览。预览会随调整发生改变。

5.7.3 打印工作表

对工作表进行了页面设置，通过了打印预览后，就可以打印工作表了。在确定打印之前，还要放好纸张、打开打印机、检查打印机是否工作正常，一切没有问题后，可单击"打印"按钮，出现"打印到文件"对话框。在该对话框中进行所需的相应设置后，单击"确定"按钮即可开始打印。

第 6 章　演示文稿软件 PowerPoint 2016

PowerPoint 2016 与 Word 2016、Excel 2016 等应用软件一样，是 Microsoft 公司推出的 Office 2016 办公系列软件的重要组件之一。PowerPoint 2016 是当今最流行的制作演示文稿的专业化软件，主要用于设计制作包含一组电子版幻灯片的演示文稿。用 PowerPoint 制作的幻灯片不仅可以包含丰富的文字、图形、图像、图表、音频、视频等内容，还可以设置幻灯片上的对象的动画效果，组织幻灯片的不同的放映方式等。在应用中，除了最常见的通过计算机或者大屏幕投影仪向观众进行展示之外，还可以通过网络进行展示、进行会议交流等。

本章主要介绍演示文稿的创建和编辑、幻灯片外观的设置、幻灯片动态效果的添加、超链接与动作设置、演示文稿的放映和输出等内容。

6.1　PowerPoint 2016 的主要功能

PowerPoint 2016 的主要功能有以下几个。

（1）演示文稿的创建及内容的编辑。

要制作演示文稿，首先要使用 PowerPoint 2016 创建演示文稿文件，然后根据构思在文件中添加需要的幻灯片，在幻灯片上添加需要的文字、图片、表格等内容。

（2）幻灯片的美化。

可以使用 PowerPoint 2016 提供的"主题""母版"等功能来美化幻灯片，丰富幻灯片的外观效果。

（3）幻灯片动态效果的添加。

幻灯片完成后就可以进行放映，为了加强幻灯片的放映效果，可以使用 PowerPoint 2016 提供的幻灯片"切换"功能和"动画"功能来添加幻灯片的动态效果。

（4）超链接与动作设置。

幻灯片放映的顺序会默认使用幻灯片的编辑顺序，如果在放映时需要改变幻灯片的放映顺序，就需要使用"超链接"和"动作设置"等功能。

（5）演示文稿的放映。

演示文稿的放映方式会默认使用"演讲者放映"，如果需要在不同的场合放映幻灯片，就需要定义不同的放映方式。

（6）演示文稿的输出。

演示文稿可以保存成不同格式的文件，并可定义多种输出方式。

本章将通过一个"智能手机简介"演示文稿的制作过程来讲解 PowerPoint 2016 的主要功能，完成后的幻灯片效果如图 6-1 所示。

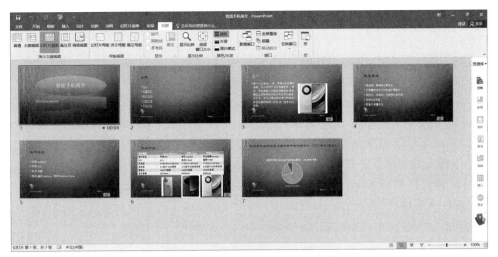

图 6-1 "智能手机简介"演示文稿

6.2 演示文稿的创建及幻灯片内容的编辑

6.2.1 PowerPoint 2016 窗口的组成

PowerPoint 2016 典型的操作界面分为"文件"、"开始"、"插入"、"设计"、"切换"、"动画"、"幻灯片放映"、"审阅"及"视图"等选项卡。其中 PowerPoint 2016 包含的特有的区域有以下几个(图 6-2)。

图 6-2 PowerPoint 2016 特有的窗口界面

编辑区：编辑栏中间最大的区域为幻灯片编辑区，在此可以对幻灯片内容进行编辑。

视图区：编辑栏左侧的区域为视图区，默认视图方式为"幻灯片"视图，单击"大纲"可以切换到"大纲视图"。

6.2.2 新建演示文稿

演示文稿是一个由 PowerPoint 2016 创建的文件,其扩展名为.pptx,在每个演示文稿中,都会包含若干张幻灯片,幻灯片按序号由小到大排列。

1. 新建空白演示文稿

启动 PowerPoint 2016,就会自动创建一个空白的演示文稿,该文稿中会自动添加一张版式为"标题幻灯片"的幻灯片,可以从这个空白的演示文稿开始制作幻灯片。

2. 依据主题和模板创建文稿

另外,也可以根据系统自带的模板或者主题创建新的演示文稿,具体操作步骤是:在"文件"选项卡下执行"新建"命令,在窗口右侧列出的"可用的模板和主题"中进行选择,单击"创建"就会新建一个相应模板或主题的演示文稿,如图 6-3 所示。

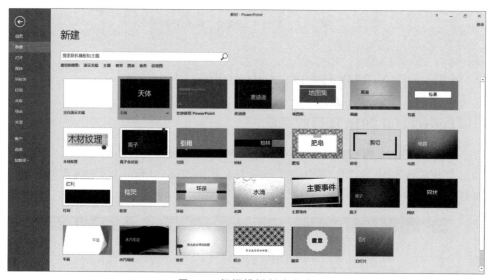

图 6-3　根据模板创建文稿

在操作系统的资源管理器或文件浏览器中,双击扩展名为".potx"的 PowerPoint 模板文件,系统会自动创建一个默认命名为"演示文稿 1"的演示文稿,并复制了该模板文件中的所有内容。如果移动鼠标到模板文件上右击,在快捷菜单中执行"打开"命令,则系统打开的是该模板文件本身,可对其进行编辑设计。

3. 从 Word 文档中发送

如果已经通过 Word 编辑完成了相关文档,可以将其大纲发送到 PowerPoint 中快速形成新的演示文稿。这种方式只能发送文本,不能发送图表图像。

(1) 在 Word 中创建文档,并将需要传送到 PowerPoint 的段落分别应用内置样式的标题 1、标题 2、标题 3 等,其分别对应 PowerPoint 幻灯片中的标题、一级文本、二级文本等。

(2) 依次选择"文件"菜单→"选项"→"快速访问工具栏"→"不在功能区中的命令"→"发送到 Microsoft PowerPoint"命令→"添加"按钮,相应命令显示在"快速访问工具栏"中。

(3) 单击"快速访问工具栏"中新增加的"发送到 Microsoft PowerPoint",即可将应用了内置样式的 Word 文本自动发送到新创建的 PowerPoint 演示文稿中。

6.2.3 幻灯片的制作

1. 幻灯片版式的选择

一个演示文稿是由多张幻灯片组成的,因此演示文稿的制作过程实际上就是文稿中幻灯片的制作过程。

在制作幻灯片时,首先要考虑幻灯片内包含的元素以及它们在幻灯片中的位置关系和排列方式。PowerPoint 2016 为幻灯片预先设计了不同的幻灯片版式供用户使用。版式是指幻灯片上标题和副标题文本、列表、图片、表格、图表、形状和视频等元素的排列方式。

幻灯片版式主要由占位符组成。占位符是一种带有虚线或阴影线边缘的框,绝大部分幻灯片版式中都有这种框。占位符是版式中的容器,可以容纳的元素包括文本(如标题、正文文本和项目符号列表)和内容(如表格、图表、SmartArt、视频、图片及剪贴画等)。不同的幻灯片版式会包含不同类型的占位符,并对它们之间的位置关系进行了定义。

要想查看 PowerPoint 2016 提供的幻灯片版式,在"开始"选项卡的"幻灯片"组中,单击"版式"按钮,就可以查看已有的幻灯片版式,如图 6-4 所示。

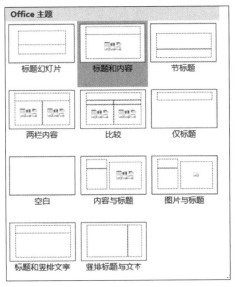

图 6-4 PowerPoint 2016 的幻灯片版式

针对不同的幻灯片内容输入的要求,要选择相应的幻灯片版式。若已有的幻灯片版式无法满足要求,就要对其进行修改或者自己设计幻灯片上相应元素的位置及排列方式。

根据本章示例的要求,第 1 张幻灯片要作为封面使用,提示本演示文稿的内容的主题,因此在版式中应该选择"标题幻灯片"版式,由于该版式是系统默认提供的版式,因此无须修改,直接使用即可。

在幻灯片中输入内容时,需要单击对应的占位符,看到一个闪烁的光标之后,输入内容即可。

根据文稿构思,需要在第1张幻灯片中输入标题"智能手机简介"和副标题"改变未来的移动智能终端",完成编辑后的效果如图6-5所示。

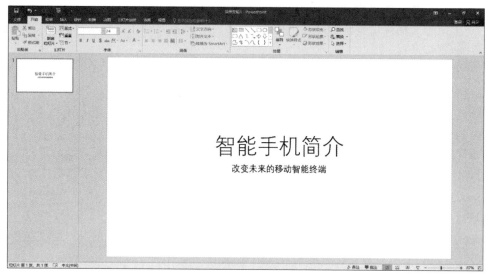

图6-5　第1张标题幻灯片

2. 幻灯片的编辑

完成第1张幻灯片后,要逐个建立后面的幻灯片并编辑每张幻灯片的内容。在演示文稿编辑的初期,可以只编辑幻灯片的版式和内容,幻灯片的美化和动画效果将在中后期逐步完成。

在幻灯片的编辑中,包含对幻灯片的插入(新建)、复制、移动、删除、隐藏、显示、放大、缩小、更改顺序等操作。

1) 插入幻灯片

方法一:在"开始"选项卡的"幻灯片"组中,单击"新建幻灯片"按钮,或者按快捷键Ctrl+M,则会在演示文档的末尾插入默认版式的幻灯片,版式默认为"标题和内容"。

方法二:在浏览窗格中选中某幻灯片,按Enter键则会在该幻灯片的后面插入新幻灯片,或者在某幻灯片上右击,在快捷菜单中选择"新建幻灯片",也会在该幻灯片的后面插入新幻灯片。根据要求,依次插入2、3、4、5、6幻灯片。

另外,单击"新建幻灯片"按钮的下半部分时,除了可以选择幻灯片版式,还可以有其他的功能,包括"复制选定幻灯片""幻灯片(从大纲)…""重用幻灯片…",如图6-6和图6-7所示。

其中"复制选定幻灯片"可以复制选定的一张或多张幻灯片,插入到已选的幻灯片后面;"重用幻灯片…"则可以选择将另外一个演示文稿的幻灯片插入到当前幻灯片中。此外,如果每张幻灯片的标题和文本内容已经在另外的文档中做成了有层次结构的大纲文档,那么可以利用"幻灯片(从大纲)…"命令快速插入包含标题和文本内容的各张幻灯片。

图 6-6 利用"新建幻灯片"按钮

图 6-7 利用幻灯片版式窗格

2) 复制与移动幻灯片

复制操作如下。

方法一:选定要复制的一张或多张幻灯片,然后单击"剪贴板"组中的"复制"按钮(快捷键 Ctrl+C),则会将选定幻灯片复制到剪贴板中,在目的位置单击"粘贴"按钮完成复制。

若单击"复制"按钮旁边的黑色三角号,则会打开选择项,若选择第二个复制(快捷键 Ctrl+D),则会直接在被选幻灯片的后面插入被选幻灯片的复制幻灯片。

方法二:选定幻灯片后打开快捷菜单,若选择"复制",则会将选定幻灯片复制到剪贴板中;若选择"复制幻灯片",则会直接在被选幻灯片的后面插入被选幻灯片的复制幻灯片。

移动操作:选定幻灯片后单击"剪贴板"组中的"剪切"按钮(快捷键 Ctrl+ X),则会将选定幻灯片复制到剪贴板中,在目的位置单击"粘贴"按钮完成移动。

用鼠标完成移动或者复制操作:选定幻灯片后按住左键进行拖动,则是移动操作;若拖动时按住 Ctrl 键,则是复制操作。

3) 删除幻灯片

选定要删除的幻灯片,选择快捷菜单中的"删除幻灯片",即可删除该幻灯片。

4）隐藏和显示幻灯片

选定幻灯片，选择快捷菜单中的"隐藏幻灯片"，或者单击"幻灯片放映"选项卡中的"隐藏幻灯片"按钮，则可以隐藏该幻灯片。被隐藏的幻灯片在放映时不显示，但仍然可以在演示文稿中显示和编辑。以相同的方式再操作一遍则可以取消隐藏。

5）放大与缩小幻灯片

单击要更改显示比例的区域，如大纲区、幻灯片区、备注区等，单击"视图"→"显示比例"按钮，则打开显示比例窗格调整显示比例，可以使用系统预定义的显示比例数值，也可以手动输入比例。在主窗口右下方的"比例缩放区"使用滑动块，则只能调整幻灯片区的比例大小。

6）更改幻灯片的顺序

产生幻灯片移动或者删除时，剩下的幻灯片会自动重新排序。

3. 幻灯片内容的输入和编辑

现在已经完成了全部幻灯片的插入，除了第一张是默认"标题幻灯片"版式之外，其余张都是"标题与内容"版式。在编辑每张幻灯片的内容时，可以先根据要求更改版式，再对其内容进行输入和编辑。

对于占位符中的文本，可以设置其字体、字号、字形、颜色、对齐方式、行距、缩进、项目符号和编号等格式，使用方法同 Word 中没有大的区别。占位符本身作为一个图形对象进行编辑，如可以改变大小和位置、设置边框和填充颜色等，其使用方法与文本框非常类似。

但是，占位符的文本与文本框中的文本在使用中有很大的区别。

（1）文本占位符由幻灯片的版式和母版格式决定，而文本框则是通过"插入"操作添加到幻灯片上。

（2）文本占位符中的内容可以在大纲视图中显示，而文本框中的内容则不能显示。

（3）当输入的文本内容过多或过少时，文本占位符可以自动调整字号的大小以适应；而文本框则是自动调整自身的高度以适应。

（4）文本框可以与各种图形、图片、公式等对象构成一个更复杂的组合对象，而文本占位符则不能进行组合。

另外，如果在文本占位符中出现输入文字占满整个窗口的情况，会在占位符左下侧自动产生一个"自动调整选项"按钮，默认是"根据占位符调整文本"，如图 6-8 所示。

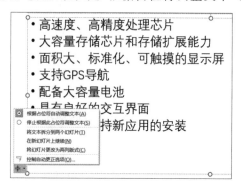

图 6-8　占位符自动调整选项

其不同选项的含义分别如下。

① "根据占位符调整文本"：PowerPoint 自动调整文本大小。
② "停止根据此占位符调整文本"：PowerPoint 不自动调整文本大小。
③ "拆分两个幻灯片间的文本"：将文本分配到两个幻灯片中。
④ "在新幻灯片上继续"：创建一张新的并且具有相同标题的空白幻灯片。
⑤ "将幻灯片更改为两列版式"：将原始幻灯片中的单列版式改为双列版式。
⑥ "控制自动更正选项"：关闭或者打开某种自动更正功能。

根据构思，输入 2、3、4、5、6 张幻灯片的内容。其中第 2 张幻灯片采用"标题与内容"版式，第 3 张幻灯片的文字是智能手机的定义，为了丰富页面内容，将插入一张智能手机的图片，因此采用的是"两栏内容"版式。其中右侧内容栏输入智能手机的定义，左侧内容栏将插入一张智能手机的图片。该图片保存在电脑的文件夹中。

插入图片的方式有以下几种。

方法一：单击占位符中间的快速按钮区中的"插入来自文件的图片"按钮，找到电脑中的相应图片插入。

方法二：单击"插入"选项卡中的"图像"组内的"图片"按钮进行插入。

插入后效果如图 6-9 所示。

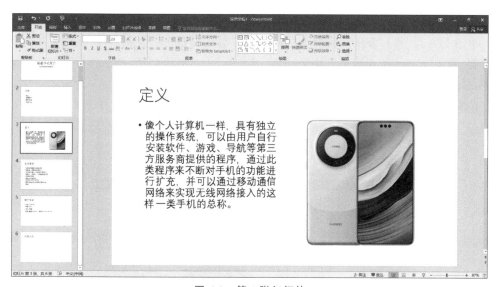

图 6-9　第 3 张幻灯片

建立完第 3 张幻灯片后，如果按 Enter 键或者使用快捷菜单建立新的幻灯片，则新幻灯片与第 3 张幻灯片有同样的版式。

除了"图片"之外，利用"插入"选项卡，还可以插入更多的对象。

分别输入 4、5 张幻灯片的内容。第 6 张幻灯片要建立表格，来对比 3 款有代表性智能手机的参数。建立方法如下。

方法一：单击占位符中央的"插入表格"按钮，定义表格的行数和列数进行插入，如图 6-10 所示。

方法二：单击"插入"选项卡的"表格"按钮，用鼠标选择行数和列数进行插入，如图 6-11 所示。

图 6-10　利用"插入表格"按钮插入表格　　图 6-11　利用"表格"按钮插入表格

根据要求，要插入一个 7 行 4 列的表格，方法如下。

单击下方的"插入表格"，会弹出"插入表格"对话框；单击"绘制表格"将用画笔进行表格绘制；单击"Excel 电子表格"，则会插入一个 Excel 类型的表格，并会打开 Excel 中的选项卡，可以对 Excel 工作表进行编辑。

在表格下方对应的地方插入三款手机的图片，完成后的第 6 张幻灯片如图 6-12 所示。

图 6-12　第 6 张幻灯片

6.2.4　幻灯片视图

如果要查看已完成的幻灯片的内容，默认的视图是"普通视图"。另外，还有幻灯片浏览视图、阅读视图、备注页视图、母版视图和放映视图。在"视图"选项卡中可以对 4 种视图进行切换,利用主窗口下方的"视图切换"按钮可以在普通视图、幻灯片浏览视图和阅读视图之间进行切换。

图 6-13 是演示文稿的幻灯片浏览视图,该视图可以帮助用户查看幻灯片的缩略图。母版视图会在编辑母版时打开,放映视图则是在放映时打开。

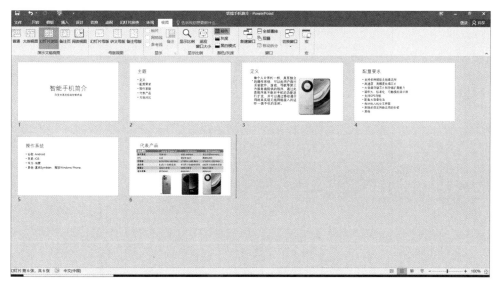

图 6-13　幻灯片浏览视图

"大纲视图"下,左边窗口显示幻灯片占位符内的文字内容,可以对文字进行修改、复制和粘贴,右边显示当前幻灯片的详情,如图 6-14 所示。

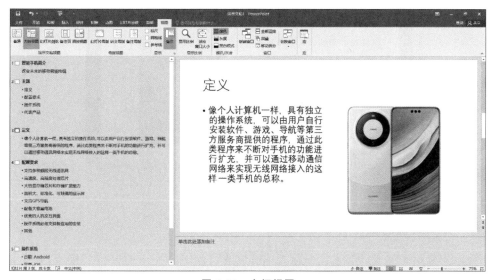

图 6-14　大纲视图

如果要以整页的格式查看和使用备注,可以使用备注页视图,该视图效果如图 6-15 所示。

阅读视图是一种特殊的查看模式,可以使用户在屏幕上阅读扫描文档更为方便。如果用户希望在一个设有简单控件以方便审阅的窗口中查看演示文稿,则可以使用阅读视图,图 6-16 所示。

图 6-15　备注页视图

图 6-16　阅读视图

6.2.5　演示文稿的保存和简单放映

演示文稿编辑完成后要进行保存。单击快速访问工具栏上的"保存"按钮,则会打开保存对话框,指定保存位置和文件名进行保存,演示文稿的默认扩展名是.pptx。另外,演示文稿还可以保存成多种其他格式,如 PPT、PDF、PPSX 等常用的格式。在文稿第一次保存时,默认文件名就是主标题的名称,即"智能手机简介"。

此时若想查看幻灯片的放映效果,可以在"幻灯片放映"选项卡的"开始放映幻灯片"

组中单击"从头开始"按钮,演示文稿就会进入放映状态,屏幕上会以整屏的形式出现第1张幻灯片,单击或者按 Enter 键会切换到下一张幻灯片。如果只想从当前幻灯片开始放映,可以单击"从当前幻灯片开始"按钮或单击窗口右下角的"幻灯片放映"按钮。

6.3 幻灯片的改进和美化

6.3.1 幻灯片内容的改进

在演示文稿初步编辑完成后,要对文稿进行进一步的改进。

首先,分析每张幻灯片的内容,看有无重复,有没有精简的可能。每张幻灯片的文字尽量简洁。经过分析发现,幻灯片 4 的几点内容可以进行精简。要准备一张用来对比各种操作系统所占据的市场份额的表格,内容如表 6-1 所示。

表 6-1　智能手机操作系统占据中国市场份额对比(2023 年第 1 季度)

品牌	Android	iOS	HarmonyOS
中国市场份额 (2023 年第 1 季度)	72%	20%	8%

对于百分比的数据,使用饼图进行数据对比的效果要更好。因此在幻灯片 6 后面插入一张幻灯片,根据表 6-1 建立饼图,幻灯片 7 如图 6-17 所示。

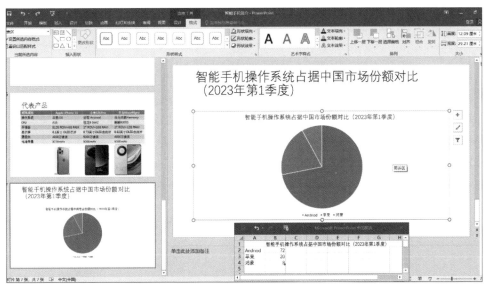

图 6-17　幻灯片 7

6.3.2 幻灯片的组织和管理

演示文稿中的幻灯片不止一张,内容也会比较繁杂,为了更加有效地组织和管理幻灯片,可以为幻灯片添加编号、日期和时间,特别是可以通过将幻灯片分节来更加有效地细分和导航一份复杂的演示文稿。

1. 使用"页眉和页脚"对话框添加元素

在"插入"选项卡的"文本"组中单击"页眉和页脚"按钮,打开"页眉和页脚"对话框。另外注意,单击"文本"组中的"日期和时间"按钮和"幻灯片编号"按钮,打开的也是同一个对话框,如图 6-18 所示。

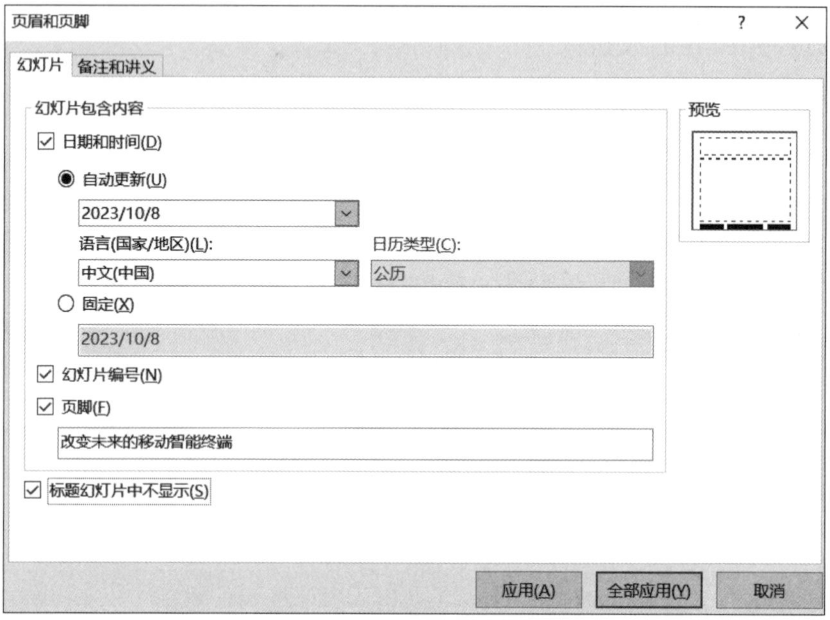

图 6-18 "页眉和页脚"对话框

若选定"日期和时间",则可以在每张幻灯片中插入日期和时间,可以选择"自动更新",则幻灯片中的日期和时间会随着系统日期和时间自动进行更新,在下拉框中可以选择日期和时间格式;若选择"固定",则显示定义的固定的日期和时间。

若选择"幻灯片编号",则自动为幻灯片编号并显示在幻灯片中。若定义页脚文字"改变未来的移动智能终端",则可以在每张幻灯片中显示。选定"标题幻灯片中不显示",则在标题幻灯片中不显示以上内容。定义完成后的显示效果如图 6-19 所示。

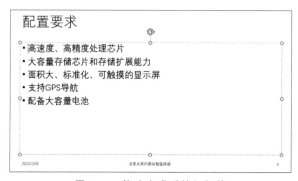

图 6-19 修改完成后的幻灯片

2. 将幻灯片分节

为了能更方便地组织和管理数目众多的幻灯片，PowerPoint 2016 提供了全新的节功能来组织和导航幻灯片。

为幻灯片分节，就像使用文件夹组织文件一样，可以通过划分并命名节，将幻灯片按逻辑类别分组管理。每个节可以包含同类型的内容，不同节可以拥有不同的主题、切换方式等。

可以在幻灯片浏览视图中查看节，也可以在普通视图中查看节。

(1) 新增节。

① 在普通视图或幻灯片浏览视图中，在要新增节的两张幻灯片之间右击。

② 在弹出的快捷菜单中选择"新增节"命令，在指定位置插入一个默认的节名"无标题节"，如图 6-20 所示。该新节的范围是从该幻灯片开始，直到演示文稿末尾。

(2) 重命名节。

① 在现有节的名称上右击，打开快捷菜单，从中执行"重命名节"命令。

② 弹出"重命名节"对话框，在"节名称"文本框中输入新的名称，然后单击"重命名"按钮，如图 6-21 所示。

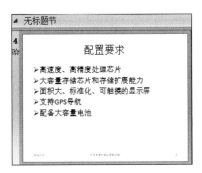

图 6-20　新建一个节

图 6-21　重命名节

(3) 对节的操作。

① 选择节：单击节名称，即可选中该节中包含的所有的幻灯片。可以为选中的节，统一应用主题、切换方式、背景等。

② 展开/折叠：单击节名称右侧的三角图标，可以展开或折叠节包含的幻灯片。

③ 移动节：右击要移动的节名称，在弹出的快捷菜单中选择"向上移动节"或"向下移动节"。

④ 删除节：右击要删除的节名称，从弹出的快捷菜单中选择"删除节"命令。

⑤ 删除节中的幻灯片：单击选中节，按 Delete 键即可删除当前节及节中的幻灯片。

6.3.3　主题的应用

利用 PowerPoint 的主题、母版可以快速地美化幻灯片，并使演示文稿中的所有幻灯片具有一致的外观风格。

PowerPoint 的主题包含协调配色方案、背景、字体样式和占位符位置，它是主题效果、主题颜色和主题字体三者的结合。PowerPoint 提供了多个主题供用户使用,用户也可以根据实际需要创建自己的主题。选用某个主题后,可以指定选定的幻灯片或者文稿中的所有幻灯片应用该主题。

1. 主题的使用

现在要为"智能手机简介"演示文稿应用一个 PowerPoint 提供的主题。在"设计"选项卡的"主题"组中,单击主题方案列表右下角的下拉按钮,会列出很多主题方案。这些主题包括 PowerPoint 提供的和用户自己设计并存储在系统默认位置的 Office 主题。

单击一个主题,PowerPoint 就将选定的主题应用到演示文稿中的所有的幻灯片。如果只想让该主题应用到选定幻灯片,可以右击某主题,在快捷菜单上执行"应用于选定幻灯片"命令。若用户不满意当前主题的效果,可以更换为其他主题。而其中 PowerPoint 默认的主题是"Office 主题"。

图 6-22 是所有幻灯片应用"电路"主题后的效果。应用主题后,由于会改变占位符的大小、位置和字体等,可能原有图片的文字的位置需要进行调整,才能保证更好的效果。

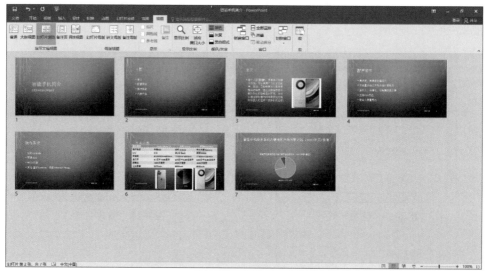

图 6-22 使用"电路"主题后的效果

2. 改变主题的配色方案

若需要更改主题的配色方案,在"设计"选项卡的"变体"组中单击"颜色"按钮,在展开的列表中列出的所有主题的配色方案中选择"穿越",可以将当前"流畅"的主题的配色方案改为"蓝色暖调"的配色方案。注意配色方案的更改不涉及其他元素如字体、背景等。若已有的配色方案都不满意,可以单击"新建主题颜色",打开定义窗口自己定义配色方案,并定义名称保存,如图 6-23 所示。

单击"字体"按钮,可以更改当前主题的标题字体和正文文本字体。单击"效果"按钮,可以更改主题效果。需要注意的是,配色方案可以应用给所有幻灯片,也可以应用给指定幻灯片,但是字体和效果只能应用于所有幻灯片。

若希望保存更改后的主题,可以在"设计"选项卡上的"主题"组中单击"更多"按钮,单

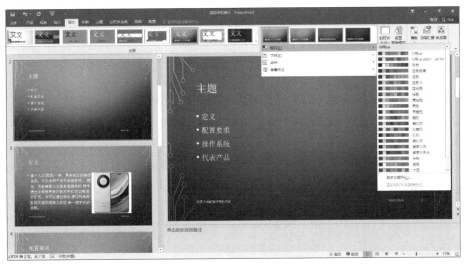

图 6-23 修改配色方案

击"保存当前主题"。在"文件名"框中,为主题输入适当的名称,然后单击"保存"按钮。修改后的主题在本地驱动器上的 Document Themes 文件夹中保存为 .thmx 文件,并将自动添加到"设计"选项卡上"主题"组中的自定义主题列表中。

3. 改变幻灯片的背景样式

背景样式是 PowerPoint 独有的样式,它们使用新的主题颜色模式,新的模型定义了将用于文本和背景的两种深色和两种浅色。浅色总是在深色上清晰可见,而深色也总是在浅色上清晰可见。

在"设计"选项卡上的"背景"组中单击"背景样式"按钮,可以看到 12 种预置的背景样式,其中第一行是纯色填充,第二行是双色渐变填充,第三行是图案填充。在某个背景上的快捷菜单中,选择"应用于所有幻灯片"则将该背景应用于文稿中的所有幻灯片;若单击"应用于所选幻灯片"则将该背景应用于所选幻灯片。

若预置的背景无法满足需要,可以执行"设置背景格式…"命令,打开"设计背景格式"对话框,对背景进行详细设置。设置完成后单击"全部应用"按钮,则将该背景应用于文稿中所有幻灯片;单击"关闭"按钮,则将该背景应用于所选幻灯片,如图 6-24 所示。

若希望演示文稿中的某张或某几张幻灯片的背景与其他幻灯片不一样,通常应首先为多数幻灯片设置相同的背景,然后再单独设置某张或某几张幻灯片的特殊背景。

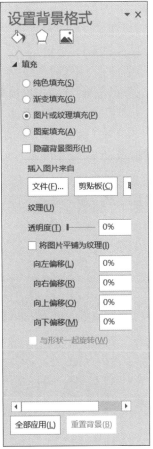

图 6-24 "设置背景格式"对话框

6.3.4 幻灯片母版的使用

利用 PowerPoint 2016 提供的主题,可以快速让演示文稿中的幻灯片具有统一的外观效果。但是,若希望在应用某主题时在所有幻灯片上添加相同的标识,或者标题、文本都改成不同的字体或者改变各级项目符号的图案,甚至不想使用主题的背景而是要自己定义幻灯片的背景图片时,这时候就需要用到 PowerPoint 2016 的母版功能。

母版可以在已有主题上进行添加和修改,也可以不使用预置的主题,自己定义更多的外观。

幻灯片母版是幻灯片层次结构中的顶层幻灯片,用于存储有关演示文稿的主题和幻灯片版式的信息,包括背景、颜色、字体、效果、占位符大小和位置。

每个演示文稿至少包含一个幻灯片母版。修改和使用幻灯片母版的主要优点是可以对演示文稿中的每张幻灯片(包括以后添加到演示文稿中的幻灯片)进行统一的样式更改。

使用幻灯片母版时,由于不需要在多张幻灯片上键入相同的信息,因此节省了时间。由于幻灯片母版影响整个演示文稿的外观,因此在创建和编辑幻灯片母版或相应版式时,将会在幻灯片母版视图下操作。

PowerPoint 2016 提供了幻灯片母版、讲义母版和备注母版。

幻灯片母版控制标题版式幻灯片、标题内容版式幻灯片等各种版式幻灯片的外观格式;讲义母版是为按讲义方式打印幻灯片而提供的母版;备注母版是针对幻灯片备注页而设置的母版。在"视图"选项卡的"母版视图"组中,单击不同按钮可以分别进入这些母版。

现在希望"智能手机简介"演示文稿中所有幻灯片的标题文本设置成"红色""隶书"字体,并且在每张幻灯片上插入同一幅图片,步骤如下。

(1) 在"视图"选项卡的"母版视图"组中,单击"幻灯片母版"按钮,进入"幻灯片母版"视图,选定"幻灯片母版",可以看到幻灯片母版包含的演示文稿的版式和主题信息,如图 6-25 所示。

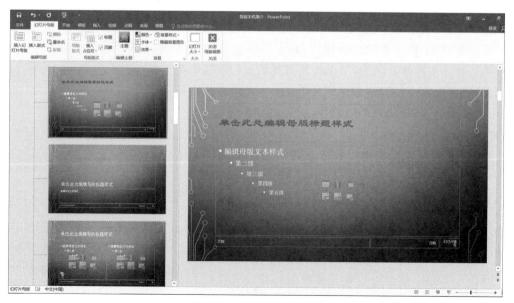

图 6-25 幻灯片母版视图

从左边视图窗格,可以看到与该母版相关联的版式,系统默认所有版式与当前母版关联。当母版发生改变后,会反映到与该母版相关联的幻灯片版式中。鼠标移到某版式上,能看到当前演示文稿中应用该版式的幻灯片。对每个版式,可以选择是否显示标题和页脚,如图 6-26 所示。

若想解除在文稿中未使用的某版式与当前母版的关联,可以在某版式上右击,选择"删除版式",注意文稿中已使用的版式无法删除,如图 6-27 所示。

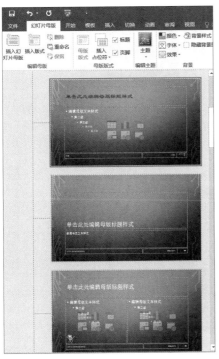 

图 6-26　查看已使用版式及相关幻灯片　　　　图 6-27　删除未使用版式

若用户想自己定义一个版式与该母版关联,可以选择"插入版式",并定义该版式上包含的相关元素。单击母版版式内的"插入占位符",选择需要的占位符来插入,定义完成后可对该版式进行重命名保存,如图 6-28 所示。

根据要求,单击"单击此处编辑母版标题样式",设为"红色""隶书"字体。然后插入一张图片,在"插入"选项卡的"图像"组中单击"图片"按钮,找到所需图片插入,进行调整修改后的幻灯片母版如图 6-29 所示。

修改后发现,在与该母版关联的版式中都进行了修改。单击"关闭母版视图"后,在应用这些版式的幻灯片中也看到了这些改变。

经过观察后发现,标题幻灯片也插入了图片,对于作为封面的标题幻灯片来说,一般不需要插入内容幻灯片的图片。因此需要对幻灯片母版进行修改。

重新进入"幻灯片母版"视图,进入"标题幻灯片"版式发现无法删除图片,这是因为幻灯片母版是幻灯片层次结构中的顶层幻灯片,在母版中定义的元素无法在其下层的版式中删除。

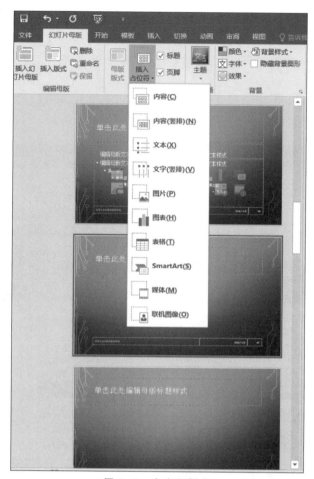

图 6-28　自定义版式

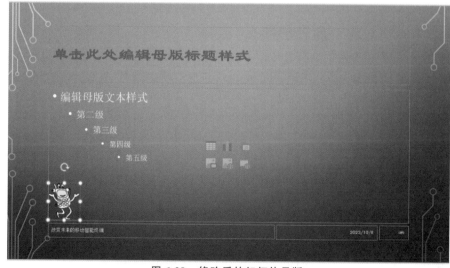

图 6-29　修改后的幻灯片母版

要想在标题幻灯片版式中删除该图片，必须先在母版中删除，然后分别定义下层的版式，分别插入该图片，经过再次修改的母版视图如图 6-30 所示。只在"标题和内容"版式和"两栏内容"中插入图片，其余版式不插入。

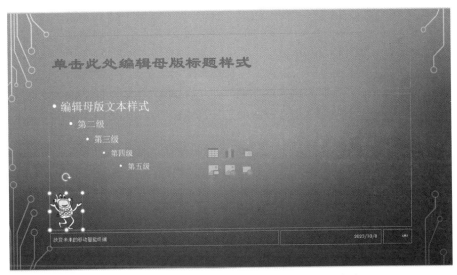

图 6-30 "标题和内容"版式中插入图片的处理方式

经过修改后，关闭"母版视图"，查看修改后的幻灯片，如图 6-31 所示。

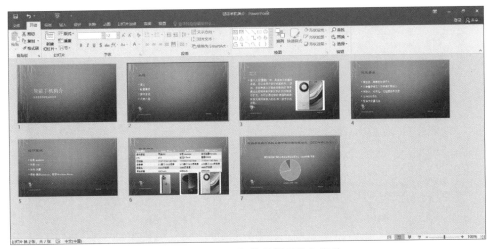

图 6-31 修改幻灯片母版后的幻灯片

除了现有的母版之外，还可以插入一个新的幻灯片母版，并定义与该母版关联的新的版式。

（2）在母版中，还可以修改内容占位符内的文本样式，可以定义每一个级别文本的项目符号、字体大小、颜色等。单击某一级文本后，使用右键菜单进行定义，该修改会应用到与该母版关联的所有版式中。也可以单独在某一个版式中进行定义和修改。

讲义母版与备注母版的修改方法同幻灯片母版类似，可以自己尝试。

6.3.5 设置占位符格式

除了利用主题和母版统一设置幻灯片的外观效果及文本等,也可以单独定义某张幻灯片的文本格式包括字体、字号、颜色等。幻灯片中的文本也有段落的概念,如对齐方式、行距等,可以在"开始"选项卡的"字体"组、"段落"组找到相应的按钮命令,操作方法同Word大同小异,在此不再讲解。

与Word相比,幻灯片中的文本的最大特点就是它们都是图形对象中的文本,无法单独存在。包括占位符、文本框和自选图形都属于图形对象。虽然占位符内的文本在使用方法上与其他对象中的文本有很大区别,但是作为占位符本身,是作为图像对象来定义和编辑的。

下面对标题幻灯片内的主副标题的占位符进行处理,步骤如下。

(1) 单击"智能手机简介"的文本占位符,将其选定,注意不是选定占位符内的文字。

(2) 单击"绘图工具"→"格式"选项卡,打开绘图工具功能区,单击"编辑形状"按钮,在展开的列表中单击"更改形状"→"基本形状"→"椭圆",此时占位符形状已经改为"椭圆",但由于此时文本占位符默认无填充颜色,所以并看不出变化。

(3) 仍然选定该占位符,单击功能区"形状样式"组中的对话框启动器,打开"设置形状格式"对话框(或者使用右键快捷菜单),在"填充"选项卡下,选择"渐变填充",在"预设渐变"中选择"中等渐变—个性色2"。

(4) 对于副标题,也可以做类似的设置,最后的效果如图6-32所示。

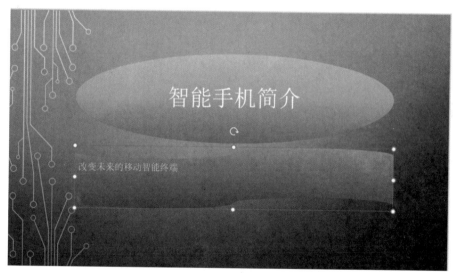

图6-32 第1张幻灯片改变后的效果

通过上面的例子我们发现,文本占位符的使用方式同文本框等其他图形对象很类似,在文本占位符中输入文字就像是在图形对象中添加文字。这种概念与Word中对字的处理的概念不一样。

6.3.6 添加媒体对象

可以在幻灯片中插入媒体对象音频和视频，丰富幻灯片的播放效果。

1. 插入文件中的音频

现在为演示文稿配上声音。假设现在有"手机铃声.mp3"音频文件，选定第 1 张幻灯片，在"插入"选项卡的"媒体"组中，单击 按钮（或者单击"音频"按钮，在打开的列表中选择"PC 上的音频…"命令），打开"插入音频"对话框，找到所需音频文件，单击"插入"按钮。

插入音频文件后，PowerPoint 会在幻灯片的正中央显示一个音频图标 ，鼠标移动到图标上会显示播放控制工具栏，可以将图标移动到幻灯片的适当位置。

在放映时，音频图标会在幻灯片中出现，单击该图标可以播放音频。若想对该音频进行进一步的设置，可以打开"音频工具"→"播放"选项卡，查看更多的设置，如图 6-33 所示。

图 6-33 "音频工具"→"播放"功能区

在该选项卡中，可以对音频添加书签、进行剪裁、设置播放的淡入淡出效果、调整播放音量、设置如何开始播放：自动开始、单击图表开始还是跨幻灯片播放。可以设置放映时隐藏音频图标。默认播放音频是播放一遍，可以设置音频循环播放直到放映停止，或者播放完音频返回开头。

2. 插入其他类型的音频

还可以插入录制的音频和剪贴画音频，操作过程比较简单，不再讲解。

3. 插入视频文件

在"插入"选项卡的"媒体"组中，单击"视频"按钮，可以插入视频。注意视频格式必须是 PowerPoint 支持的格式，否则无法插入，使用方法与音频基本类似，不再讲解。

6.4 添加动态效果

演示文稿与 Word 文档相比，最大的特色就是它的动态效果。良好的动态效果应该完美地配合演示的进度，以紧紧地吸引观众的注意力。

首先来理解演示文稿的动态效果如何实现。演示文稿是由一张张的幻灯片组成的，放映演示文稿时，在默认设置中，通过放映者的操作（单击或者按 Enter 键等），幻灯片按制作的先后次序逐张出现在屏幕上。

在 PowerPoint 中，一张幻灯片的放映其实包括两部分内容：一是幻灯片本身，可以把它看成一个舞台；二是幻灯片上的各种对象（文本、图形、图像等）。

幻灯片本身的出现方式在 PowerPoint 中称为"切换"；幻灯片上的各种对象的出现方式在 PowerPoint 中称为"动画"。因为目前没有设置任何切换效果和动画效果，所以每张幻灯片的背景及内容都是同时出现的。

下面介绍如何设置幻灯片的切换和动画效果。

6.4.1 设置幻灯片的切换效果

幻灯片的切换效果是在演示期间从一张幻灯片移到下一张幻灯片时在"幻灯片放映"视图中出现的动态效果。我们可以控制切换效果的速度，添加声音，甚至还可以对切换效果的属性进行自定义。

选定需要设置切换效果的幻灯片，在"切换"选项卡的"切换到此幻灯片"组中，可以看到当前列出的 11 种切换效果。也可以单击切换效果列表右下角的下拉按钮，在打开的列表中列出了多种切换效果，单击一种切换效果，则该切换效果就应用于所选幻灯片。

应用以后，在幻灯片窗格就会播放这种切换效果，也可以单击"预览"按钮观看切换效果，如图 6-34 所示。

图 6-34 "切换"功能区

"效果选项"按钮可以对所选切换变体进行更改，变体可以让我们更换切换效果的属性，如形状、方向或颜色，不同的切换效果有不同的变体。

如果让演示文稿中的所有幻灯片都使用同一种切换效果，则单击"计时"组中的"全部应用"按钮即可。如果要删除幻灯片的切换效果，只需在切换效果列表中单击"无"按钮，即可删除所选幻灯片的切换效果，再单击"计时"组中的"全部应用"按钮即可删除所有幻灯片的切换效果。

默认的幻灯片换片方式为"单击鼠标时"，即在幻灯片放映中单击鼠标切换到下一张幻灯片。若该选项未被选中，则放映中单击鼠标不会切换，不过这时键盘和右键快捷菜单的操作依然有效。

如果希望幻灯片自动换片，则选中"设置自动换片时间"，然后在后面的文本框中输入一个时间，如"00:02"，那么幻灯片放映 2 秒后会自动切换到下一张。

另外，在切换时还可以指定整个切换过程持续的时间，在"持续时间"后面的文本框中设置换片速度。从"声音"列表框中选中一种声音还可以在换片时配上声音效果。

6.4.2 设置幻灯片的动画效果

幻灯片切换是设置整张幻灯片在放映过程中的出现方式，而幻灯片动画则是设置幻灯片上每个对象的出现效果，即给幻灯片上的文本或对象添加进入、退出、大小、颜色变化甚至移动等视觉效果或声音效果。

设置动画首先需选中幻灯片中的某个或某些对象,然后单击"动画"选项卡,利用功能区上的相应按钮来设置各种动画效果,如图 6-35 所示。

图 6-35 "动画"功能区

默认"动画"组窗格内只显示"进入"的动画效果。单击动画效果列表右下角的下拉按钮(或者单击"添加动画"按钮),在展开的列表中列出了各种"进入""强调""退出"效果和"动作路径"。

"进入"是设置对象出现的方式,"退出"是设置对象退出幻灯片的方式,"强调"是设置对象在幻灯片中的效果,而"动作路径"则可以设置对象的动画运动轨迹,如图 6-36 所示。

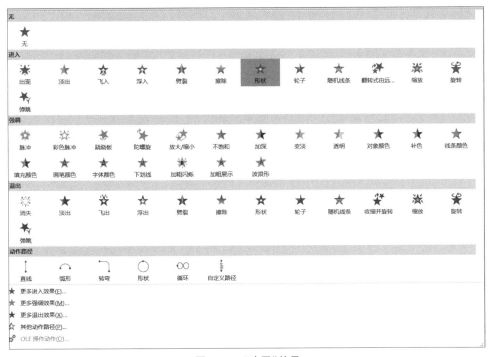

图 6-36 "动画"效果

单击下面的"更多进入效果…"等选项,还可以看到更多的动画效果。

现在对幻灯片 1 的标题"智能手机简介"设置动画效果,操作步骤如下。

(1) 选中"智能手机简介"的占位符,在"动画"选项卡中,单击"形状",并单击"效果选项",将方向改为"切入",形状改为"菱形"。

(2) 可以给同一个对象添加更多的动画效果,仍然选中"智能手机简介"的占位符,单击"高级动画"组中的"添加动画"按钮,选择"强调"组中的"放大/缩小"按钮,"效果选项"中使用默认选项。为了避免放大后字体和占位符过大,首先将字体和占位符适度变小。

(3) 再次为"智能手机简介"的占位符添加动画,添加"动作路径"中的"直线",设置其

"效果选项"中的方向为"上",并适当调整起点和终点,使其从页面底部到页面中间。

(4) 此时"智能手机简介"的占位符已经添加了 3 个动画效果,单击"幻灯片放映"按钮,观看幻灯片动画实际的设置效果,可以看到,这些动画的默认启动方式都是需要"单击鼠标",启动顺序是图 6-37 所示任务列表项前面的标号。能否让这些动画效果自动出现并且同时出现呢?

图 6-37 设置标题动画后的动画窗格

(5) 从图 6-37 中可以看到,音频播放是当幻灯片放映时自动开始的,因此它也是最早的一个动画。其余的 3 个动画效果应该也是以幻灯片放映为起点开始出现的。

首先,同时选中任务列表的 1、2、3 项,单击"计时"组的"开始"项的下拉按钮,将默认的"单击时"改为"与上一项同时",则这 3 个动画效果会随着音频的播放同时出现并执行。为了让效果看得更清楚,将"持续时间"改为 6 秒。另外的一种操作方法是单击"动画窗格"中的下拉列表按钮,在展开的列表中单击"从上一项开始";或者单击列表按钮中的"计时"按钮,打开"计时"选项卡,如图 6-38 所示,在"开始"项下拉列表中选择"与上一动画同时"(等同于"从上一项开始"),在"期间"选择"非常慢(5 秒)",这样开始播放演示文稿时,这 3 个动画就会同时启动。

(6) 选定副标题,设置"进入"动画效果为"缩放",动画启动时间为"上一动画之后",设置完成后的动画任务窗格如图 6-39 所示。

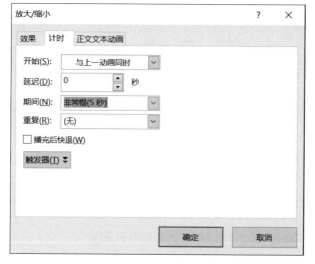

图 6-38 "计时"选项卡

图 6-39 设置完成后的动画窗格

(7) 放映这张幻灯片,可以看到动画效果。

依次可以设置其他幻灯片上对象的动画效果。当多个对象采用相同的动画效果时,可以使用"动画"选项卡的"高级动画"组中的"动画刷"进行动画复制。选定含有动画的对象,单击"动画刷",可以使用一次;双击"动画刷",可以多次重复使用以进行动画复制,直到按 Esc 键或者再次单击"动画刷"停止。

6.5 超链接与动作设置

很多情况下,演讲者需要根据演讲内容跳转到不同的位置,如演示文稿中的某张幻灯片或者打开其他演示文稿,甚至是其他类型的文档或者网页。利用 PowerPoint 的超链接和动作设置可以很好地完成这些任务。

"智能手机简介"演示文稿的第 2 张幻灯片显示了围绕智能手机的各个内容主题,如果在演讲过程中,演讲者希望单击不同主题的文字能跳转到相应主题内容展示的幻灯片页面,而在每讲完一个主题内容之后,可以再回到主题菜单幻灯片,以便强化主题、方便进入其他相应主题、帮助观众把握演讲的脉络,方法如下。

6.5.1 添加超链接

PowerPoint 中实现超链接的方法有两种:"超链接"和"动作"。

首先使用"超链接"为第 2 张幻灯片上的主题文字添加超链接,步骤如下。

(1) 选定第 2 张幻灯片,在幻灯片窗格选定主题文字"定义",在"插入"选项卡的"链接"组中,单击"超链接"按钮(或使用右键快捷菜单中的"超链接…"命令),打开"插入超链接"对话框。

(2) 可以看到链接到的目标有 4 种类型:"现有文件或网页""本文档中的位置""新建文档""电子邮件地址"。在"现有文件或网页"中,可以打开电脑上的其他文件。也可以在下面的地址栏中输入网页地址,打开一个网页。在本例中需要选择"本文档中的位置",选择其中的"定义"幻灯片,如图 6-40 所示。

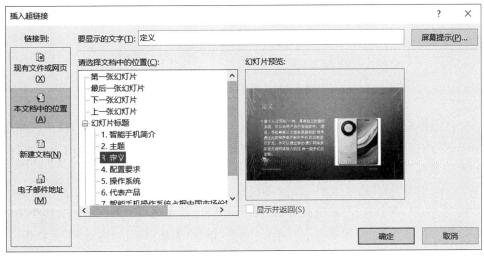

图 6-40 选择本文档中的位置

(3) 如果希望放映时,当鼠标放在这个链接文字上时出现一个提示信息,可以单击"屏幕提示"按钮,在出现的对话框中输入"智能手机的定义",然后单击"确定"按钮即可。

(4) 最后单击"确定"按钮完成超链接的设置。在第 2 张幻灯片放映时,将鼠标移动到"定义"上,稍等一会,就会看到提示文字。

设置完成后,可以看到 PowerPoint 为代表超链接的文本"定义"添加了下画线,并且显示为配色方案中定义的颜色。在放映时,单击超链接跳转后,超链接的颜色也会改变,因此可以通过颜色分辨访问过的超链接。

另外,也可以用"动作"按钮为主题文本添加超链接,步骤如下。

(1) 在幻灯片窗格中选定文字"配置要求",在"链接"选项卡中,单击"动作"按钮,打开"操作设置"对话框,如图 6-41 所示。

图 6-41 "操作设置"对话框

(2) "操作设置"对话框中包括"单击鼠标"和"鼠标悬停"两个选项卡,两个选项卡里提供的设置内容都是一样的,触发时机都是在幻灯片放映时,只不过触发的方式不同,一个是"单击鼠标"时触发动作,另一个是"鼠标悬停"对象时触发动作。

(3) 在"单击鼠标"选项卡中,单击"超链接到",然后打开下拉列表框。从下拉列表中选择"幻灯片"项,则会打开"超链接到幻灯片"对话框,其中列出了当前演示文稿中的所有幻灯片的标题,从中选择"配置要求",单击"确定"按钮(要想取消动作,选择"无动作"),如图 6-42 所示。

(4) 单击"操作设置"对话框中的"确定"按钮,完成添加。

可以用上述的方法为文本"操作系统""代表产品"添加超链接。若想删除超链接,可以

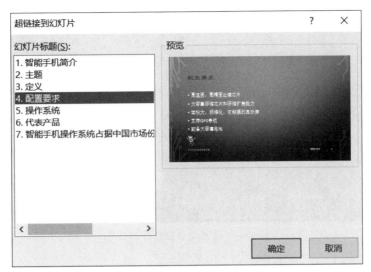

图 6-42 "超链接到幻灯片"对话框

在右键快捷菜单中选择"取消超链接",也可以打开"编辑超链接"窗口,单击"删除超链接"按钮即可。

6.5.2 动作按钮

通过定义超链接,可以在放映时直接跳转到相应主题内容的幻灯片进行演讲;该主题演讲完毕以后,若还希望返回显示所有主题文字的幻灯片,有多种方法,可以使用动作按钮来实现。

PowerPoint 带有一些制作好的动作按钮,可以直接将动作按钮插入幻灯片中,或者为其重新定义超链接动作。动作按钮上的图形都是常有的易于理解的符号,也可以选用自定义动作按钮,然后根据所需定义的动作添加文字或者设置背景图片等。

现在为"智能手机简介"演示文稿的第 3、4、5、6、7 张幻灯片添加动作按钮,通过它直接返回到"主题"幻灯片。

(1) 选定第 3 张幻灯片,在"插入"选项卡的"插图"组中,单击"形状"按钮,在展开的列表中单击一个动作按钮。

(2) 在幻灯片右下角,按住鼠标左键拖动画出所选的动作按钮,释放鼠标,这时"动作设置"对话框自动打开,在"超链接到"列表框会显示默认的对应动作。

(3) 现在更改成我们需要的动作,操作方法同上,将链接定义到"主题"幻灯片,效果如图 6-43 所示。

动作按钮本身也是一种图形,可以对其进行编辑和设置,设置方法不再讲解。设置好以后,将该按钮复制到第 4、5、6、7 张幻灯片。

图 6-43　添加动作按钮后的效果

6.6　演示文稿的放映

在演示文稿的放映过程中,可以通过鼠标或键盘的操作来切换幻灯片。幻灯片的默认放映方式是按照幻灯片的制作顺序依次放映。利用超链接和动作设置可以实现在演示文稿中的不同幻灯片之间的随意跳转。除此之外,PowerPoint 还提供了一些功能来改变幻灯片的默认的放映方式。

6.6.1　幻灯片放映的控制

幻灯片默认的放映过程如下。

(1) 在"幻灯片放映"选项卡的"开始放映幻灯片"组中,单击"从头开始"按钮;或者按键盘的 F5 键,演示文稿进入放映,屏幕上会以整屏的方式出现第 1 张幻灯片。

(2) 单击或者按 Enter 键会切换到下一张幻灯片,按幻灯片的排放顺序依次放映幻灯片。直到最后一张幻灯片,单击,就会提示"放映结束,单击鼠标退出"。

若想从某张幻灯片开始放映,可以选定该幻灯片,单击"从当前幻灯片开始",或单击窗口右下角的"幻灯片放映"按钮,或者按快捷键 Shift+F5。

放映中如果想终止放映,可以按 Esc 键退出放映。

另外,使用快捷菜单里(或者屏幕左下角)的"指针选项"来选择一种指针,在使用指针时可以设置笔迹颜色。

6.6.2　排练计时

若希望演示文稿能自动放映,不需要人工干预。首先要手动设置幻灯片的自动换片时间,如果演示文稿中包含很多张幻灯片,每张内容不同,所需要观看的时间也不同,如果一张一张去设置,是很麻烦的事情。

利用 PowerPoint 提供的"排练计时"功能可以很好地解决这个问题。"排练计时"功能能够自动记录放映时每张幻灯片显示的持续时间,并将这个时间自动设置为幻灯片换片所需的时间间隔。

下面介绍如何为幻灯片记录排练时间。

(1) 打开演示文稿,在"幻灯片放映"选项卡的"设置"组中,单击"排练计时"按钮,演示文稿自动从第 1 张幻灯片开始放映,同时在屏幕左上角显示系统录制排练时间的信息,如图 6-44 所示。

(2) 此时,可以进行模拟演讲或估算演讲时间,完成后,单击"下一项"按钮 ,或者使用其他控制按钮切换到下一张,此时 PowerPoint 就自动将第一张幻灯片的放映时间记录下来,并开始记录第二张幻灯片的放映时间。

(3) 重复步骤(2),直到放映结束。在这期间可以单击"暂停"按钮,暂时停止排练计时;也可以单击"重复"按钮,重新排练当前幻灯片。如果当前幻灯片之后的幻灯片的换片时间无须改变,那么可以按 Esc 键结束放映,这样就会只记录前半部分的幻灯片的排练时间。

(4) 放映结束时会弹出一个对话框,如图 6-45 所示,单击"是",PowerPoint 将录制的各张幻灯片的排练时间设置为自动换片的时间;单击"否",则不保留刚才录制的排练时间。

图 6-44　录制信息及控制　　　　图 6-45　保留排练时间的对话框

单击"是"完成"排练计时"后,会自动进入幻灯片的浏览视图,可以查看每张幻灯片的排练时间。放映时,幻灯片会按这个时间自动切换。当然,如果幻灯片换片方式中的"单击鼠标时"选项被选中,那么也可以在排练时间未到之前单击进行切换。或者在"设置幻灯片放映方式"对话框中设置不使用排练时间换片。

6.6.3　录制旁白

PowerPoint 也允许为演示文稿配上解说(旁白)。要想录制旁白,首先需要保证计算机配有声卡和麦克风,然后在"幻灯片放映"选项卡的"设置"组中单击 按钮,此时会出现"录制幻灯片演示"对话框,如图 6-46 所示。

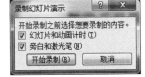

单击"开始录制"按钮,演示文稿自动从头开始放映,同时在屏幕左上角显示录制的时间信息,如图 6-44 所示。

图 6-46　"录制幻灯片演示"对话框

当前幻灯片的旁白录制完成后,可以将幻灯片切换到下一张,继续为下一张幻灯片录制旁白,直到所有幻灯片的旁白录制完成。如果希望从当前幻灯片开始录制,而不是从开头开始录制,在"幻灯片放映"选项卡的"设置"组中,单击"录制幻灯片演示"按钮,在打开的列表中执行"从当前幻灯片开始录制…"命令即可。

录制旁白的同时也会记录排练时间,完成录制后,演示文稿会自动进入幻灯片浏览视图,每张录制了旁白的幻灯片的右下角会出现一个音频图标,放映幻灯片时,可以通过设置来决定旁白是否随之播放。

6.6.4 自定义放映

有的时候,演讲者需要针对不同的观众来展示演示文稿中的不同幻灯片。例如,要给不同专业的学生讲解电子表格软件的应用时,介绍的内容大部分相同,只是针对不同专业的特点,在讲解的顺序和案例内容上有少量的调整。在这种情况下,可以利用 PowerPoint 提供的自定义放映功能,为不同专业的学生创建不同的自定义放映,而不必创建多个基本相同的演示文稿。自定义放映,就是根据已经做好的演示文稿,自己定义放映其中的哪些张幻灯片以及放映的顺序。

下面为"智能手机简介"演示文稿创建自定义放映,步骤如下。

(1) 打开演示文稿,在"幻灯片放映"选项卡的"开始放映幻灯片"组中,单击"自定义幻灯片放映"按钮,在展开的列表中执行"自定义放映…"命令,打开"自定义放映"对话框,因为目前没有定义任何自定义放映,所以"自定义放映"框内是空的。

(2) 单击"新建"按钮,打开"定义自定义放映"对话框。

(3) 在"幻灯片放映名称"框中为演示文稿的第一个自定义放映定义一个名字,如输入"智能手机简介 2"。

(4) 从"在演示文稿中的幻灯片"列表框中选择需要添加的幻灯片,然后单击"添加"按钮,可以将选中的幻灯片添加到"在自定义放映中的幻灯片"列表框中,选择幻灯片时,可以按下 Shift 键或者 Ctrl 键配合选择幻灯片,再单击"添加"按钮,如图 6-47 所示。

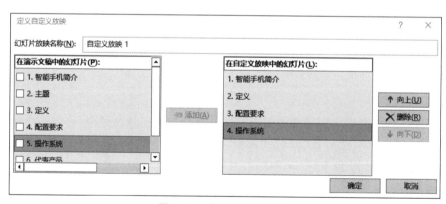

图 6-47 定义自定义放映

(5) 幻灯片在"在自定义放映中的幻灯片"列表框中的顺序决定了它的放映顺序,可以通过"向上"或"向下"按钮进行调整。

(6) 完成后单击"确定"按钮,返回"自定义放映"对话框,可以看到该自定义放映已经出现在列表框中了。

设置好的自定义放映有如下使用方式。

(1)在"幻灯片放映"选项卡的"开始放映幻灯片"组中,单击"自定义幻灯片放映"按钮,在展开的列表中单击要进行放映的自定义放映名称,或者执行"自定义放映…"命令,打开"自定义放映"对话框,然后在对话框中选定所需放映的自定义放映名称,单击"放映"按钮。

(2)在"幻灯片放映"选项卡的"设置"组中,单击"设置幻灯片放映"按钮,在打开的"设置放映方式"对话框中,选中"自定义放映"单选按钮,然后从其下拉列表中选择要启动的自定义放映,单击"确定"按钮。

(3)可以对幻灯片上某个对象设置动作或超链接以启动自定义放映,在"动作设置"对话框的"超链接到"下拉列表中选择"自定义放映"选项,然后在出现的对话框中选择一个自定义放映,或者在"插入超链接"对话框中,选择"本文档中的位置"选项,然后选择"自定义放映"下列出的一个自定义放映,如果希望自定义放映结束后自动返回到当前幻灯片,可以选中"显示并返回"复选框。

另外,一般包含很多张幻灯片的演示文稿,如果在某种场合只有少量的几张幻灯片不需放映,这时可以通过隐藏幻灯片功能实现。

6.6.5 设置幻灯片的放映方式

PowerPoint 还可以设置不同的放映方式。在"幻灯片放映"选项卡的"设置"组中,单击"设置幻灯片放映"按钮,打开的"设置放映方式"对话框如图 6-48 所示。

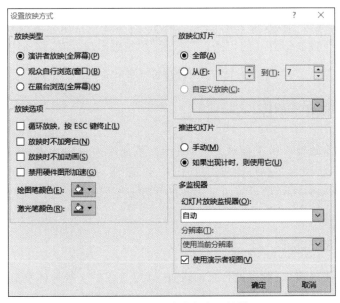

图 6-48 "设置放映方式"对话框

(1)在"放映类型"区域中选择以下三种类型之一。

① 演讲者放映(全屏幕)。这是最常见的放映类型。在放映过程中,可以由演讲者根据需要,人工控制幻灯片放映的进度。此种放映方式多用于讲课、做学术报告等。

② 观众自行浏览(窗口)。若演示文稿的放映环境是大型集会、展览中心等场所,并且还允许观众自己动手操作,可以选择该类型。此种放映方式以标准的 Windows 窗口放映演示文稿,观众可以用快捷菜单或 PageUp、PageDown 键在各张幻灯片之间移动;也可以复制、打印幻灯片,甚至对幻灯片进行编辑,还可以同时打开其他程序或浏览其他演示文稿等。

③ 在展台浏览(全屏幕)。若幻灯片放映时无人看管,可以选择此种方式。采用此种放映方式,演示文稿进行全屏幕放映,最后一张幻灯片放映完后,系统自动返回第 1 张开始重新放映,放映时禁止观众通过鼠标或键盘操纵放映的速度和顺序,只有按 Esc 键,才可以停止放映。使用此种放映方式,必须对演示文稿进行"排练计时",或者为每张幻灯片都设置放映时间。

(2) 在"放映选项"区域中,可以设置以下内容。

① 循环放映,按 Esc 键终止。该设置会在幻灯片放映到最后一张时自动跳转到第一张继续放映,直到按 Esc 键才会终止放映。当"放映类型"为"在展台浏览(全屏幕)"时,该选项会被默认选中,并且不能取消。

② 放映时不加旁白。在幻灯片放映时不播放任何旁白。

③ 放映时不加动画。在幻灯片放映过程中不带任何动画效果,适合于快速浏览演示文稿。

(3) 在"放映幻灯片"区域中,可以设置演示文稿中幻灯片的放映范围。既可以设置放映"全部"幻灯片,也可以定义放映部分幻灯片,若存在一个"自定义放映",也可以设置放映该自定义放映。

(4) 在"换片方式"中,若设置成"手动"换片,则无论是否设置了幻灯片的切换时间,都需要演讲者自行控制幻灯片的切换。若设置为"如果出现计时,则使用它",则幻灯片为自动放映。

6.7 演示文稿的输出

除了可以在本地计算机上播放之外,演示文稿还有多种输出方法,以满足不同的需要,如使用打印机将演示文稿打印成幻灯片、讲义、备注、大纲视图等形式输出,可以打包成能在未安装 PowerPoint 的计算机上放映的文件或刻录成自动播放的 CD 光盘,还可以将演示文稿输出为 Web 网页、图形格式等。

6.7.1 演示文稿的打印

打印演示文稿之前,一般要进行页面设置,确定打印的一些具体参数。

(1) 在"设计"选项卡下,单击"页面设置"组中的"页面设置"按钮,打开"页面设置"对话框,如图 6-49 所示。可以设置幻灯片大小、高度、宽度、编号起始值及方向等。

(2) 选择"文件"选项卡中的"打印"选项,可以看到图 6-50 所示的界面。在此界面下,可以定义打印的份数、打印机的属性等。

在"设置"中,可以定义打印幻灯片的范围,包括全部幻灯片、所选幻灯片、当前幻灯片、自定义范围的幻灯片和自定义放映等,如图 6-51 所示。

图 6-49 "页面设置"对话框

图 6-50 "打印"设置

图 6-51 "设置"选项

在下面的选项中可以指定"打印版式"为：整页幻灯片、备注和大纲。若选择打印"讲义"，可以指定每张打印纸放几张幻灯片（如图 6-52 所示）。"调整"选项可以指定打印的顺序，最下面的"颜色"选项可以指定打印的色彩：彩色、灰度和纯黑白。

6.7.2 演示文稿的打包

PowerPoint 提供的打包功能，可以将演示文稿及其所有的支持文件，包括链接文件、PowerPoint 播放器打包到一起，提供给其他计算机甚至未安装 PowerPoint 的计算机播放演示文稿。

在"文件"选项卡下，依次单击"保存并发送""将演示文稿打包成 CD"，会出现"打包成 CD"对话框，如图 6-53 所示。单击"添加"按钮，可以添加所需打包的文件；单击"复制到文件夹"，则打包到指定的文件夹；单击"复制到 CD"，则可以直接刻录到 CD 上。单击"选项"，可以设置打开密码和修改密码，并选中是否包含"链接的文字"和"嵌入的 TrueType 字体"。

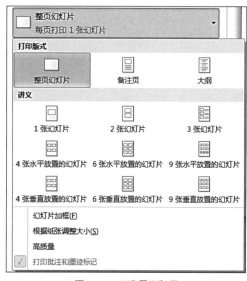

图 6-52 "设置"选项

图 6-53 "打包成 CD"对话框

6.7.3 演示文稿的网上发布

可以将演示文稿另存为扩展名为 xml 的网页文件。或者单击"文件"选项卡中的"保存并发送"按钮，选择"发布幻灯片"，选择要发布的幻灯片后进行发布。

第三部分　计算机应用技术

第三部分是计算机应用技术,包括第 7～10 章。第 7 章主要介绍多媒体计算机系统的组成、音频信息、图像信息的获取与处理、视频信息、多媒体数据的存储技术等;第 8 章主要介绍算法与数据结构、程序设计基础和软件工程;第 9 章主要介绍信息安全、计算机网络安全和计算机病毒与防范;第 10 章主要介绍大数据、云计算、人工智能和量子计算的概念、发展和相关知识。

第 7 章 多媒体技术

在人们的工作学习中接触多媒体技术的例子很多,例如,网上看电影、商场的巨大显示屏、办公大厅的滚动电子屏幕等,它们从视觉和听觉上与人们交流,增加愉悦感和舒适感。

那么究竟什么是多媒体技术呢?本章将介绍多媒体技术概述、多媒体计算机系统的组成、音频信息、图像信息的获取与处理、视频信息、多媒体数据的存储技术等。

7.1 多媒体技术概述

7.1.1 多媒体技术的概念

媒体是信息的载体。在现实生活中,媒体就是人们用于传播和表示各种信息的手段,如报纸、杂志、电视机、收音机等。在计算机领域,媒体有两层含义:一是指用来存储信息的实体,如磁带、磁盘、光盘等;二是传递信息的载体,如数字、文字、声音、图像和图形等。多媒体技术中的媒体一般是指后者。多媒体就是融合两种或两种以上媒体的一种人机交互式信息交流和传播媒体。

多媒体技术将所有这些媒体形式集成起来,以更加自然、方便的方式使计算机与信息进行交互,使表现的信息图、声、文并茂。因此,多媒体技术是数字化信息处理技术、计算机软硬件技术、视频、音频、图像压缩技术、文字处理和通信与网络等多种技术的集合。概括来说,多媒体技术就是利用计算机技术把文本、视频、声音、动画、图形和图像等多种媒体进行综合处理,使多种信息之间建立逻辑连接,即成为一个完整的系统,并能对它们获取、压缩编码、编辑、处理、存储和展示。

7.1.2 多媒体技术的特征

多媒体涉及的技术范围很广,并且强调交互式综合处理等多种信息媒体。因此,多媒体技术具有以下特点。

(1) 集成性。多媒体的集成性主要体现在以下两方面,一方面是媒体信息的集成,即文字、声音、图形、图像、视频等的集成。在众多信息中,每一种信息都有自己的特殊性,同时又具有共性,多媒体信息的集成处理把信息看成一个有机的整体,采用多种途径获取信息、统一格式存储信息、组织与合成信息,对信息进行集成化处理。另一方面是显示或表现媒体设备的集成,即多媒体系统不仅包括计算机本身,而且包括电视、音响、摄像机、DVD 播放机等设备,把不同功能、不同种类的设备集成在一起使其共同完成信息处理工作。

(2) 实时性。实时性指在多媒体系统中声音及活动的视频图像是强实时的(hard

realtime），会随着时间的变化而变化，多媒体系统需提供对这些与时间密切相关的媒体实时处理的能力。例如，一些制作比较粗糙的多媒体作品常会出现声音与图像的停顿或者不同步的情况，这都是没有充分把握实时性的特征。

（3）多样性。多媒体计算机可以综合处理文本、声音、图像、图形、动画和视频等多种形式的信息媒体，多媒体技术就是要把计算机处理的信息多样化和多维化，从而改变计算机信息处理的单一模式，使所能处理的信息空间范围及种类扩大，使人们的思维表达有更充分、自由的扩展空间。

（4）交互性。人可以通过多媒体计算机系统对多媒体信息进行加工、处理并控制多媒体信息的输入、输出和播放。简单的交互对象是数据流，较复杂的交互对象是多样化的信息，如文字、图像、动画以及语言等。

7.1.3 多媒体技术研究的内容

随着计算机与网络的发展，多媒体被广泛应用于网络，产生了多媒体处理与编码、多媒体信息组织与管理技术、多媒体通信网络技术等。

（1）数据压缩技术。多媒体需要解决的关键问题之一是使计算机能够实时地、综合地处理声音、图像、文字等信息，但是，由于数字化的图像、声音等多媒体数据量非常大，而且视频、音频信号还要求快速地传输处理，导致一般的计算机产品特别是 PC 难以实现开展全面的多媒体应用。因此，视频、音频数字信号的编码和压缩算法成为多媒体研究的重要课题。

（2）多媒体专用芯片技术。多媒体专用芯片是多媒体计算机硬件体系结构的关键。为了实现音频、视频信号的快速压缩、解压缩和播放处理，需要大量的快速计算。因此，只有采用专用芯片才能取得满意的效果。多媒体专用芯片的发展趋势将向着更高的集成度、包含更多的功能、成本更加低廉的方向发展。

（3）多媒体输入输出技术。多媒体输入输出技术包括多媒体变化技术、多媒体识别技术、多媒体理解技术和多媒体综合技术。

（4）多媒体系统软件技术。多媒体软件技术主要包括多媒体操作系统、多媒体素材采集与制作技术、多媒体编辑与创作工具、多媒体数据库技术、超文本/超媒体技术这 5 方面的内容。

7.1.4 流媒体技术

随着互联网的普及，大量的音频和视频节目都通过互联网来发布。在网络上传输音频、视频等要求较高带宽的多媒体信息，目前主要有下载和流式传输两种方式。下载方式的主要缺点是用户必须等待所有的文件都传送到位，才能够利用软件播放。随着互联网的普及和多媒体技术在互联网上的应用，迫切要求有能解决实时传送视频、音频、计算机动画等媒体文件的技术。因此，流媒体技术应运而生。

1. 流媒体的概念

流媒体指在数据网络上按时间先后次序传输和播放的连续音频、视频数据流。实际上，流媒体技术是网络音频、视频技术发展到一定阶段的产物，是一种解决多媒体播放时带宽问题的"软技术"。这是融合了很多网络技术之后所产生的技术,涉及流媒体数据的采集、压缩、存储、传输和通信等领域。

媒体流传输过程如图 7-1 所示。用户(Web 浏览器)通过 HTTP/TCP 与 Web 服务器交换信息,获取流媒体服务清单,根据获得的流媒体服务清单向媒体服务器请求相关服务;然后客户端的 Web 浏览器启动相应的媒体播放器,通过 RTP/UDP 从媒体服务器中获取流媒体数据,实时播放。在播放过程中,客户端的媒体播放器需要实时通过 RTCP/UDP 与媒体服务器交换控制信息,媒体服务器根据客户端反馈的流媒体接收情况智能调整向客户端传送的媒体数据流,从而在客户端达到最优的接收效果。

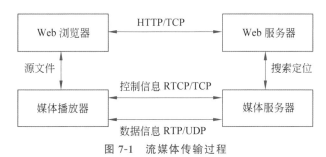

图 7-1 流媒体传输过程

2. 流媒体的传输技术

实现流式传输有两种:顺序流式传输(progressive streaming)、实时流式传输(real-time streaming)。

1)顺序流式传输

顺序流式传输是指顺序下载,在下载文件的同时用户可观看在线媒体。在给定时刻,用户只能观看已下载的那部分,而不能跳到还未下载的部分,顺序流式传输不像实时流式传输那样可以在传输期间根据用户连接的速度做调整。由于标准的 HTTP 服务器可发送这种形式的文件,也不需要其他特殊协议,它经常称为 HTTP 流式传输。顺序流式传输比较适合下载高质量的短片段,如片头、片尾和广告,由于该文件在播放前观看的部分是无损下载的,这种方法保证电影播放的最终质量。这意味着用户在观看前必须延迟,对较慢的连接尤其如此。

顺序流式文件是放在标准 HTTP 或 FTP 服务器上,易于管理,基本上与防火墙无关。顺序流式传输不适合长片段和有随机访问要求的视频,如讲座、演说与演示。它也不支持现场广播,严格来说,它是一种点播技术。

2)实时流式传输

实时流式传输是指保证媒体信号带宽与网络连接匹配,使媒体可被实时观看。实时流与 HTTP 流式传输不同,它需要专用的流媒体服务器与传输协议。由于实时流式传输总是实时传送,因此特别适合现场事件,也支持随机访问,用户可快进或后退以观看前面或后面的内容。理论上,实时流一经播放就可以不停止,但实际上可能会发生周期暂停。

实时流式传输必须匹配连接带宽,这意味着在以调制解调器速度连接时图像质量较差,而且,由于出错丢失的信息被忽略掉,网络拥挤或出现问题时,视频质量很差。如欲保证视频质量,顺序流式传输更好。实时流式传输需要特定的服务器,如 QuickTime

Streaming Server、RealServer 与 Windows Media Server，它们分别对应了流媒体三巨头，即苹果公司、RealNetwork 和微软公司。这些服务器允许对媒体发送进行更多级别的控制，因而系统设置、管理比标准 HTTP 服务器更复杂。实时流式传输还需要特殊的网络协议，如 RTSP(Real-Time Streaming Protocol)或 MMS(Microsoft Media Server)。这些协议在有防火墙时可能会出现问题，导致用户不能看到一些实时内容。但现在随着各种浏览器与操作系统的升级已经很少发生这种现象了。

3. 流媒体播放

为了让多媒体数据在网络中更好地传播，并且可以在客户端精确地回放，人们在传输线路、网络带宽、传输协议、服务器、客户端，甚至是节目本身等各方面做出不懈的努力，提出很多新技术及其应用。

1) 单播

单播(unicast)指在客户端与服务器之间建立一个单独的数据通道，从一台服务器送出的每个数据包只能传送给一个客户机。每个用户必须对媒体服务器发送单独的请求，媒体服务器也必须向每个用户发送巨大的多媒体数据包副本，还要保证双方的协调。这使得服务器的负担十分沉重，响应很慢，难以保证服务质量。

2) 点播与广播

点播是客户端与服务器之间的主动连接。此时用户通过选择内容项目来初始化客户端的连接。用户可以开始、停止、后退、快进或暂停多媒体数据流。

广播(broadcast)指的是用户被动接收流。在广播过程中，客户端接收流，但不能像上面那样控制流。这时，任何数据包的一个单独副本将发送给网络上的所有用户，根本不管用户是否需要，这将造成网络带宽的巨大浪费。

3) 多播

多播(multicast)技术对应于组通信(group communication)技术，构建一种具有多播能力的网络，允许路由器一次将数据包复制到多个通道上。这样，单台服务器可以对几十万台客户机同时发送连接数据流而无延时。媒体服务器只需要发送一个信息包，而不是多个；所有发出请求的客户端共享一个信息包；信息可以发送到任意地址的客户机，减少网络上传输的信息包的总量。因此，网络利用效率大大提高，成本大为下降。总的来说，多播较上面几种播放方式来说，可以保证网络上多媒体应用占用网络的带宽最小。

4) 泛播

泛播(anycast)是一种一对多(one-to-many)发送，但只要其中一个成员收到即可的网络层术语。

5) 智能流技术

当前互联网接入方式多种多样，如 ISDN、ADSL、Cable Modem 专线等，每个用户的接入速率有很大差别。因此，流媒体广播必须提供不同速率下的优化图像，这十分困难。然而智能流技术可以建立在不同类型的编码方式上，对于不同的带宽，提供相应的影音质量，如微软公司的 Multiple Bit Rate(多位率)编码和 RealNetworks 的 Suresteam 技术。

7.2 多媒体计算机系统的组成

多媒体计算机是指配备了声卡、视频卡的计算机,是一种能将数字声音、数字图像、数字视频、计算机图形和通用计算机集成在一起的人机交互式系统。现在,市场上通用的计算机基本都是多媒体计算机。

7.2.1 多媒体计算机的硬件系统

完整的多媒体计算机的硬件系统是在个人计算机的基础上,增加各种多媒体输入设备和输出设备及其接口卡而形成的计算机系统。图 7-2 为具有基本功能的多媒体计算机硬件系统示意图。

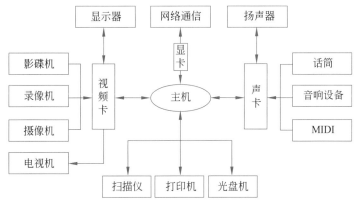

图 7-2　多媒体计算机硬件系统示意图

1. 主机

多媒体计算机的主机可以是中、大型机,也可以是工作站,更普遍的是多媒体个人计算机。为了提高计算机处理多媒体信息的能力,应该尽可能地采用多媒体信息处理器。

2. 多媒体接口卡

多媒体接口卡将计算机与各种外部设备相连,构成一个制作和播出多媒体系统的工作环境。常用的接口卡有声卡、显卡、视频卡等。

1) 声卡

声卡又称为音频卡,是处理音频信号的硬件,目前已作为计算机的必备功能集成在主板上。声卡的主要功能包括录制与播放、编辑与合成处理、提供 MIDI 接口 3 部分。声卡功能示意图如图 7-3 所示。

(1) 录制与播放。通过声卡,可录入外部的声音信号,并以文件形式保存,当从文件读出相应的声音时即可播放。使用不同声卡和软件录制的声音文件格式可能不同,但它们之间可以相互转换。

(2) 编辑与合成处理。可以对声音文件进行多种特效处理,如降入回声、倒放、淡入淡出、单声道放音和左右声道交叉放音等。

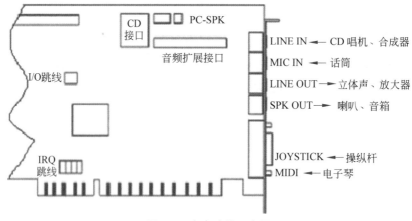

图 7-3 声卡功能示意图

（3）提供 MIDI 接口。用于外部电子乐器与计算机之间的通信，实现对带 MIDI 接口的电子乐器的控制和操作。MIDI 音乐能存放成 MIDI 文件。

声卡除了具有上述功能外，还可以通过语音合成技术使计算机朗读文本，采用语音标识功能，让用户通过语音操作计算机等。

2）显卡

显卡又称为图形加速卡，工作在 CPU 和显示器之间，控制计算机的图形图像的输出。通常显卡以附加卡的形式安装在计算机主板的扩展槽中。

显卡拥有图形函数加速器和显存，专门用来执行图形加速任务，从而可以减少 CPU 处理图形的负担，提高计算机的整体性能，多媒体功能也就可以更容易实现。

现在的显卡上都集成有图形处理芯片组，图形处理芯片多为 64b 或 128b。更大的带宽可以使芯片在一个时钟周期中处理更多的信息。显卡上 BIOS 的功能与主板上的一样，它可以执行一些基本的函数，并在打开计算机时对显卡进行初始化设定。

3）视频卡

视频卡也称为视频采集卡，可以获取数字化数字信息，可以将影碟机、录像机、摄像机、电视机等输出的视频数据或者视频和音频的混合数据输入计算机，并转换成计算机可辨别的数字数据存储在计算机中，成为可编辑处理的视频数据文件。初步采集卡能将视频图像显示在大小不同的视频界面，提供许多特殊功能，如定格、淡出、旋转、滤镜以及透明色处理。很多视频采集卡能在捕捉视频信息的同时获得伴音，使音频部分和视频部分在数字化时同步保存、同步播放。有些视频采集卡还提供了硬件压缩功能，现在 IEEE 1394 卡常被人们用作视频采集卡，将 IEEE 1394 卡插入计算机主板相应的 PCI 插槽上就可以提供视频采集功能。

目前市场上的 IEEE 1394 卡基本上可以分为两类：带有硬解码功能的 IEEE 1394 卡和用软件实现压缩编码的 IEEE 1394 卡。带有硬解码功能的 IEEE 1394 卡不仅能将电视机或者录像机的视频信号传输到计算机，还具备硬件压缩功能。用软件实现压缩编码的 IEEE 1394 卡是把数码摄像带中的视频内容传输到计算机，并通过软件生成 AVI 文件，然后再对 AVI 文件进行编辑、后期加工。

常用 IEEE 1394 卡上的接口有 6 针槽口和 4 针槽口,如图 7-4 所示,4 针槽口专门用来直接连至 DV 或 D8 摄像机。

图 7-4　IEEE 1394 卡上的接口

3. 信息获取设备

多媒体计算机必须配置必要的外部设备来完成多媒体信息获取,常见的数字化图像获取设备有数码相机等静态图像获取设备和数码摄像机等视频图像获取设备。

1) 数码相机

数码相机(DC)是一种与计算机配备使用的照相机,与普通光学照相机之间最大的区别在于数码相机用存储器保存图像数据,而不通过胶片曝光来保存图像。

数码相机的性能指标如下。

(1) 分辨率。分辨率是数码相机最重要的性能指标。数码相机的分辨率标准与显示器类似,使用图像的绝对像素数来衡量。分辨率越高,所拍图像的质量也就越高,在同样的输出质量下可打印的照片尺寸越大。

(2) 颜色深度。这一指标描述数码相机对色彩的分辨能力。目前几乎所有的数码相机的颜色深度都达到了 24b(位),可以生成真彩色的图像。

(3) 存储介质。数码相机所采用的存储媒体是闪存记忆体,主要有 Secure Digital Memory Card(SD)卡、Compact Flash(CF)卡等。

(4) 数据输出方式。数码相机的输出接口为串行口、USB 接口或 IEEE 1394 接口。通过这些接口和电缆,可将数码相机中的摄像数据传输到计算机中保存或处理。若相机提供 TV 接口,则可以在电视机上观看照片。

(5) 连续拍摄。对于数码相机来说,拍完一张照片之后,在将数据记录到内存的过程中不能立即拍摄下一张照片。两张照片之间等待的时间间隔就成为数码相机的另一个重要指标。越高级的相机的间隔时间越短,连续拍摄能力越强。

2) 数码摄像机

数码摄像机(DV)的优点是动态拍摄效果好,电池容量大,DV 带也可以支持长时间拍摄,拍、采、编、播自成一体,相应的软件、硬件支持也十分成熟。目前,数码摄像机普遍都带有存储卡,一机两用切换起来也很方便。由于数码摄像机使用的小尺寸 CCD 与其镜头的不匹配,在拍摄静止图像时的效果不如数码相机。

数码摄像机上通常有 S-Video、AV、DV In/Out 等接口。其中 DV In/Out 接口是标准的数码输入输出接口,它是一种小型的 4 针 IEEE 1394 接口。

7.2.2 多媒体计算机的软件系统

多媒体计算机的软件系统按功能可分为系统软件和应用软件,如图 7-5 所示。

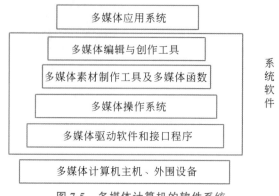

图 7-5 多媒体计算机的软件系统

1. 系统软件

系统软件是多媒体计算机系统的核心,各种多媒体软件都要运行于多媒体操作系统平台上,多媒体计算机系统的主要系统软件有 4 种。

1) 多媒体驱动软件和接口程序

多媒体驱动软件和接口程序是最底层硬件的支撑环境,它直接与计算机硬件相关,可以完成设备初始化、设备的打开和关闭、设备操作、基于硬件的压缩/解压缩、图像快速变换及功能调用等。通常驱动软件有视频子系统、音频子系统、视频/音频信号获取子系统。接口程序是高层软件与驱动程序之间的接口软件,可以为高层软件建立虚拟设备。

2) 多媒体操作系统

多媒体操作系统可以实现多媒体环境下的多任务调度,保证音频、视频同步控制及信息处理的实时性,提供多媒体信息的各种基本操作和管理。操作系统还具有独立于硬件设备和较强的可扩展性的特性。

3) 多媒体素材制作工具及多媒体库函数

多媒体素材制作工具及多媒体库函数是为多媒体应用程序进行数据准备的软件,主要是多媒体数据采集软件,作为开发环境的工具库,供开发者调用。多媒体素材制作工具按功能有文本素材编辑工具、图形素材编辑工具、图像素材编辑工具、声音素材及 MIDI 音乐编辑工具、动画素材编辑工具和视频影像素材编辑工具等。

4) 多媒体编辑与创作工具

多媒体编辑与创作工具是在多媒体操作系统上进行开发的软件工具,用于编辑生成多媒体应用软件。多媒体编辑与创作工具提供将媒体对象集成到多媒体产品中的功能,并支持各种媒体对象之间的超链接以及媒体对象呈现时的过渡效果。多媒体创作工具大都提供文本及图形的编辑功能,但对复杂的媒体对象,如声音、动画以及视频影像等的创作和编辑,还需借助多媒体素材编辑类工具软件。

2. 应用软件

多媒体应用软件是在多媒体创作平台上设计开发的面向应用的软件系统。多媒体应用系统的开发设计不仅要求利用计算机技术将文字、声音、图像、图形、动画及视频等有机地融合为图、文、声、形并茂的应用系统,而且要进行精心的创意和组织,使其变得更加人性化和自然化。

7.3 音频信息

7.3.1 数字音频

声音是通过一定介质(如空气、水等)传播的一种连续的波,在物理学中称为声波。声波是随时间连续变化的模拟量,它有 3 个重要指标:振幅、周期、频率。为了在计算机中使用,必须先将这种模拟波形转换成二进制的数字形式,形成数字声音信号。

声音的数字化处理就是将模拟(连续的)声音波形数字化(离散化),包括采样、量化和编码 3 个过程,如图 7-6 所示。数字音频是通过采样和量化把模拟量表示的音频信号转化成由许多二进制的 0 和 1 组成的数字音频文件。

图 7-6 模拟音频的数字化过程

(1) 采样。采样是每隔一定时间间隔抽取模拟信号的幅度值。采样后得到的是离散的声音振幅样本序列,仍是模拟量。采样频率越高,声音的保真度越好,采样获得的数据量也越大。多媒体计算机采样频率的标准为 11.25kHz、22.05kHz、44.1kHz。

(2) 量化。量化是把采样得到的信号幅度的样本值从模拟量转换成数字量。数字量的二进制位数是量化精度。

采样和量化过程称为模/数(A/D)转换。

(3) 编码。编码是把数字化声音信息按一定数据格式表示。

7.3.2 音频文件的格式

音频数据是以文件的形式保存在计算机中,音频文件的主要格式有 CD、WAV、MP3、WMA、RealAudio、MIDI 等,不同的格式其存储容量不同,使用方式也不同。

1. CD 格式

CD 格式的音质是比较高的音频格式,是近似无损的。采用 cda 作为扩展名。但 cda 文件只是一个索引信息,并不真正包含声音信息,所以计算机上所有的 cda 文件都是 44B,也不能直接复制 CD 格式的 cda 文件到硬盘上播放,需要使用音频抓轨软件进行格式转换。

2. WAV 文件

WAV 文件是 Microsoft 公司开发的一种波形文件格式,是 Windows 本身存放数字声音的标准格式，采用 wav 作为扩展名。利用该格式记录的声音文件能够和原声基本一致，质量非常高，但由于 WAV 格式存放的一般是未经压缩处理的音频数据，所以体积很大，不适于在网络上传播。

3. MP3 文件

MP3 的全称是 MPEG-1 Audio Player 3，是一种以高保真为前提实现的高效压缩技术。MP3 文件是根据 MPEG-1 视频压缩标准，对立体声伴音进行三层压缩所得到的声音文件格式。需要注意的是，MPEG 音频文件的压缩是一种有损压缩，MPEG3 音频编码具有 10∶1～12∶1 的高压缩率，同时基本保持低音部分不失真，但是牺牲了声音文件中 12～16kHz 高音频这部分的质量来换取文件的尺寸。MP3 技术使在较小的存储空间内存储大量的音频数据成为可能，所以 MP3 成为目前较流行的一种音乐文件。

4. WMA 文件

WMA 的全称是 Windows Media Audio，它是微软公司推出的与 MP3 格式齐名的一种新的音频格式。WMA 是以减少数据流量但保持音质的方式来达到比 MP3 压缩率更高的目的，压缩率一般都可以达到 18∶1。现在大多数的 MP3 播放器都支持 WMA 文件。

5. RealAudio 文件

RealAudio 是 Real Networks 公司推出的一种流式音频文件格式，其最大的特点是可以实时传输音频信息，尤其在网速较慢的情况下，仍然可以较为流畅地传输数据，因此主要适用于网上在线音乐欣赏。现在 RealAudio 格式主要有 RA、RM 和 RMX 3 种，这些文件都能随着网络带宽的不同而改变声音的质量，在保证大多数人听到流畅声音的前提下，令带宽较大的用户获得较好的音质。

6. MIDI 文件

MIDI 提供了电子乐器与计算机内部之间的连接界面和信息交流方式，采用 mid 作为扩展名。*.mid 文件可以用作曲软件写出，也可以通过声卡的 MIDI 接口把外界音序器演奏的乐曲写入计算机制成 *.mid 文件，因此 *.mid 格式的最大用处是在计算机作曲领域。

7.3.3 音频处理软件

常用的音频处理软件有以下 4 种。

1. Windows 自带的"录音机"

"录音机"是 Windows 提供给用户的一种具有语音录制功能的工具。用"录音机"录制音频文件时，一次能录制的时间为 60s，此文件的类型为 WAV 格式。

2. GoldWave

GoldWave 是 Chris Craig 先生于 1997 年开发的数字音频处理软件，具有录音、编辑、特效处理和文件格式转换等功能。其结果可以保存为 WAV 格式或 MP3 格式的声音文件。该软件也能够复制、剪切、粘贴声音。

3. Sound Forge

Sound Forge 是 Sonic Foundry 公司开发的，意为"声音熔炉"，即把声音放入这个软件里,就能把它锻造成想要的样子。

4. Adobe Audition

Adobe Audition 是美国 Adobe Systems 公司开发的一个完整的、应用在运行于 PC Windows 系统上的软件。它提供了编辑、控制和特效处理能力,是一个专业的音频处理工具,允许用户编辑个性化的音频文件、创建循环,引进了 45 个以上的 DSP 特效以及高达 128 个的音轨。

Adobe Audition 的工作模式有 3 种:单轨(编辑)模式、多轨模式和 CD 模式,其中最常用的是单轨模式和多轨模式。在单轨模式状态下,可以对单一的声音波形进行各种编辑处理和效果的设置,还可以分别对左右声道单独进行编辑处理。多轨模式状态适合对多个音频轨道进行编辑、录制和合成处理,最多可以同时处理的轨道数为 128 个。

7.4 图像信息的获取与处理

7.4.1 图像文件

图是指使用描绘或摄影等方法获得的外在景物的相似物;像是指直接或间接得到的人或物的视觉印象。图像是指人类视觉系统所感知的信息形式或是人们心目中的有形想象。例如,扫描仪、摄像机等输入设备捕捉实际的画面产生的数字图像都是计算机图像,是像素点阵构成的仿图。

计算机绘图分为点阵图和矢量图两大类。

(1) 点阵图(bitmap)。点阵图又称为位图或像素图。计算机屏幕上的图像由屏幕上的发光点(像素)构成,每个点用二进制数据来描述其颜色与亮度等信息,这些点是离散的,类似于点阵。多个像素的色彩组合就形成了图像,称为点阵图。

点阵图图像表现力强、细腻、层次多、细节多,可以十分容易地模拟出像相片一样的真实效果。但是,由于是对图像中的像素进行编辑,所以在对图像进行拉伸、放大或缩小等处理时,其清晰度和光滑度会受影响。

(2) 矢量图(vector)。矢量图又称为向量图,是用一系列计算机指令来描述和记录一幅画的,这些指令给出该画面的所有直线、曲线、矩形、椭圆等的形状、位置、颜色等各种属性和参数。

矢量图文件存储量很小,适用于文字设计、图案设计、版式设计、标志设计、计算机辅助设计、工艺美术设计、插图等。矢量图可以任意缩放大小,仍能保持图详情。

点阵图和矢量图的对比效果如图 7-7 所示,它们没有好坏之分,只是用途不同。在实际使用时,应整合点阵图像和矢量图像的优点来处理数字图像。

7.4.2 图像文件的格式

图像文件的主要格式有 BMP、GIF、JPEG、PDF、PSD、PNG 等,大多数图像软件都可以支持多种格式的图像文件,以适应不同的应用环境。

1. BMP 格式

BMP(Bitmap)图像文件格式是微软公司为 Windows 环境设置的标准图像文件格

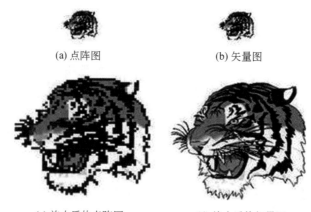

图 7-7 点阵图与矢量图的对比效果

式,采用的非压缩的格式,最适合处理黑白图像文件,清晰度很高。由于 Windows 操作系统的绝对优势,在 PC 上运行的绝大多数图像软件都支持 BMP 格式的图像文件。

2. GIF 格式

GIF(Graphics Interchange Format)的原意是"图像互换格式",是 CompuServe 公司于 1987 年开发的图像文件格式,主要是在不同的系统平台上交换图片,为网络传输和 BBS 用户使用图像文件提供方便。GIF 文件的压缩率一般在 50% 左右,存储效率高。目前几乎所有的相关软件都支持它,特别是适合于动画制作、网页制作及演示文稿制作等领域。

3. JPEG 格式

JPEG(Joint Photographic Expert Group)格式即联合图像专家组,它是应用最广泛的一种跨平台操作的压缩格式文件,其最大的特点是压缩性很强。在压缩时采用有损压缩的方式去除冗余的图像和彩色数据,在获得较高压缩率的同时能展现十分丰富和生动的图像。因此,JPEG 格式适用于网上的图像传输。

4. PDF 格式

PDF(Portable Document Format)格式是 Adobe 公司开发的一种便携文本格式,是一种基于 PostScript 语言、跨平台的电子出版物格式。PDF 格式可以精确地显示字体、页面格式、位图与矢量图以及插入超链接,它是目前电子出版物最常用的格式。

5. PSD 格式

PSD 是 Adobe 公司开发的专门用于支持 Photoshop 的默认文件格式,其专业性较强,支持 Photoshop 提供的所有的图像模式,包括多通道、多图层和多种色彩模式。PSD 文件分层,便于修改。但由于 PSD 格式包含的图像数据信息较多,其占据磁盘空间较大。

6. PNG 格式

PNG(Portable Network Graphics)兼有 GIF 和 JPEG 的色彩模式,能把图像文件压缩到极限以利于网络传输,显示速度也特别快,可以让图像和网页背景很和谐地融合在一起;缺点是不支持动画效果。现在越来越多的软件开始支持 PNG 格式,它在网络上越来越流行。

7.4.3 图像处理软件

1．ACDSee

ACDSee 是一款优秀的数字图像处理软件，它能广泛应用于图片的获取、管理、浏览、优化。利用 ACDSee 相片管理器可以快速地查看和寻找相片，修正不足，并可以通过电子邮件、打印和免费在线相册来分享收藏。

2．Photoshop

Photoshop 是美国 Adobe 公司开发的平面图像设计、处理软件，其主要功能是绘画和图像处理，被广泛应用于平面设计、美术制作、摄影、建筑装潢、彩色印刷、广告创意等领域，更是多媒体制作不可或缺的得力助手。

3．Flash

Flash 是美国 Macromedia 公司设计出品的矢量图形编辑和动画创作的专业软件，主要应用于网页设计和多媒体创作等领域，功能十分强大和独特，已成为交互式矢量动画的标准。Flash 与 Macromedia 公司的 Fireworks 和 Dreamweaver 并称为网页制作三剑客。Flash 动画已成为目前最流行的二维动画形式。

Flash 动画可以制作 Web 导航、互动图片、游戏、贺卡广告等，Flash Player 已成为网上应用最广泛的主流播放器。

4．Maya

Maya 是 Alias Wavefront 公司开发的三维动画软件，它集成了 Alias Wavefront 最先进的动画及数字效果技术，不仅包括一般三维和视觉效果制作的功能，还结合了最艰辛的建模、数字化布料模拟、毛发渲染和运动匹配技术。因 Maya 强大的功能，其软件已经渗入电影、广播电视、公司演示、游戏可视化等各个领域。

5．3ds Max

3ds Max 是世界上应用最广泛的三维建模、动画、渲染软件，完全满足制作高质量动画、最新游戏、设计效果等领域的需要。

6．AutoCAD

AutoCAD 是由美国 Autodesk 公司为在微型计算机上应用 CAD 技术而开发的绘图程序软件包，经过不断完善，已经成为国际上最为流行的绘图工具。

7．美图秀秀

美图秀秀是一款很好用的国产免费图片处理软件，软件的操作和程序相对于专业的图片处理软件更简单。其独有的图片特效、人像美容、可爱饰品、文字模板、智能边框、自由拼图等功能可以让用户短时间内制作出自己想要的影片效果，深受年轻人喜欢。

7.5 视频信息

7.5.1 视频的概念

视频是由一系列的静态图像按一定的顺序排列组成的，每一幅称为帧。电影、电视通过快速播放每帧画面,再加上人眼视觉效应便产生了连续运动的效果,即视频。通常视频图像还配有同步的声音,所以视频信息需要巨大的存储容量。如电视就是常见的视频信号,它可以是彩色的、黑白的,也可以是静止的、活动的。

视频有模拟视频和数字视频两类。

1. 模拟视频

普通广播电视信号就是一种典型的模拟视频信号,其特点是信号在时间和幅度上都是连续变化的。对模拟视频信号进行视频处理的技术称为模拟视频技术。在接收机中,通过显示器进行光电转换,生成人眼所接受的模拟信号的光图像。

2. 数字视频

数字视频是指用二进制数字表示的视频信号,就是先用摄像机之类的视频捕捉设备将外界影像的颜色和亮度信息转变为电信号,再记录在存储介质中。视频数字化过程同音频相似,即在一定的时间内以一定的速度对单帧视频信号进行采样、量化、编码等过程,实现模/数转换、彩色空间变换和编码压缩等,这通过视频捕捉卡和相应的软件来实现。

7.5.2 视频文件

1. 视频压缩标准

视频数据的编码和压缩以声音与图像的编码和压缩为基础,主要采用的是 MPEG(Motion Picture Experts Group)系列的标准。MPEG 成立于 1988 年,任务是开发运动图像及其声音的数字编码标准。目前 MPEG 格式有 MPEG-1、MPEG-2、MPEG-4、MPEG-7、MPEG-21 等压缩标准。

1)MPEG-1

MPEG-1 标准制定于 1992 年,它是针对 1.5Mb/s 以下数据传输率的数字存储媒体运动图像及其伴音编码而设计的国际编码,即人们常见的 VCD 制作格式。这种视频格式的文件扩展名有 mpg、mlv、mpe、mpeg 及 VCD 光盘中的 dat 文件等。

2)MPEG-2

MPEG-2 标准制定于 1994 年,它是一个直接与数字电视广播有关的高质量图像和声音编码标准。MPEG-2 标准和 MPEG-1 标准的基本编码算法相同,但是增加了许多 MPEG-1 标准没有的功能,压缩比例高达 200∶1,其主要应用在 DVD/SVCD 的制作方面。这种视频格式的文件扩展名有 mpg、mpe、mpeg、m2v 及 DVD 光盘中的 vob 文件等。

3)MPEG-4

MPEG-4 标准制定于 1998 年,它是为播放高质量的流式媒体视频而专门设计的,可以利用很窄的带宽,通过帧重建技术压缩和传输数据,以求使用最少的数据获得最佳的图像质量,是目前非常流行的视频压缩标准。这种视频格式的文件扩展名有 asf、mov、avi 等。

2. 视频文件的格式

根据应用环境的不同,视频文件的格式可以分为适合本地播放的本地影像视频格式和适合在网络中播放的网络流媒体。

1)本地影像视频格式

(1)AVI 格式。AVI 格式即音频视频交错(Audio Video Interleaved)格式。1992 年,

微软公司推出了 AVI 技术及其应用软件 VFW(Video For Windows)。AVI 格式允许视频和音频交错在一起同步播放,一般用于保存电影、电视等各种影像信息。

(2) MPEG/MPG/DAT 格式。MPEG 是运动图像压缩算法的国际标准,现在几乎所有的计算机平台都支持。MPEG 标准包括 MPEG 音频、MPEG 视频和 MPEG 系统 3 部分,MP3 音频文件是 MPEG 音频的一个典型应用,VCD、DVD 则是全面采用 MPEG 技术生产出来的消费类电子产品。

2) 网络流媒体

(1) RM 格式。RM 格式是 Real Networks 公司所指定的音频、视频压缩规范 Real Media 中的一种,用户可以使用 RealPlayer 或 RealOne Player 对符合 Real Media 技术规范的网络音频、视频资源进行实况转播,并且 Real Media 可以根据不同的网络传输速率制定出不同的压缩比率。

(2) WMV 格式。WMV(Windows Medio Video)是微软公司推出的一种采用独立编码方式并可以直接在网上实时观看视频节目的文件压缩格式。WMV 格式的主要优点是可扩充的媒体类型、本地或网络回放、可伸缩的媒体类型、流的优先级化、多语言支持、环境独立性和扩展性等。

(3) ASF 格式。高级流媒体格式(Advanced Streaming Format,ASF)是微软公司为了和 RealPlayer 竞争而推出的一种视频格式,用户可以直接使用 Windows 自带的 Windows Media Player 对其播放。ASF 使用了 MPEG-4 标准的压缩算法,压缩率和图像的质量都非常好,适用于网上观看视频节目。

(4) MOV 格式。MOV 即 QuickTime,是 Apple 公司开发的,用于存储常用数字媒体类型。它提供了两种标准图像和数字视频格式,Apple Mac 和 Microsoft Windows 等主流计算机平台都支持。

7.5.3 视频处理软件

1. Adobe Premiere

Adobe Premiere 是 Adobe 公司推出的非常优秀的视频编辑软件,能对视频、声音、动画、图片、文本进行编辑加工,并最终生成电影文件。并且,它可以与 Adobe 公司推出的其他软件相互协作,目前这款软件广泛应用于广告制作和电视节目制作。

2. Windows Movie Maker

Windows Movie Maker 是 Windows 系统自带的视频制作工具,功能比较简单,可以组合镜头、声音,加入镜头切换的特效,只要将镜头片段拖入即可,操作很简单,适合家用摄像后的一些小规模的处理。可以在计算机、摄像机中播放,也可以通过 Web、电子邮件等与好友分享。

7.6 多媒体数据的存储技术

7.6.1 光存储技术

光存储介质统称光盘。光盘上有凹凸不平的小坑,光照射到上面有不同的反射,再转化为 0、1 的数字信号就成了光存储。CD 光盘、DVD 光盘等光存储介质,采用的存储方式都与软盘、硬盘相同,是以二进制数据的形式来存储信息。

光存储系统的技术指标主要包括存储容量、平均存取时间、数据传输率、误码率及平均无故障时间等。

(1) 存储容量。指所能读写的光盘盘片的容量,光盘容量又分为格式化容量和用户容量。采用不同的格式和不同的驱动器,光盘格式化后的容量不同。一般用户容量比格式化容量小,因为光盘还要存放有关控制、校验等信息。

(2) 平均存取时间。指在光盘上找到需要读写信息的位置所需要的时间,即指从计算机向光盘驱动器发出命令,到光盘驱动器可以接收读写命令为止的时间。一般取光头沿半径移动全程 1/3 长度所需要的时间为平均寻道时间,光盘旋转一周的一半时间为平均等待时间,两者加上读写光头的稳定时间就是平均存取时间。

(3) 数据传输率。一种是指从光盘驱动器读取数据的速率,可以定义为单位时间内从光盘的光道上读取数据的比特数,这与光盘转速、存储密度有关;另一种是指控制器与主机间的传输率,它与接口规范、控制器内的缓冲器大小有关。

(4) 误码率。采用复杂的纠错编码可以降低误码率。存储数字或程序对误码率的要求高,存储图像或声音数据对误码率的要求较低。

7.6.2 光存储介质

1. CD

一般的 CD 有两种:大批量生产出来的压制盘和个人计算机制作出来的刻录盘。这两种标准盘片一般直径为 120mm、厚度为 1.2mm。常见有 CD-DA、CD-ROM、CD-R 等。

(1) 精密光盘数字音频(Compact Disc-Digital Audio,CD-DA)。1980 年,飞利浦和索尼公司发布了 CD-DA 标准,就是红皮书标准,指定了数字音频数据格式、光盘的物理规格、媒体大小、轨道间距等。

CD-DA 格式中的数据是把一个声音文件进行编码并把这些编码采样后转换为数字格式。1min 的 CD 音频大约占 10MB 的容量。利用一些特殊的软件,有可能实现直接从 CD 本身读取这些数字编码的音频数据文件,也可以将这些文件存储在一台计算机上,如 WAV 文件。

(2) 只读光盘(Compact Disc Read-Only Memory,CD-ROM)。只能写入数据一次,信息将永久保存在光盘上,使用时通过光盘驱动器读出信息。1983 年,飞利浦、索尼和微软公司经历多次修正推出了 CD-ROM 的黄皮书。CD-ROM 与普通常见的 CD 光盘外形相同,但 CD-ROM 存储的是数据而不是音频。CD-ROM 光盘的表面变脏和划伤都会降低其可读性。

(3) CD-R。是一种一次写入、永久读的标准,CD-R 写入数据后,该光盘就不能再刻写了,刻录得到的光盘可以在 CD-DA 或 CD-ROM 驱动器上读取。1989 年,飞利浦、索尼公司发布了可刻录光盘标准的橘皮书。由于产品和生产线的不同,CD-R 盘片产品的反射层采用不同的染料,也就是习惯上人们称为的"金盘""银盘""绿盘""蓝盘",各自的颜色、性能都存在差异。现在主流的品牌盘片都是 700MB 的存储容量。

2. VCD

影印光盘(Video Compact Disc,VCD)是一种在光盘上存储视频信息的标准,VCD可以在个人计算机或 VCD 播放器以及大部分 DVD 播放器中播放。

VCD 标准由索尼、飞利浦、松下、JVC 等电器生产商于 1993 年联合制定,属于数字光盘的白皮书标准,是一种全动态、全屏播放的视频标准。它的格式可分为以下 3 种。

(1) 分辨率为 352×240 像素,每秒 29.97 幅画面(适合 NTSC 制式电视播放)。

(2) 分辨率为 352×240 像素,每秒 23.976 幅画面。

(3) 分辨率为 352×288 像素,每秒 25 幅画面(适合 PAL 制式电视播放)。

由于 VCD 的比特率和普通音乐 CD 相当,因此,一张标准的 74min 的 CD 可以存放大约 74min 的 VCD 格式的视频。

3. DVD

数字多功能光盘(Digital Versatile Disc,DVD)是一种光盘存储器,通常用来播放标准电视机清晰度的电影。与 CD 外观极为相似,它们的直径都是 120mm 左右;与 CD 不同的是,DVD 一开始就定位为多用途光盘,原始的 DVD 规格里共有 5 种子规格。

(1) DVD-ROM:用作存储计算机数据。

(2) DVD-Video:用作存储图像。

(3) DVD-Audio:用作存储音乐。

(4) DVD-R:只可写入一次刻录盘片。

(5) DVD-RAM:可重复写入刻录盘片。

第 8 章　软件开发技术

使用计算机解决问题的一般方法是首先从客观世界中抽象出数据,并把这些数据按照一定的形式组织起来;然后设计解决问题的方法;最后将这些数据和方法以程序代码的形式存放在计算机中运行,从而解决问题。

组织数据的方法称为数据结构;解决问题的方法称为算法;将数据和算法在计算机中实现的过程称为程序设计。当程序规模较大时,需要使用工程学的方法对整个程序设计过程加以管理,称为软件工程。以上 3 种技术结合起来构成了软件开发技术。本章介绍算法与数据结构、程序设计基础和软件工程 3 方面的知识。

8.1　算法与数据结构

著名计算机科学家、Pascal 之父、图灵奖获得者 N.Worth(沃斯)在 1976 年发表了著名的论文《算法＋数据结构＝程序》,阐述了算法与数据结构在程序设计中的重要作用,从此成为程序设计的基本定律。

8.1.1　算法

1. 算法的概念和特性

算法是指解题方案准确而完整的描述,或者说是针对某个特定问题的解决方法和步骤。

不是所有的解题方案都可以被称为算法,算法具有 5 个基本特性,只有符合这 5 个基本特性的解题方案才可以被称为算法。5 个基本特性分别如下。

(1) 可行性。算法中执行的任何计算步骤都可以被分解为基本的可执行的操作步骤,即每个计算步骤都可以在有限时间内完成(也称为有效性)。

例如,将 x 加 5 是足够基本的,而将 x 增加则不够基本。

(2) 有穷性。算法在有限的步骤内执行完毕,当然这个有穷性不是指数学上的有穷,而是在解决现实问题中能够接受的极限。

例如,要破译一段密码,该密码时效是 3 天,我们采用的算法需要 4 天才可以破译完成,则该破译算法不符合有穷性原则。

(3) 确定性。算法的每个步骤都必须有明确的定义,不能存在二义性,不能模棱两可。

(4) 输入。一个算法至少有 0 个或者多个输入,以确定运算对象的初始形态。

(5) 输出。一个算法至少有 1 个或者多个输出,以确定处理后的对象形态,没有输出就意味着无法验证算法的处理效果。

2. 衡量算法的标准

针对同一个待解决的问题,可以设计多种算法,在解决问题时应选择最优的算法。因此,需要了解算法的衡量标准。算法的衡量通常包含以下 4 方面。

(1) 正确性。算法的正确性是评价一个算法优劣的最重要的标准。

(2) 可读性。算法的可读性是指一个算法可供人们阅读的容易程度。

(3) 健壮性。算法的健壮性是指一个算法对不合理数据输入的反应能力和处理能力,也称为容错性。

(4) 效率。算法的效率包括两个具体的衡量标准:一个是时间复杂度;另一个是空间复杂度。

算法的时间复杂度是指执行算法所需要的计算工作量。通常情况下算法执行的具体时间是无法计算的,一般情况下,算法中基本操作重复执行的次数是问题规模 n 的某个函数,用 $T(n)$ 表示,若有某个辅助函数 $f(n)$,存在一个正常数 c 使得 $f(n) \times c \geqslant T(n)$ 恒成立。记作 $T(n) = O(f(n))$,称 $O(f(n))$ 为算法的渐进时间复杂度,简称时间复杂度。

算法的空间复杂度是指执行这个算法所需要的内存空间。包括算法程序所占的空间,输入的初始数据所占的空间,算法执行过程中所需的额外空间,其中额外空间包括算法的程序执行过程中的工作单元,以及某种数据结构所需要的附加存储空间。与时间复杂度类似,算法的执行空间也是一个问题规模的函数,通常情况下记为 $S(n) = O(f(n))$。如果一个算法的额外空间与问题规模无关,或者说空间复杂度是 $O(1)$,则称为原地工作。

尽管在很多情况下,适当增加辅助存储空间可以减少时间复杂度,但严格来讲算法的时间复杂度和空间复杂度之间并没有直接的联系。

3. 算法设计和表示的基本方法

常见算法包括递推法、递归法、穷举法、贪心算法、分治法、动态规划法、迭代法、分支界限法、回溯法等。

人们通常使用流程图、自然语言、伪代码和形式语言的方法来描述算法,其中流程图最为普遍。

8.1.2 数据结构

1. 数据结构的概念

从学科角度上看,数据结构是一门研究非数值计算的程序设计问题中的操作对象,以及它们之间的关系和操作等相关问题的学科。在数据结构中主要解决以下 3 个问题。

(1) 逻辑结构。数据集合中数据元素之间所固有的逻辑关系。

(2) 物理结构。逻辑结构在物理存储中的映射,或者说逻辑结构在计算机中的实现。

(3) 基本操作。对数据进行的基本运算,利用这些基本运算可以描述建立在当前数据结构之上的各种算法,编写各种程序。

从计算机程序设计的角度来看,数据结构是指相互之间存在着一种或多种关系的数据元素的集合以及数据元素之间的关系。其中,数据是指客观事物的符号表示,是能输入到计算机中并被计算程序识别和处理的符号的总称,如文档、声音、视频等;数据的基本单位称为数据元素,具有相似性质的数据元素组成数据对象,在数据对象中增加数据元素之间的关系即为数据结构。

2. 数据结构的描述

数据结构通常可以使用一个二元组进行描述,即

$$\text{Data\_Struct} = (D, R)$$

其中,D 表示数据对象;R 表示数据对象 D 中所有元素之间关系的有限集合。

3. 线性结构与非线性结构

在数据元素之间关系的描述中,通常使用前件(直接前驱)和后件(直接后继)来描述一个数据元素和其他数据元素之间的关系。例如,在某个数据结构中包含两个数据元素 E_1 和 E_2,E_1 在 E_2 之前,且在 E_1 和 E_2 之间不存在其他数据元素,则记为 $<E_1, E_2>$,称 E_1 是 E_2 的前件,E_2 是 E_1 的后件。

根据数据结构中各元素之间前后件关系的表现形式,可以将数据结构分为两大类。

(1) 线性结构。线性结构中有且只有一个起始结点和一个终结结点;除起始结点外每一个结点有且仅有一个前件,起始结点没有前件;除了终结结点外每个结点有且仅有一个后件,终结结点没有后件。

例如,学生点名册中每个同学可以抽象为一个数据元素,则存在第一个学生和最后一个学生,其他学生的前件只有一个,后件也只有一个,如图 8-1 所示。

图 8-1 线性结构

A 是第一个元素,没有前件,后件是 B;B 的前件是 A,后件是 C;E 是最后一个元素,没有后件。

(2) 非线性结构。不满足线性结构定义的数据结构称为非线性结构。

图 8-2 是一个单位组织结构图,每个员工可以抽象为一个数据元素,部分员工(如 B)领导若干员工,因此他有多个后件,不符合线性结构的定义,属于非线性结构。

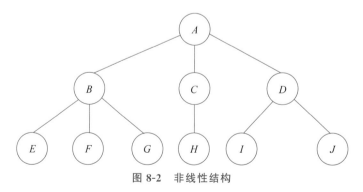

图 8-2 非线性结构

在本教材中,栈、队列、双向链表属于线性结构,树、二叉树、图属于非线性结构。

8.1.3 线性表

线性表是最基本、最简单,也是最常用的一种数据结构,是描述一对一的线性关系的最常见数据类型。

1. 非空线性表的结构特征

(1) 有且只有一个首结点 a_1,它无前件。
(2) 有且只有一个尾结点 a_n,它无后件。
(3) 除首结点与尾结点外,其他所有结点有且只有一个前件,也有且只有一个后件。
(4) 结点个数 n 称为线性表的长度,当 $n=0$ 时,称为空表。

非空线性表可以使用 $(a_1,\cdots,a_i,a_{i+1},\cdots,a_n)$ 的方式进行描述,其中,a_1 称为表头,a_n 称为表尾。

2. 线性表的顺序存储

顺序存储是用一组地址连续的存储单元依次存储线性表的数据元素,称为线性表的顺序存储结构或顺序映像,它以"物理位置相邻"来表示线性表中数据元素间的逻辑关系。

地址连续要求在两个数据之间不允许出现空闲的存储空间,依次存储要求数据元素在存储空间中的顺序与逻辑顺序保持一致。在确定表头 a_1 存储位置的前提下,用 $Loc(a_1)$ 表示 a_1 的地址,L 表示每个数据元素的长度,可以采用公式 $Loc(a_1)+(i-1)L$ 直接确定数据元素 a_i 的地址,从而实现 a_i 的存取,这种存取方式称为随机存取,是顺序存储最大的优点。

但是地址连续和依次存储意味着插入和删除数据时需要移动大量的数据。假设线性表长度为 n,在第 i 个位置上插入一个数据元素,需要将线性表中第 i 个元素到第 n 个元素向后移动,一共需要移动 $n-i+1$ 个数据;在第 i 个位置上删除一个数据,需要向前移动 $n-i$ 个数据。插入和删除数据时需要移动大量的数据是顺序存储最大的缺点。

3. 线性表的链式存储

线性表的链式存储结构被称为线性链表或者单链表,线性表中的每一个结点对应一个存储单元,这种存储单元称为存储结点,简称结点。结点由两部分组成,一部分用于存储数据元素值,称为数据域;另一部分用于存放指针,称为指针域,指向当前结点的后件,如图 8-3 所示。

图 8-3 单链表

在链式存储结构中,数据存储空间可以不连续,各数据结点的存储顺序与数据元素之间的逻辑关系可以不一致,数据元素之间的逻辑关系由指针域确定。线性链表在查找第 i 个结点时不能随机存取,与顺序存储相比,这显然是线性链表的缺点;但在插入和删除数据时,线性链表不需要像顺序表一样移动数据,只需要修改指针域。

单链表中,每个结点用指针指示后件结点的位置,最后一个结点的指针为 NULL,代表没有后件结点,Head 称为头指针,HEAD=NULL(或 0)表示链表为空表。

链式存储既可用于表示线性结构,也可用于表示非线性结构。

4. 双链表与循环链表

如果将单链表最后一个结点的指针指向第一个结点,整个链表就构成了一个环,这种数据结构称为循环链表,如图 8-4 所示。

图 8-4 循环链表

为了方便查找前件,有些链表不只有指示后件的指针,还添加了指示前件的指针,这样的链表称为双链表,如图 8-5 所示。

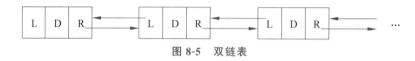

图 8-5 双链表

需要注意的是,尽管循环链表和双链表的表现形式比较复杂,但它们仍然属于线性结构。

5. 栈和队列

栈和队列都属于线性结构,是线性表的特殊情况,其定义与线性表几乎完全一样,区别在于栈和队列与线性表在基本操作上存在一定差异,或者说栈和队列是操作受限的线性表。

1)栈

栈是一种特殊的线性表,栈数据元素的插入和删除只能在表的一端进行,允许插入和删除的一端称为栈顶,另一端称为栈底。如果栈中没有数据,则称为空栈。

栈符合后进先出(Last In First Out,LIFO)的原则,也可以称为先进后出(First In Last Out,FILO),就像一队人走进一个宽度仅容一人进出的死胡同,胡同头是栈底,进出只能在胡同口发生,第一个进入的数据只能等其他数据都出栈后才可以出栈,如图 8-6 所示。在一些算法设计中常常采用栈作为辅助的数据结构,正是利用了栈的这一操作特性,如进制转换、表达式求解、文本编辑等。

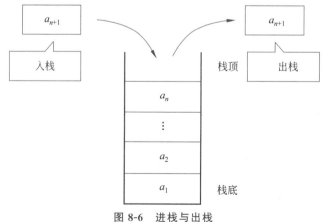

图 8-6 进栈与出栈

栈的基本操作包括入栈、出栈和读取栈顶元素 3 种。其存储方式也有顺序存储和链式存储两大类。

2）队列

队列是一种特殊的线性表，只允许在表的一端插入，在另一端删除，允许插入的一端为队尾(rear)，允许删除的一端为队头(front)；就像一队人走过一个宽度仅容一人通过且不许回头的通道，第一个进入通道的数据第一个离开通道，所以队列是一种先进先出(First In First Out，FIFO)的线性表。队列也是一种常见的辅助型数据结构，在一些算法设计中被频繁使用，如离散事件模拟、进程通信的消息队列、路由器待转发队列等。

队列可以采用顺序存储和链式存储两类存储方式，在采用顺序存储时，需要两个指针，队头指针 front 和队尾指针 rear。当队列为空时，front＝rear，每当一个数据入队时，队尾指针 rear 加 1；每当一个数据出队时，队头指针 front 加 1，两个指针反映了队列中数据的变化，使用 front-rear 可以计算队列的长度，如图 8-7 所示。

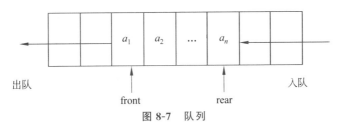

图 8-7 队列

在实际应用中，队列的顺序存储结构一般采用循环队列的形式，即无论队头指针还是队尾指针在到达队列容量上限时都将重新回到开始的位置，在这种情况下，front＝rear 无法判定队列是空还是满。需要添加一个队列空满的标志 s，$s=0$ 表示队列为空；$s=1$ 且 front＝rear 表示队满。因为可能存在 front 小于 rear 的情况，所以只靠 front-rear 无法计算队列的长度。需要先比较 front 和 rear 的大小，如果 front 大于或等于 rear，队列长度为 front-rear；如果 front 小于 rear，队列长度为 front-rear＋队列容量。图 8-8 所示循环队列的队列容量为 6。

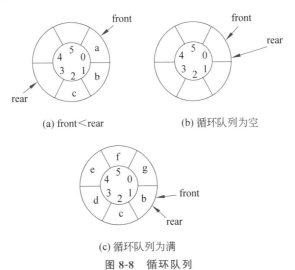

图 8-8 循环队列

队列采用链式存储同样非常方便,为了便于出队和入队,一般将单链表的表头一端作为队尾,将单链表的表尾一端作为队头。

8.1.4 树与二叉树

树是一种典型的非线性结构,能够方便地表示一对多的层次关系;二叉树既与树很类似,又存在区别。

1. 树

树是 n 个结点的有限集。当 $n=0$ 时为空树,$n>0$ 时为非空树。在整个树中存在一个没有前件的结点,称为根(见图 8-9 中的 A 结点);拿掉根结点,所有剩余的结点可以组成 n 棵互不相交的树,称为根结点的子树。除根结点以外,树中的每个结点都只有一个前件,称为双亲结点;有些结点有一个或者多个后件(见图 8-9 中的 D 结点),这些后件称为该结点的孩子结点。孩子结点的数目称为该结点的度(见图 8-9 中 D 的度为 3),那些度为 0 的结点称为叶子或者终端结点。在树中度最大的结点的度称为树的度。

树是典型的层次结构,将根结点视为第 1 层,树的最大层次被称为树的深度,如图 8-9 所示,该树的度是 3,深度是 4。

树的物理结构包括兄弟-孩子链表、多重链表、双亲表示法等,其中兄弟-孩子链表逻辑最清晰,应用也最广泛。

2. 二叉树

二叉树的定义与树非常类似,而且树中所有的概念在二叉树中均适用。但二叉树也有自己的特点,如图 8-10 所示。

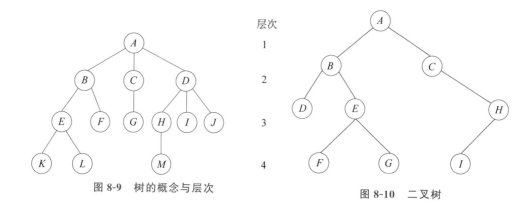

图 8-9 树的概念与层次　　　　图 8-10 二叉树

(1) 二叉树可能是一棵空树。
(2) 如果不是空树,整棵二叉树中不存在度大于 2 的结点,即二叉树的度不大于 2。
(3) 二叉树中的结点存在左右之分,即便是只有一个孩子结点(见图 8-10 中的 H 结点),也要区分左右,这一点决定了二叉树不是树的特例,而是一种全新的数据结构。

1) 二叉树的性质

二叉树具有如下 5 个基本性质。

(1) 在二叉树的第 k 层上,最多有 $2^{k-1}(k \geqslant 1)$ 个结点。

（2）深度为 k 的二叉树最多有 2^k-1 个结点。

（3）在任意一棵二叉树中,度为 0 的结点(叶子结点)总是比度为 2 的结点多一个。

例如,设度为 2 的结点个数为 n_2,度为 1 的结点为 n_1,度为 0 的结点个数为 n_0,则二叉树结点的个数可以表示为 $n=n_2+n_1+n_0$,而所有的分支可以表示为 $2n_2+n_1=m$,n 和 m 存在 $n=m+1$ 的关系,列出等式 $n_2+n_1+n_0=2n_2+n_1+1$,从而得出结论 $n_0=n_2+1$。该证明方法可以推广到三叉树、四叉树等。

（4）具有 n 个结点的完全二叉树,其深度为 $[\log_2 n]+1$,其中 $[\log_2 n]$ 为 $\log_2 n$ 的整数部分。

要了解完全二叉树的概念,需要先了解满二叉树的概念,满二叉树是指一棵深度为 k 的二叉树,除第 k 层以外,所有结点的度都是 2,而第 k 层所有结点的度都是 0,如图 8-11 所示。

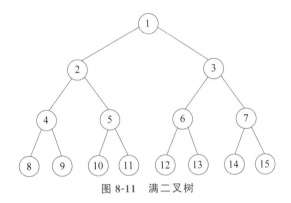

图 8-11　满二叉树

在一棵满二叉树上,从右向左,依次删除叶子,每删除一个叶子就得到一棵深度为 k 的完全二叉树,删除叶子时必须严格遵守从右向左的顺序,否则不符合完全二叉树的定义,如图 8-12 所示。

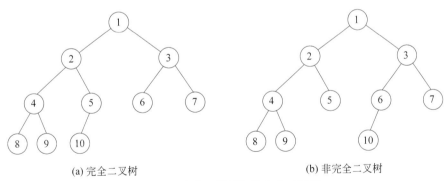

(a) 完全二叉树　　　　　　　　　　(b) 非完全二叉树

图 8-12　完全二叉树与非完全二叉树

（5）将完全二叉树中的 n 个结点按照从上到下,从左到右的顺序编号,如图 8-12 所示,则对于一个编号为 k 的结点,存在如下结论。

① 如果 $k=1$,则 k 为根结点,如果 $k\neq 1$,则 k 双亲结点的编号为 $\left[\dfrac{k}{2}\right]$($k/2$ 的整数部

分)。例如,编号为 5 的结点,其双亲结点的编号为 2。

② 如果 $2k>n$,该结点没有左孩子,否则该结点左孩子编号为 $2k$。例如,编号为 6 的结点没有左孩子,编号为 5 的结点,左孩子为 10。

③ 如果 $2k+1>n$,则该结点没有右孩子,否则该结点右孩子编号为 $2k+1$。例如,编号为 5 的结点没有右孩子,编号为 3 的结点,右孩子为 7。

2) 二叉树的存储结构

对于完全二叉树,利用二叉树的性质(5),可以采用顺序存储;对于非完全二叉树,可以使用特殊数据将非完全二叉树补齐为完全二叉树,再利用二叉树的性质(5),实现顺序存储。但这种存储方式会使空间浪费严重,所以一般不予以采用。

在实际应用中通常采用二叉链表来存储二叉树,结点由数据域和两个指针域组成。一个指针 Lchild 指向左孩子,另一个指针 Rchild 指向右孩子;如果没有左孩子或者右孩子,对应指针的值设置为 NULL(图中用∧表示),如图 8-13 所示。

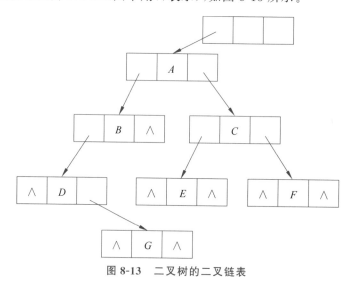

图 8-13 二叉树的二叉链表

3) 二叉树的遍历

遍历是指按照某种次序访问数据结构中的所有数据元素,每个数据元素能且仅能被访问一次。对于各种非线性结构,遍历是最重要的操作,是数据查找、修改、添加和删除的基础。

任何一棵二叉树都可以被分解成根、左孩子和右孩子 3 部分,按照根、左孩子、右孩子 3 者之间的先后关系,二叉树的遍历被分为 3 种情况,分别如下。

(1) 先(根)序遍历:首先访问根结点,然后访问根结点的左孩子,最后访问根结点的右孩子,在访问左孩子和右孩子时仍然遵循先序遍历的规则。例如,对图 8-10 进行先序遍历,结果是 *ABDEFGCHI*。

(2) 中(根)序遍历:首先访问根结点的左孩子,然后访问根结点,最后访问根结点的右孩子,在访问左孩子和右孩子时仍然遵循中序遍历的规则。例如,对图 8-10 进行中序遍历,结果是 *DBFEGACIH*。

(3) 后(根)序遍历：首先访问根结点的左孩子，然后访问根结点的右孩子，最后访问根结点，在访问左孩子和右孩子时仍然遵循后序遍历的规则。例如，对图 8-10 进行后序遍历，结果是 *DFGEBIHCA*。

8.1.5 查找

查找是数据处理最重要的一个算法，其他的操作，如修改、插入、删除、数据分析等都建立在查找的基础之上，首先必须根据给定的条件查找某个数据，然后才可以进行其他操作。

最常用的查找算法有两种，分别是顺序查找和二分法查找。

1. 顺序查找

顺序查找是从表的一端开始(通常是表尾一端)，依次扫描表中的数据元素，与所要查找的数据进行比较，如果匹配，返回数据元素的序号；如果所有数据元素都不能匹配，则返回一个代表查找失败的值。

顺序查找适合各种类型的数据结构，尤其是在下列两种情况下只能采用顺序查找。

(1) 如果线性表为无序表，则不管是顺序存储还是链式存储，只能用顺序查找。

(2) 即使线性表是有序线性表，如果采用链式存储，也只能用顺序查找。

对于长度为 n 的查找表，顺序查找的平均查找长度为 $(n+1)/2$。最坏情况需要比较 n 个数据。

2. 二分法查找

二分法查找有严格的条件限制：首先查找表必须是有序的，其次必须采用顺序存储结构。在满足以上要求的前提下，被查找数据先与查找表中间位置的数据元素比较，如果匹配，查找成功；如果不匹配，根据被查找数据与中间元素的大小关系，可以确定被查找数据可能落在查找表的前半部分还是后半部分，从而减少一半的问题规模，然后对剩余部分再采用二分法查找，直到查找成功。如果问题规模减少到 1，仍不能匹配，则查找失败。

对于长度为 n 的有序查找表，在最坏情况下，二分法查找只需比较 $\log_2 n$ 次，这远远优于顺序查找。

8.1.6 排序

在进行数据查找和其他各种数据处理时，有序的数据逻辑清晰，处理方便，因此排序是非常必要的。

排序是指让无序的数据序列根据某个关键字的值转换为有序的数据序列，通常情况下采用非递减顺序，即升序。常见的排序算法有三大类，分别是插入排序、选择排序和交换排序。

1. 插入排序

插入排序的基本思想是将待排序列视为两部分：一部分为有序；另一部分为无序。将所有无序部分的数据插入到有序部分中，从而使整个序列有序。根据有序部分和无序部分划分的不同，插入排序可以分为简单插入排序和希尔排序两种。

1) 简单插入排序

简单插入排序将待排序列划分为两部分：一部分为有序表；另一部分为无序表。有序表最初只有1个数据元素,无序表最初有 $n-1$ 个数据元素。将无序表的数据依次插入有序表中,插入时需要先定位插入位置,然后将插入位置后的所有元素后移。最终有序表长度为 n,而无序表长度为0,简单插入排序最坏情况需要进行 $n(n-1)/2$ 次比较。

2) 希尔排序

希尔排序是对简单插入排序的改进,希尔排序将待排序列划分成若干组,每个组视为一个待排序列,分别进行插入排序,一轮完成后减少组的个数,再分别进行插入排序,直到组的个数变为1,进行最后一轮插入排序。

通常的做法是取一个整数 d_1,把待排序列分成 d_1 个组,在待排序列中将距离为 d_1 的数据元素归入一组,每组分别进行一轮插入排序;一轮排序完成后减小整数的取值,取新的整数 d_2,重复以上过程,直到最后一轮 $d_i=1$,进行最后一轮插入排序。

希尔排序最坏情况需要进行 $n\sqrt{n}$ 次比较,是一种十分高效的排序算法。

2. 选择排序

选择排序的基本思想是将待排序列视为两部分:一部分为有序表,最初为空;另一部分为无序表,包含待排序列的所有数据元素。将无序表的最小值挑选出来,放在有序表的末尾,经过多轮选择,最终所有的数据均加入有序表中。

根据在无序表中选择最小值的方法不同,分为简单选择排序和堆排序两种。

(1) 简单选择排序用线性表存储数据,在选择最小值时采用依次比较的方法,最坏情况需要进行 $n(n-1)/2$ 次比较。

(2) 堆排序用完全二叉树存储数据,该二叉树的任意结点均不大于其左右孩子结点(或者均大于),选择最小值时直接选其根结点。删除根结点后,为了保证剩余数据依然符合堆排序的概念,需要对堆进行调整,方法是选择任意一个叶子作为根结点,并与左右孩子结点进行比较,与较小的孩子结点交换位置,再与其左右孩子进行比较和交换,直到该结点不大于其左右孩子结点为止。如图 8-14 所示,输出 13 后,选择 97 为新堆顶,然后与 27 交换,再与 49 交换。

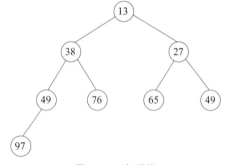

图 8-14 小顶堆

堆排序最坏情况需要进行 $O(n\log_2 n)$ 次比较,是排序中一个非常高效的算法。

3. 交换排序

交换排序利用交换数据元素位置的方法来进行排序。通常有两种交换方式:一种是冒泡排序,另一种是快速排序。

1) 冒泡排序

冒泡排序将整个排序过程分为若干轮,每一轮从第一个数据开始将序列中相邻的数据进行比较,如果前边的数据大于后边的数据,则交换它们的位置,共进行 $n-i$(第 i 轮)次比较,这样每一轮都将最大的一个数据沉到序列的后边;当某一轮未发生交换,或者 $i=n-1$ 时,算法终止,排序成功。

冒泡排序最坏情况需要进行 $n(n-1)/2$ 次比较。

2）快速排序

快速排序的基本思想是选取一个数据作为枢轴，将序列中的数据与枢轴做比较，并进行对应交换，这样经过一轮快速排序后，所有小于枢轴的数据均被移动到枢轴的前边，所有大于枢轴的数据均被移到枢轴的后边；然后对枢轴之前和之后的部分重复以上过程。

待排序列有序是快速排序的最坏情况，需要比较次数为 $n(n-1)/2$，但在待排序列杂乱无章的情况下，快速排序是目前已知的最有效的一种排序算法。

8.2 程序设计基础

程序是计算机指令的有限有序的集合，是算法在计算机中的具体实现。针对某个特定问题给出计算机解决问题的程序即为程序设计。程序设计是软件开发的重要组成部分。

8.2.1 程序设计风格

程序设计风格是指编制程序时所表现出来的特点、习惯和逻辑思路等。在程序设计中不仅要保证程序的正确性，还要保证程序结构合理、清晰，有较高的可读性，以便于程序的调试和维护，因此程序设计人员要形成良好的编程习惯。主要包括以下几方面。

1. 源程序文档化

1）标识符命名

要采用被团队或他人认可的命名方式，最好做到望文知义。

2）程序应加注释

注释是对程序的功能、程序设计思想、语句逻辑的说明性描述，在程序中添加注释可以提高程序的可读性，为程序员日后维护程序及团队交流提供重要的依据。通常采用自然语言和伪代码的形式。

程序注释包含序言性注释和功能性注释两部分。序言性注释一般放在程序开始之前，用于说明程序的整体情况，包括程序的功能、采用的算法、数据索引、包含的模块、模块的调用方法、程序的设计者、程序的更新情况及日期等。功能性注释一般置于程序体中，用于描述某个程序段或者程序行的功能。

2. 数据说明原则

撰写数据说明书是为了使数据定义更易于理解和维护，在数据说明时应遵循以下指导原则。

（1）数据说明顺序应规范，使数据的属性更易于查找，从而有利于测试、纠错与维护。例如，按以下顺序：常量、类型说明、全程量说明、局部量说明。

（2）一个语句说明多个变量时，各变量名按字典序排列。

（3）对于复杂的数据结构，要加注释，说明在程序实现时的特点。

3. 语句构造原则

语句要求简单直接，避免为了追求效率而使代码复杂化，一行只写一条语句。不同层次的语句采用缩进形式，使程序的逻辑结构和功能特征更加清晰。避免复杂的判定条件，避免多重的循环嵌套。表达式中应使用括号以提高运算次序的清晰度。

4. 输入输出原则

在编写输入输出程序时应考虑以下原则。

(1) 输入格式尽量简单,输入过程要友好,不要过于复杂。

(2) 对输入数据的合法性、有效性进行检查,并对输入状态信息及错误信息进行反馈。

(3) 输入一批数据时,使用数据或文件结束标志,而不要用计数来控制。

(4) 交互式输入时,应提供数据输入范围信息,避免输入的复杂化。

(5) 提供默认值以提高输入效率。

(6) 输出数据报表化、多媒体化。

此外,程序设计应该采用较高效的算法,以提高程序的效率。

8.2.2 结构化程序设计

结构化程序设计是指按照模块划分原则来组织程序的设计方法。该方法有较高的程序可读性和易维护性,适合程序规模较大的情况,在 20 世纪 70—80 年代是最主流的程序设计方法。

1. 结构化程序设计的主要原则

1) 自顶向下,逐步求精

自顶向下是指在程序设计时,从整体出发,优先考虑全局,先设计高层的功能,将高层设计中无法解决或者无法涉及的部分,向下分解,设计细节,逐步将问题细化,直到每个细节都足够基本为止。

2) 程序模块化

通常进行一个大的程序设计时需要把它分解成若干子集,每个子集具有独立的功能,称为一个模块。当程序很大时,每个模块还可以进一步划分为若干子模块;属于同一个程序的各模块之间需要建立联系,通过这些联系彼此协调完成程序的功能。

模块化的目的是将复杂问题分解成若干比较简单直观的小问题,以降低程序设计的难度,提高系统的可读性和可维护性。部分模块还可以设计成通用模块,供所有模块使用,提高代码编写的效率,有些通用性更强的模块甚至可以提供给其他程序使用。

3) 限制使用 goto 语句

goto 语句是结构化程序设计中程序执行的流程控制语句,其作用是改变程序的流向,转到标有特定标识的语句去执行。使用 goto 语句可以根据条件很方便地控制程序的执行顺序,但是过多地使用 goto 语句会导致程序流程的混乱,使程序的可读性降低,从而影响程序的调试与维护。

2. 结构化程序设计的基本结构

在结构化程序设计中,只允许存在 3 种基本的程序结构,分别是顺序结构、分支结构和循环结构。这 3 种结构都只允许唯一程序入口和唯一程序出口,每一种结构内部的代码都有可能被执行到,任何程序都可以由这 3 种程序结构组成。

(1) 顺序结构。顺序结构的各程序段按照程序的先后顺序执行,所有程序均要执行,无分支,无循环。

(2) 分支结构。分支结构又称为选择结构,根据不同的条件决定哪些语句需要执行,哪些语句不会执行,在某些特定的分支结构中,如果不能满足条件,甚至不执行任何语句。

(3) 循环结构。循环结构又称为重复结构,即反复执行某些程序段,这些程序段被称为循环体;循环是否继续取决于设置的循环条件,因此循环体中通常包含改变循环条件的语句,否则将陷入死循环,无法脱出。当初始状态不能满足循环条件时,循环体将不执行。

8.2.3 面向对象程序设计

结构化程序设计使程序易于阅读、理解和维护,但是这种设计方式也有着程序难以管理、数据修改困难、用户要求难以在系统分析阶段中准确定义,难以用系统开发每个阶段的成果进行控制,不能适应事物变化要求的缺点。更严重的问题在于数据与操作分离,当数据结构发生变化时,所有的操作也需要调整,因此可重用性差,程序编写效率低下。

面向对象的程序设计方法很好地弥补了这些缺点,面向对象是认识事物的一种方法,是一种以对象为中心的思维方式,面向对象将系统看成对象的集合,这些对象通过交互作用来完成特定功能。每个对象用自己的方法来管理数据,也就是说使用对象内部的代码操作对象内部的数据,将数据和操作封装为一个整体。而且面向对象将具有共同属性和行为的一类对象抽象描述为类,代码重用功能被封装在类中。类作为一个独立实体而存在,可以很简单地提供类库,使代码重用非常的方便。

1. 面向对象程序设计的优点

面向对象的方法自 20 世纪 70 年代提出后,迅速成为最流行的程序设计方法,主要因为它具有以下 5 个优点:①面向对象的程序设计方法更符合人类习惯的思维方法;②稳定性好;③可重用性好;④易于开发大型软件产品;⑤可维护性好。

2. 面向对象的基本概念

1) 对象

对象是面向对象方法中最基本的概念,可以用来表示客观世界中的任何实体,对象是实体的抽象,也是类的一个具体的实例。

在面向对象方法中,对象具有标志唯一性、分类性、多态性、封装性和良好的模块独立性等特点。

标志唯一性是指对象是可以彼此区分的,在同一个系统中,对象是独一无二的,通过对象名可以与其他对象相区别。

模块独立性是对模块内部各部分及模块间的关系的一种衡量标准,对象作为数据和操作封装的一个整体,内部关系密切,对外联系较少,因此具有良好的模块独立性。

分类性、多态性和封装性则属于面向对象的重要概念,将单独介绍。

2) 类

类是对属性近似的对象的集中抽象,用于实例化对象。定义在类中的属性和方法,可以规范对象的属性和方法,提高编程的效率,如我们可以描述学生的特征及具有的行为、方法,然后声明 A、B 均是学生,因此 A、B 也具有相同的特征、行为和方法,这样避免对不同对象的重复定义,当然作为对象 A 和 B 的特征值和行为可能是不同的。

3) 消息

消息是对象之间进行通信的数据结构,在对象的操作中,当一个消息发送给某个对象时,消息包含接收对象需要执行某种操作的信息。发送一条消息至少要包括说明接收消息的对象名、发送给该对象的消息名(即对象名、方法名)和消息参数,参数可以是认识该消息的对象所知道的变量名,或者是所有对象都知道的全局变量名。

4) 封装

封装是指把对象的属性数据和对数据的操作组合成一个独立的系统单元,使数据和方法只对可信的类或者对象操作,对不可信的对象进行信息隐藏。简单地说,一个对象就是一个封装了数据以及操作这些数据的代码的逻辑实体。在一个对象内部,某些代码或某些数据可以是私有的,不能被外界访问,也可以是共有的,可以被任何对象访问。通过这种方式,为对象内部数据提供了不同级别的保护。

5) 继承

继承是指某个类可以获得另一个类的对象属性的方法,定义新类时,可以直接使用现有类的所有功能,并在无须重新编写原来的类的情况下对这些功能进行扩展。例如,已经定义了"人"这样一个类,在定义"学生"类的时候,关于"人"类所定义的属性和方法,无须重新定义,可以直接继承,同时"学生"类还可以定义自己的属性和方法。

通过继承创建的新类称为"子类"或"派生类",被继承的类称为"基类"、"父类"或"超类"。继承具有传递性,"学生"类继承了"人"类,"小学生"类继续了"学生"类,那么"小学生"类也就继承了"人"类的属性与方法。

6) 多态

在面向过程的程序设计中,每个函数在定义时都对参数有严格的数据类型的要求,每个函数又有不同的函数名,所以尽管操作相同,不同类型的数据在处理时需要调用不同的函数,这在一定程度上增加了函数调用的难度。在面向对象的程序设计中,一个类实例的相同方法在不同情形下有不同表现形式,不同内部结构的对象可以共享相同的外部接口。这意味着,虽然不同数据类型的对象的具体操作不同,但通过一个公共的类,这些操作可以用相同的方式予以调用。

8.3 软件工程

软件指的是计算机系统中与硬件相互依存的另一部分,包括程序、数据和相关文档的完整集合。根据用户要求建造出软件系统或者系统中的软件部分的过程称为软件开发。软件工程则是一门研究以系统性的、规范化的、可定量的过程化方法去开发和维护软件,以及把管理方法和技术方法相结合的学科。

8.3.1 软件工程的基本概念

1. 软件的特点和分类

软件是程序、数据和相关文档的完整集合。程序是软件开发人员根据用户需求开发的、用程序设计语言描述的、适合计算机执行的指令序列;数据是使程序能正常操纵信息的数据结构;文档是与程序的开发、维护和使用有关的图文资料。数据和程序是计算机可以执行的部分,文档则不可执行。

1) 软件的特点

(1) 软件是逻辑实体,而不是物理实体,具有抽象性。

(2) 没有明显的制作过程,可进行大量的复制。

(3) 使用期间不存在磨损、老化问题,但存在时效性问题。

(4) 软件的开发、运行对计算机系统具有依赖性。

(5) 软件复杂性高,成本昂贵。

(6) 软件开发涉及诸多社会因素。

2) 软件的分类

根据应用目标的不同,软件可分为应用软件、系统软件和支撑软件(或工具软件)。

(1) 应用软件。应用软件是为了某个特定的应用领域而开发的软件,如 Microsoft Office 系列软件、Photoshop 等。

(2) 系统软件。系统软件是为了更好地管理计算机的软硬件资源,提高计算机的使用效率而开发的软件,如操作系统、数据库管理系统、网络软件等。

(3) 支撑软件。支撑软件是介于系统软件和应用软件之间,协助用户开发软件的工具型软件,如各类软件开发工具、项目管理工具等。

2. 软件危机与软件工程

20 世纪 60 年代,随着小型机时代的到来和高级语言的诞生,计算机的处理能力大大提高,计算机在事务处理方面的应用大大加强,各类事务处理软件的需求迅速增加,软件规模也急剧膨胀,原来的个人设计、个人使用的方式不再能满足要求,简单的软件生产方式,低下的软件生产率,导致了软件危机的爆发。

1) 软件危机

软件危机是指在软件开发和维护过程中所遇到的一系列问题,包括软件开发进度难以预测、软件开发成本难以控制、软件质量难以保证、用户对产品功能的需求难以满足、软件维护困难等。

软件危机产生的原因很多,总结起来主要体现在以下 4 点。

(1) 用户需求分析不明确,大多数用户对软件的具体功能细节、界面和应用环境的要求不明确,软件生产者与用户缺乏沟通,甚至没有沟通。

(2) 缺乏正确、统一的理论体系和标准。过去小规模的软件开发主要依靠程序设计人员在软件开发过程中的技巧和创造性,因此没有形成有效的方法学和工具方面的理论体系和标准。

(3) 缺乏科学的管理。软件开发规模越来越大,需要组织一定的人力合作完成,而多数管理人员缺乏大型软件开发的经验,多数软件开发人员又缺乏管理方面的经验,这种情况造成团队内沟通交流随意、混乱,软件质量难以保证。

(4) 软件开发复杂度越来越高。随着软件规模的扩大,其内部复杂性也急剧增加。软件开发产品的特殊性和人类智力的局限性,导致人们无力处理"复杂问题"。人们试图采用良好的组织形式、先进的开发方法和工具来提高软件开发效率,但是在旧的问题解决后,新的、更大的、更复杂的问题又摆在人们的面前,事实上软件危机从未解决,更不可能彻底解决。

2) 软件工程

为了消除软件危机,人们提出了软件工程的概念,软件工程主要研究软件生产的客观规律,使软件生产工程化,建立正确、统一的理论体系和标准,采用工程、科学和数学的原理及方法,管理和指导软件生产,以期达到降低软件生产成本、改进软件产品质量、提高软件生产率水平的目标。

软件工程有如下 3 个要素:方法、工具和过程。

(1) 方法。方法是软件开发各环节采用的技术手段,包括项目计划与估算、软件系统需求分析、数据结构设计、系统总体结构设计、算法过程设计、编码、测试以及维护等。

(2) 工具。工具是由一系列支持软件开发、过程管理、文档生成的系统,该系统由软件和工程数据库集成而成,辅助软件生存周期各阶段的软件开发。比较典型的工具是计算机辅助软件工程(Computer Aided Software Engineering,CASE)。

(3) 过程。过程把软件工程方法和软件工程工具综合起来以达到合理、及时地进行计算机软件开发的目的。过程定义了方法使用的顺序、要求交付的文档资料、为保证质量和协调变化所需要的管理,以及软件开发各阶段完成的任务。

3. 软件工程过程与软件生命周期

软件工程过程是软件开发或系统构建时,遵循的一系列可预测的步骤,定义了一组彼此相关的资源和活动。

软件工程过程通常包括 4 种基本活动,分别是 P(Plan)——软件规格说明、D(Do)——软件开发、C(Check)——软件确认和 A(Action)——软件发展。

软件产品从提出、实现、使用维护到停止使用的过程称为软件生命周期。一般包括问题定义及可行性分析研究、需求分析、软件设计、程序编码、软件测试以及运行维护 6 个阶段的活动。

(1) 问题定义及可行性分析。问题定义及可行性分析的目标是确定软件的开发目标,分析该问题是否存在一个可能的解决方案并制订明确的实施计划,该阶段的完成需要与用户进行大量的沟通,需要用户的参与。

(2) 需求分析。需求分析的任务是对软件提出的需求进行分析,并对各功能进行详细的定义,编写软件规格说明书和初步的用户手册,提交评审。

(3) 软件设计。根据需求分析的结果,对整个软件系统进行设计,包括软件的结构、模块的划分、功能的分配以及处理流程。一般分为总体设计和详细设计。需要编写概要设计说明书、详细设计说明书和简要测试计划书,提交评审。

(4) 程序编码。程序编码阶段的任务是将软件的设计转换成计算机可运行的程序代码。在程序编码中必须要制定统一,符合标准的编写规范。以保证程序的可读性、易维护性,提高程序的运行效率。同时需要编写用户手册、操作手册等一系列提交给用户的文档,以及单元测试计划书。

(5) 软件测试。在软件设计完成后要经过严密的测试,以发现软件在整个设计过程中存在的问题并加以纠正。测试过程分为单元测试、组装测试以及系统测试 3 个阶段进行。测试的方法主要有白盒测试和黑盒测试两种。在测试过程中需要建立详细的测试计划并严格按照测试计划进行,以减少测试的随意性。

(6)运行维护。将已交付的软件投入运行,在此阶段,用户可能提出各种纠错性和改进性要求,此时应根据用户的要求对软件进行维护。软件维护是软件生命周期中持续时间最长的阶段。

8.3.2 需求分析及其方法

需求分析是指基于深入细致的调研和分析,对系统的功能、性能、可靠性等具体要求进行完整的定义,从而确定系统开发各环节的整个过程,需求分析不关心实现的过程,而是确定应该达到的目标。

1. 需求分析过程

需求分析可以划分为 4 个阶段,分别是需求获取、需求分析、编写需求规格说明书和需求评审。

1)需求获取

需求获取是从系统角度来理解软件,确定对所开发系统的综合要求,并提出这些需求的实现条件,以及需求应该达到的标准。

2)需求分析

需求分析是对需求获取阶段取得的资料进行详细的分析,最后综合成系统的解决方案,给出要开发的系统的详细逻辑模型。

3)编写需求规格说明书

需求分析完成后,需要编写需求规格说明书,作为需求分析阶段的成果提交评审,评审成功后,将交给下一阶段使用。

需求规格说明书是需求分析阶段的最终成果,是软件开发最重要的文档之一,它既是用户与开发者交流的媒介,同时也是软件设计、测试和验收的基本依据。

需求规格说明书重点描述软件的目标,包括软件的功能需求、性能需求、环境需求、可靠性需求、安全保密需求、用户界面需求、资源使用需求、软件成本消耗与开发进度需求、预先估计以后系统可能达到的目标等。

好的需求规格说明书应该具备的特点是正确性、确定性、完整性、可验收性、一致性、可理解性、可修改性和可追加性。

4)需求评审

需求评审需对功能的正确性、完整性和清晰性,以及其他需求给予评价。需求评审通过后将开启下一阶段的工作,同时将需求规格说明书提交给下一阶段;如果需求评审不能通过,则需要重新进行需求分析。

2. 需求分析方法

需求分析方法包括结构化需求分析方法和面向对象的分析方法。

结构化需求分析方法包括面向数据结构的 Jackson 方法、面向数据流的结构化分析方法和面向数据结构的结构化数据系统开发方法。

3. 结构化需求分析方法的常用工具

结构化需求分析方法最常用的工具是数据流图(Data Flow Diagram,DFD)、数据字典(Data Dictionary,DD)、判定表和判定树等。

1) 数据流图

数据流图是结构化分析方法中用于建立系统逻辑模型的一种工具。它以图形的方式描绘数据在系统中流动和处理的过程。数据流图基本图符如表 8-1 所示。

表 8-1 数据流图基本图符

名 称	图 形	作 用
数据流	→	数据的传递方向,一般要有标注
加工	○	对数据流进行某些操作或变换
数存储	──	存放各种数据的文件
源或潭	□	数据源或者数据的终点

数据流图在构造中必须遵循以下规则。

(1) 每个元素必须命名。

(2) 每个加工必须有输入输出,而且每个加工都必须是标志唯一的,通常使用层次进行编号。

(3) 数据流输入输出、读写必须对应。

(4) 数据存储之间不应存在数据流。

(5) 加工比较复杂时,可以为部分加工建立子图,子图个数不能多于父图中的加工个数,子图的输入输出、数据流也要与父图相对应。

2) 数据字典

数据字典是结构分析方法的核心,用来描述系统中所用到的全部数据和文件的文档,作用是对 DFD 中出现的被命名的图形元素进行确切解释。

数据字典通常包含数据流、数据流分量、数据存储和处理 4 个基本元素。

3) 判定树(决策树)

判定树是一种描述加工的图形工具,也称为决策树,适合描述问题处理中具有多个判断,而且每个决策与若干条件有关的情况。

4) 判定表

判定表与判定树类似,也是一种描述加工的图形工具。如果一个加工逻辑有多个条件、多个操作,并且在不同的条件组合下执行不同的操作,那么可以使用判定表来描述。

8.3.3 软件设计及其方法

软件设计是开发阶段最重要的步骤,是将需求准确地转化为完整的软件产品或系统的唯一途径。

1. 软件设计的概述

从技术观点上看,软件设计包括软件结构设计、数据设计、接口设计、过程设计。

(1) 结构设计定义软件系统各主要部件之间的关系。

(2) 数据设计把分析阶段所创建的模型转化为数据结构的定义。

(3) 接口设计描述软件内部、软件和协作系统之间,以及软件与人之间如何通信。

(4) 过程设计是把系统结构部件转换为软件的过程性描述。

从工程管理角度来看,软件设计分两步完成:概要设计和详细设计。概要设计将软件需求转化为软件体系结构、确定系统级接口、全局数据结构或数据库模式;详细设计确立每个模块的实现算法和局部数据结构,用适当方法表示算法和数据结构的细节。

2. 软件设计的基本原理

软件设计中应该遵循软件工程的基本原理和与软件设计有关的概念如下。

1) 模块化

模块化是把整个软件划分成较小的模块,每个模块完成一个子功能,这些模块可以单独调用,且可以单独标记。

2) 抽象化

抽取事物的本质特性而暂时不考虑它们的细节。

3) 信息隐藏和局部化

在一个模块内包含的信息(过程或数据),对于不需要这些信息的其他模块来说不能访问,从而保证避免信息的非法访问,提高信息安全性。

4) 模块独立性

模块独立性要求每个模块功能独立,只完成属于该模块声明的功能,且与其他模块的联系最少且接口简单。模块的独立程度是用内聚性和耦合性来表征的,模块独立性是评价软件设计优劣的重要指标。

(1) 耦合性。耦合性描述不同模块之间互相依赖的紧密程度,模块间耦合性的高低取决于模块间接口的复杂性、调用的方式及传递的信息,耦合性越高,模块独立性越差。

(2) 内聚性。内聚性描述同一模块内部各元素彼此结合的紧密程度,一个模块内各元素之间的联系越紧密,则它的内聚性越高,内聚性越高说明功能划分越合理。

好的设计应该尽量做到高内聚、低耦合,以提高模块的独立性。

3. 概要设计

软件概要设计是一个把软件需求分析转换为软件总体体系描述的过程。

1) 概要设计的基本任务

(1) 设计软件系统结构。将一个复杂的系统按功能划分成模块,确定每个模块的功能、模块之间的调用关系、模块之间的接口、评价模块结构的质量。

(2) 数据设计。设计系统应用到的数据结构、完成系统所用的数据库,并进行相应优化。

(3) 编写概要设计文档。概要设计文档应包括概要设计说明书、数据库设计说明书、用户使用手册、集成测试计划书等。

(4) 评审。对设计部分是否完整地实现了需求中规定的功能、性能等要求,设计方案的可行性,关键的处理及内外部接口定义的正确性、有效性,各部分之间的一致性等一一进行评审。

2) 概要设计的工具

概要设计采用结构图(Structure Chart,SC)来描述程序结构,在结构图中,模块用矩形表示,箭头表示模块间的调用关系。可以用带注释的箭头表示模块调用过程中来回传递的信息。用带实心圆的箭头表示传递的是控制信息,用带空心圆的箭头表示传递的是数据。结构图中采用的部分术语如表 8-2 所示,好的软件设计通常要求顶层高扇出,中间层少扇出,底层高扇入。

表 8-2　结构图中采用的部分术语

名　称	描　述
深度	控制的层数
上级模块、从属模块	上级模块调用从属模块
宽度	结构图中体现从属关系的最大层次
扇入	调用当前模块的其他模块个数
扇出	当前模块可直接调用的模块数
原子模块	无扇出,不调用任何其他模块的模块

4. 详细设计

详细设计是对概要设计的细化,实现由全局到局部的过程,详细设计为概要设计中的每个模块确定实现的算法和局部应用的数据结构,并描述算法与数据结构的细节。

常用的详细设计工具包括流程图(PFD)、N-S 图、PAD、HIPO 图、判定表、PDL 等。

1) 流程图

流程图有 3 种基本图形:箭头表示控制流,矩形表示加工,菱形表示逻辑条件。流程图包含 5 种基本结构,任意一个程序的描述都可以由这 5 种基本结构组合而成,分别是顺序型、选择型、先判断重复型、后判断重复型和多分支选择型。图 8-15 是这 5 种基本结构的流程图。

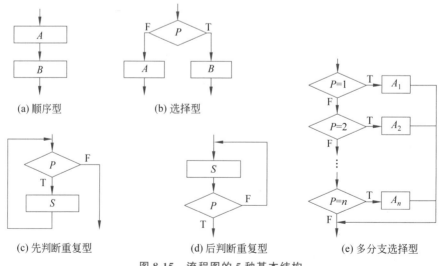

图 8-15　流程图的 5 种基本结构

2)N-S 图

N-S(Nassi Shneiderman)图是对流程图的改进,N-S 图取消了流程线,以达到简化流程图的目的,N-S 图同样具有 5 种基本结构,如图 8-16 所示。

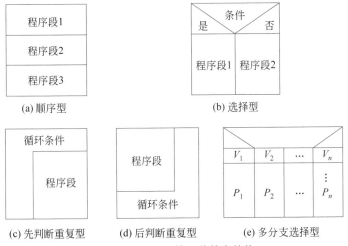

图 8-16　N-S 图的 5 种基本结构

N-S 图与流程图相比,结构更清晰、更直观,事实上 N-S 图和流程图是同构的,所有的 N-S 都可以转化为流程图,但是由于取消了流程线,所以某些可以用流程图描述的跳转语句无法使用 N-S 图描述,如 goto,C 语言中的 break、continue 等。

3)PAD

问题分析图(Problem Analysis Diagram,PAD)是一种程序结构可见性好、结构唯一、易于编制、易于检查和易于修改的详细设计表现方法,同样由 5 种基本结构组成,如图 8-17 所示。

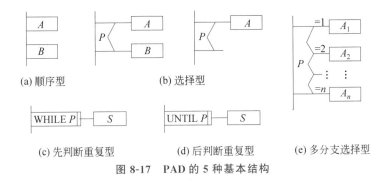

图 8-17　PAD 的 5 种基本结构

8.3.4　软件测试

软件测试是为了发现错误而执行程序的过程,是软件在投入运行前对需求分析、软件设计、程序编码的最后审核。

1. 软件测试的准则

(1)所有测试都应追溯到需求。

（2）在测试之前需要制订详细的测试计划，并严格执行测试计划。

（3）充分注意测试中的群集表现。在所测试的程序段中，如果发现的错误数目多，则残存的错误数目也比较多，这种现象称为群集表现。实践证明程序中存在错误的概率与该程序中已发现的错误数成正比，因此测试中要格外重视错误的群集表现。

（4）程序编写者不应检查自己的程序。

（5）不可能穷举测试。穷举测试是把程序所有可能的执行路径都进行检查，即使小规模程序的执行路径数也相当大，不可能穷尽。测试只能证明程序存在错误，不能证明程序中没有错误。例如，即便验证两个整数相加的正确性，如果采用穷举测试，其验证也需要 4×10^{19} 次，这几乎是不可能完成的任务。

（6）妥善保存测试计划、测试用例出错统计和最终分析报告，为后期维护提供方便。

2. 测试方法

测试方法有很多，根据测试时软件是否需要执行，可以分为动态测试和静态测试；根据是否检查软件的内部结构，可以分为黑盒测试与白盒测试。

1）静态测试

静态测试不运行软件，主要通过人工进行分析，包括代码检查、静态结构分析、代码质量度量等。目前以上步骤几乎都是通过相应的软件工具实现的，主流的工具包括代码检查工具 Coverity、C++Test、LINT 工具、KlocWork(Insight)/QAC/QAC++，代码质量度量工具 Testbed、Logiscope 等。

2）动态测试

动态测试方法是指通过运行被测程序，检查运行结果与预期结果的差异，并分析运行效率、正确性和健壮性等性能。动态测试的关键是使用设计高效、合理的测试用例。测试用例就是为测试设计的数据，由测试输入数据（输入值集）和预期的输出结果（输出值集）两部分组成。

3）白盒测试

当测试者全面了解程序内部的逻辑结构，就像测试者面对的是一个透明的盒子，完全了解程序的结构和处理过程，就可以对所有逻辑路径进行穷举测试，这里的穷举指的是软件的逻辑路径，而非数据。

白盒测试的要求：保证一个模块中的所有独立路径至少被使用一次；对所有分支结构的每条路线均需测试；在每个循环中要进行常规数据、临界数据的测试；检查内部数据结构以确保其有效性。

白盒测试主要的方法有逻辑覆盖测试和基本路径测试。

（1）逻辑覆盖测试。逻辑覆盖测试是对一系列测试过程的总称，主要是对源代码进行测试。根据覆盖源代码语句的详尽程度，可以分为以下几种覆盖层次。

① 语句覆盖：使测试程序中每个语句至少执行一次。

② 判定覆盖：不仅每个语句至少执行一次，而且每个分支语句的每条分支都要至少执行一次。

③ 条件覆盖：不仅每个语句至少执行一次，而且每个分支语句的每个条件都要取到各种可能的结果。

④ 判断/条件覆盖：设计足够的用例，使测试既能满足判定覆盖，也能满足条件覆盖。
⑤ 条件组合覆盖：设计足够的用例，使每个分支中条件的各种可能组合至少出现一次。

(2) 基本路径测试。基本路径测试根据软件过程设计的结果，首先设计相应的流图，然后计算流图的环路复杂度，根据这个复杂度确定程序中独立路径的数量，确定独立路径的基本组合，由此设计一组测试用例来覆盖这些基本路径，以保证程序中所有语句至少被测试一次。

4) 黑盒测试

黑盒测试不关注内部的逻辑结构和逻辑特征，只依据程序的需求和功能规格说明，检查程序的功能是否与它的功能声明相符。黑盒测试与白盒测试并不是对立的，黑盒测试也不能取代白盒测试，两者是互补的关系，白盒测试是逻辑的测试，黑盒测试则更注重功能的测试。通常情况下，黑盒测试在白盒测试完成后进行。

黑盒测试的目的是发现以下错误：功能不正确或功能遗漏、界面错误、数据结构或数据库访问错误、性能错误、初始化和终止条件错误。

黑盒测试的常用方法有等价划分、边界值分析和错误推测 3 种。

(1) 等价划分。根据软件规格说明书对于数据输入的要求，等价划分将所有可能的数据输入，划分成若干等价类，例如，如果规定输入范围为 0～100，则可以划分出一个有效类(范围内取值)和两个无效类(小于 0 的一类，大于 100 的一类)，划分等价类后，可以从每个等价类中只取一部分数据作为测试用例，如此既减轻了测试的强度，又保证了测试的效果。

(2) 边界值分析。边界值指的是数组下标、纯量、数据结构、循环等的边界，实践证明这类边界是最容易出现错误的地方。边界值分析取等于、稍稍小于和稍稍大于等价类边界值的数据作为测试用例，而不是随意取等价类内的典型值或者任意值。例如，上例中划分了 3 个等价类，边界值是 0 和 100，在选取测试用例时可以选取 -1、0、1、99、100、101。一般情况下，边界值分析与等价划分是联合使用的。

(3) 错误推测。错误推测是根据经验，列举程序中可能存在错误和容易发生错误的情况，并根据这些情况来选择测试用例。尽管看上去不那么科学，但实际上也是很有效的，错误群集就是这种测试的佐证。

3. 软件测试的实施

软件测试是一个连续的过程，需要经过 4 个步骤，每个步骤都是以上一个步骤为基础的。

1) 单元测试

单元测试的目标是模块，是根据源程序和详细设计说明书，对模块正确性进行检验的测试，单元测试可以采用静态分析和动态测试。

单元测试期间主要对模块的 5 个特征进行测试，包括模块接口、局部数据结构、重要的执行通路、出错处理通路和边界条件。

2) 集成测试

集成测试的目标是模块间的接口，集成测试是测试和组装软件的系统化技术，在把模块按照系统设计要求组装起来的同时进行测试。如果先把所有模块按照设计要求组合成需要的程序,然后测试,称为非递增式测试;如果逐次添加模块,添加一个模块就进行一次测试,测试完成后再添加下一个模块,则称为递增式测试。

采用递增式测试更容易确定错误的位置,方便修改,而且避免了整套软件因接口太多测试存在遗漏的可能。因此,递增式测试是集成测试比较常用的方法。

递增式测试根据模块结合方式的不同分为自顶向下集成、自底向上集成和回归测试,其中,自顶向下集成从主模块的测试开始,逐次添加各子模块;自底向上集成则从子模块开始,不断集成,最终完成主模块的功能;回归测试则要求在添加新模块后,对已测试的部分重新进行测试,以避免因添加模块而带来的新问题。

3) 确认测试

确认测试的目标是验证软件的有效性,以检查软件产品是否符合需求定义,确认测试通常采用黑盒测试。

4) 系统测试

系统测试的目标是软件整体,将通过测试确认的软件,作为整个基于计算机系统的一个元素,与计算机硬件、外部设备、支撑软件、数据和人员等其他系统元素组合在一起,在实际运行环境下对计算机系统进行一系列的集成测试和确认测试。

系统测试的具体实施一般包括功能测试、性能测试、操作测试、配置测试、外部接口测试、安全性测试等。

8.3.5 程序调试

程序调试是对测试所发现的错误进行修正的过程,通常被形象地称为排错(debug)。尽管都是对软件进行错误检查,但调试和软件测试有明显区别,软件测试主要是发现错误的存在,而调试则需要完成接下来的两个任务:第一个任务是根据软件测试所发现的错误,来确定错误发生的性质、原因,以及错误发生的具体位置;第二个任务是通过修改代码将错误排除。

1. 程序调试的基本步骤

(1) 定位错误。定位错误是一个复杂的过程,一种可能是从错误的外部表现形式入手,研究有关部分的程序,确定程序中出错位置,找出错误的内在原因;另一种情况可能无法确定出现错误的原因,此时需要调试人员根据经验猜想一个原因,并设计用例来验证它,如果验证失败,则需要重新假设,直到找到原因并确定错误的位置。

(2) 修改设计和代码,以排除错误。

(3) 进行回归测试,防止引进新的错误。

(4) 避免因程序排错而带来新的错误。

2. 程序调试的方法

程序调试的方法有很多,根据调试过程中是否执行程序,分为静态调试和动态调试。静态调试不运行程序,主要是通过程序开发人员的思维来分析源程序代码和排错,是主要的调试手段;而动态调试需要运行程序,是辅助静态调试的手段。

主要的调试方法为强行排错法、回溯法、原因排除法。原因排除法又包括演绎法、归纳法和二分法。

第 9 章　信息安全技术

随着计算机网络技术的发展,信息安全问题越来越受到人们重视,计算机网络中存储和传输的数据需要受到保护,以应对各种复杂、严峻的安全威胁。本章介绍信息安全、计算机网络安全和计算机病毒与防范方面的知识。

9.1　信息安全

信息在存储和传输中,有可能遭受第三方攻击。第三方会利用各种技术,非法窃听、截取、窜改或者破坏信息,所有这些危及信息系统安全的活动一般称为安全攻击。常见的安全攻击如下。

(1) 信息内容泄露:信息在存储和传输中,只有得到授权的用户才可以读取信息内容。而第三方利用某种攻击手段,使得信息内容被泄露或透露给某个非授权实体。

(2) 流量分析:第三方捕获某个网络数据,通过分析通信双方标志、通信频度、消息格式等信息来获取有用信息。

(3) 拒绝服务:攻击者通过发送大量信息,造成对某个设备请求的资源数量超过其能够供给的数量,从而阻止合法用户对信息或其他资源的合法访问,造成合法用户得不到应有的服务。

(4) 伪造:指一个实体冒充另一个实体。

(5) 窜改:第三方在双方通信过程中,捕获数据,对用户之间的通信消息进行修改或者改变消息顺序后发送给接收方。

(6) 重放:第三方捕获双方通信数据,将获得的信息再次发给用户,以期望获得合法用户利益。

安全攻击又分为主动攻击和被动攻击。被动攻击只对数据进行窃听和监控,获得传输信息,而不对信息做任何改动,威胁信息的保密性。消息内容泄露和流量分析就属于被动攻击,用户一般难以察觉所受的被动攻击。主动攻击则主要是窜改或者伪造信息,主动攻击对信息的完整性、可用性和真实性造成威胁,伪造、窜改、重放和拒绝服务都属于主动攻击。

信息安全是指信息在存储、处理和传输状态下能够受到保护,不因偶然和恶意的原因而遭到破坏、更改和泄露。一般来说,信息安全的内容主要包括以下 5 方面。

(1) 完整性:指信息在存储、处理和传输过程中能够防止被非法的修改和破坏,从而保持信息原样性。

(2) 保密性:指信息不应泄露给未经授权的实体和个人。信息保密性要求未经授权的用户不能使用信息,因此能够防止信息泄露,保证其不被窃取,或者即使第三者窃取了数据,窃取者也不能理解数据的真实含义。

（3）真实性：指能够对信息来源进行鉴别，防止第三者冒充，从而保证信息的真实性。

（4）可用性：指信息合法授权用户能够访问信息而不会被拒绝。

（5）不可否认性：要求为通信双方提供信息真实性鉴别的安全保障。在通信过程中，对于同一信息，收发双方均不可抵赖，这在现在规模日益扩大的电子商务中非常重要，一般通过数字签名来提供。

9.2 计算机网络安全

在网络化、数字化的信息时代，信息、计算机和网络已经成为不可分割的整体。信息采集、加工和存储是以计算机为载体，而信息共享、传输、发布则依赖网络系统。所以，信息安全包含了计算机安全和网络安全两部分。

1. 计算机安全

国际标准化组织（ISO）对计算机安全的定义：为数据处理系统采取技术的和管理的安全保护，保护计算机硬件、软件不因偶然的或恶意的原因而遭到破坏、更改、暴露。这个定义包含两方面的含义：一是计算机系统设备及相关设备应免于被破坏，即物理安全，它包括防盗、防火、防静电、防雷击和防电磁泄漏等内容；二是计算机中处理的信息完整性、保密性和可用性，即逻辑安全，它需要用口令、文件许可、加密、权限设置等方法来实现，防止黑客入侵主要依赖于计算机逻辑安全。

2. 网络安全

网络安全是指防止网络环境中数损、信息被泄露和窜改以及确保网络资源可由授权方按需使用的方法和技术。网络安全从其本质上来讲就是网络上的信息安全，因此，凡是涉及网络上信息保密性、完整性、可用性、真实性、可控性的相关技术和理论都是网络安全研究的领域。

网络安全受到的威胁包含两方面：一是对网络和系统安全威胁，包括物理侵犯（如机房侵入、设备偷窃、废物搜寻、电子干扰等）、系统漏洞（如旁路控制、程序缺陷等）、网络入侵（如窃听、截获、堵塞等）、恶意软件（如病毒、蠕虫、特洛伊木马、信息炸弹等）、存储损坏（如老化、破损等）等；二是对信息安全威胁，包括身份假冒、非法访问、信息泄露、数据受损、事后否认等。

计算机网络安全技术是保障网络信息系统安全的方法。主要包括监控、扫描、检测、加密、认证、防攻击、防病毒和审计等。其中，常用的信息安全技术有访问控制技术、加密技术、数字签名、防火墙，分别如下。

1）访问控制技术

访问控制技术是保护计算机信息系统免受非授权用户访问的技术，它是信息安全技术中最基本的安全防范措施，该技术通过用户登录和对用户授权方式实现。

系统用户一般通过用户标识和口令登录系统，因此，系统安全性取决于口令秘密性和破译口令的难度。为了加强口令秘密性，通常采用对系统数据库中存放口令进行加密的方法；为了增加口令破译难度，通常采用增加字符串长度及复杂度的方法。另外，为了防止口令被破译后给系统带来的威胁,一般要求在系统中设置用户权限,从而限制登录用户能够进行的系统操作。

2) 加密技术

加密技术是保护数据在网络传输的过程中不被窃听、窜改或伪造的技术,它是信息安全核心技术,也是关键技术。通过数据加密技术,可以在一定程度上提高数据传输的安全性和完整性。将明文(即原始数据)转换成密文(即不能直接阅读出原始数据的信息形式)的过程称为加密;将密文转换成明文的过程称为解密。一个密码系统主要由两部分组成:算法和密钥。算法即加密规则;密钥即控制明文与密文转换参数,它通常是一个随机字符串。

根据密钥类型的不同,现代加密技术一般采用两种类型:一类是对称式加密法,另一类是非对称式加密法。

对称式加密法加密和解密使用同一密钥,这种加密技术目前被广泛采用。非对称式加密法加密密钥(公钥)和解密密钥(私钥)是两个不同的密钥,两个密钥必须配对使用才有效,否则不能打开加密的文件。公钥是公开的,向外界公布,而私钥是保密的,只属于合法持有者本人所有。

3) 数字签名

数字签名是指对网上传输电子报文进行签名确认的一种方式,它是一种防止通信双方欺骗和抵赖行为的技术,即数据接收方能够鉴别发送方身份,而发送方在数据发送完成后不能否认发送过数据。数字签名必须达到如下效果:在信息通信过程中,接收方能够对第三方(可以是双方事前统一委托其解决某一问题或某一争执的仲裁者)证明其收到报文内容的真实性,而且确实由发送方发过来,同时签名还必须保证发送方发送后不能根据自己的利益否认他所发送过的报文,而接收方也不能根据自己的利益来伪造报文或签名。由此可见,数字签名的作用就是确定用户是否真实,同时提供不可否认性的功能。

在金融机构电子货币交易中,数字签名显得尤其重要。目前,数字签名已经大量应用于网上安全支付系统、电子银行系统、电子证券系统、安全邮件系统、电子订票系统、网上购物系统、网上报税等一系列电子商务应用签名认证服务。

4) 防火墙

作为全球使用范围最大的信息网,Internet 自身协议的开放性极大地方便了各种联网的计算机,拓宽了共享资源。例如,通过 Internet,企业可以从异地取回重要数据。同时又要面对 Internet 开放性带来的数据安全新挑战和新危险:客户、销售商、移动用户、异地员工和内部员工的安全访问;保护企业的机密信息不受黑客和工业间谍入侵。

防火墙是网络中使用最广泛的安全技术之一,是设置在被保护网络和外部网络之间的一道屏障,是防止网络外部恶意攻击对网络内部造成不良影响而设置的一种安全防护措施。利用防火墙技术可以在某个内部网络和网络外部之间构建网络通信监控系统,用于监控所有进出网络数据流和来访者,以达到保障网络安全的目的。

通常,安全技术上所说的防火墙,是指在两个网络之间加强访问控制的一整套装置,通常是软件和硬件组合体,该组合体负责分析、过滤经过此网关的数据包,并决定是否将它们转送到目的地,由此达到防止不希望的、未授权的通信进出被保护网络,在两个网络通信时执行一种访问控制尺度。

对企业来说,防火墙通常安装在单独计算机上,并与网络的其余部分隔开,使访问者无法直接存取内部网络的资源。而对于普通用户,通常直接安装在用户计算机上。根据防火墙分类标准的不同,防火墙可以分为很多种类型。如按产品形态划分为:软件防火墙、软硬一体化防火墙、硬件防火墙;按适用范围划分为:网络防火墙、主机防火墙;按应用技术划分为:包过滤型防火墙、应用代理型防火墙、电路层网关型防火墙。

9.3 计算机病毒与防范

9.3.1 计算机病毒的定义

计算机病毒至今尚没有国际公认的确切定义,目前使用较多的是科思博士所下的定义:计算机病毒是一种能够通过修改程序,并把自己的复制品包括在内去感染其他程序的程序。这个定义没有强调计算机病毒必须具有破坏性,而将所有进行非授权复制的程序统称为计算机病毒。我国在1994年2月18日颁布并实施了《中华人民共和国计算机信息系统安全保护条例》,该条例中的第28条是这样定义计算机病毒的:计算机病毒是指编制或者在计算机程序中插入的破坏计算机功能或者毁坏数据、影响计算机使用、并能自我复制的一组计算机指令或者程序代码。其实无论如何定义,从广义上说,凡是能引起计算机系统故障、破坏计算机数据的程序都可称为计算机病毒。

由于计算机病毒隐藏在合法程序中,因此病毒的执行也是"合法"的程序调用。人们对计算机病毒的基本认识可以归纳为以下4点。

(1) 计算机病毒是人为编制的计算机程序。
(2) 计算机病毒的运行是非授权入侵。
(3) 计算机病毒可以隐藏在可执行程序或数据文件中。
(4) 作为一种计算机程序,计算机病毒不可能直接损坏计算机硬件。

9.3.2 计算机病毒的特征

计算机病毒是一种危害计算机系统的特殊程序。它能在计算机系统中驻留、复制和传播,与生物学中的某些病毒特征类似。具体地说,计算机病毒具有以下特征。

1. 传染性

计算机病毒的传染性是指病毒具有把自身复制到其他程序中的特性。病毒可以附着在程序上,通过磁盘、光盘、计算机网络等载体进行传染,被传染的计算机又成为病毒的生存环境及新传染源。

2. 隐蔽性

计算机病毒的隐蔽性表现在两方面:一是传染的隐蔽性,大多数病毒在进行传染时速度极快,一般不具有外部表现,不易被人发现;二是病毒程序存在的隐蔽性,一般病毒程序都夹在正常程序之间,不易区别开,而一旦病毒发作出来,往往已经给计算机系统造成了不同程度的破坏。并且被病毒感染的计算机在大多数情况下仍然能够运行其部分功能,被感染的程序也能执行,用户不会感到明显异常,这便是计算机病毒的隐蔽性。

3. 潜伏性

计算机病毒的潜伏性是指计算机病毒具有依附其他媒体而寄生的能力。计算机病毒可能会长时间潜伏在计算机中,病毒发作由触发条件来确定,在触发条件不满足时,系统没有异常症状。

4. 破坏性

计算机系统被计算机病毒感染后,一旦病毒发作的条件满足时,就在计算机上表现出一定的症状。其破坏性包括:占用 CPU 时间、占用内存空间、破坏数据和文件、干扰系统正常运行。病毒破坏的严重程度取决于病毒制造者的目的和技术水平。

5. 变种性

某些病毒可以在传播过程中自动改变自己形态,从而衍生出另一种不同于原版病毒的新病毒,这种新病毒称为病毒变种。有变形能力的病毒能更好地在传播过程中隐蔽自己,使之不易被反病毒程序发现及清除。有的病毒能产生几十种变种病毒。2013 年,互联网上出现一种新型蠕虫病毒变种 Worm_Vobfus,该变种利用社会工程学原理,通过社交网站进行传播,能够诱骗计算机用户单击下载,从而感染操作系统,该变种还会通过加入垃圾代码不断生成新的变种。

6. 可激发性

计算机病毒通常需要接受外界刺激并满足其特定条件后,才会实施该程序最终的恶性攻击、破坏功能,即计算机病毒的触发机制包含预定触发条件,这些条件可以是日期、时间、文件类型、特殊数据或特殊操作。例如,黑色星期五病毒、CIH 病毒就是典型的日期触发型病毒。

7. 针对性

任何一种类型(或版本)的计算机病毒通常具有特定的感染和攻击对象,而并非会传染所有计算机系统中的所有程序。例如,挖矿木马病毒针对苹果公司 Macintosh 操作系统,蠕虫病毒针对 UNIX 操作系统,Danom 病毒针对兼容机上的 Windows Vista 操作系统。

9.3.3 计算机病毒的危害

在使用计算机时,有时会碰到一些莫名其妙的现象,如计算机无缘无故地重新启动,运行某个应用程序时突然出现死机,屏幕显示异常,硬盘的中文件数据丢失等。这些现象有可能是由硬件故障或软件配置不当引起,但多数情况下是由计算机病毒引发的,计算机病毒的危害是多方面的,归纳起来,大致可以分成如下 8 方面。

(1) 破坏硬盘主引导扇区,使计算机无法启动。

(2) 破坏文件数据,删除文件。

(3) 对磁盘或磁盘特定扇区进行格式化,使磁盘中信息丢失。

(4) 产生垃圾文件,占据磁盘空间,使磁盘空间逐渐减少。

(5) 占用 CPU 运行时间,使运行效率降低。

(6) 破坏屏幕正常显示,破坏键盘输入程序,干扰用户操作。

（7）破坏计算机网络资源，使网络系统瘫痪。
（8）破坏系统设置或对系统信息加密，使用户系统紊乱。

9.3.4 计算机病毒的分类及传播路径

根据计算机病毒不同的特性，其分类的方法也不同，常见的分类方法有如下 3 种。

1. 按病毒的感染对象分类

按病毒的感染对象分类，可以分为引导型病毒、文件型病毒、混合型病毒 3 类。

（1）引导型病毒：每次开机对磁盘进行引导时，这类病毒将自身的一部分复制到磁盘引导扇区内，然后再执行正常的引导程序，使系统带病毒工作，并伺机传染给其他文件。

（2）文件型病毒：这类病毒一般只传染可执行文件（如扩展名为 com、exe、sys 等文件以及带有宏命令的 Office 文件）。当带有病毒的文件被执行时，病毒才开始运行，伺机传染其他文件。

（3）混合型病毒：这类病毒具有以上两种病毒的特点，既可以感染磁盘引导扇区，又可以感染可执行文件。

2. 按病毒的传染方式分类

按病毒的传染方式分类，可以分为驻留型病毒和非驻留型病毒两类。

（1）驻留型病毒：这类病毒感染计算机后，每次开机都会将自身的一部分程序调入内存，病毒始终处于激活状态，直到关机或重新启动。

（2）非驻留型病毒：这类病毒激活需要一定条件，即计算机达到了病毒程序预先设定的某个要求后，病毒被执行并调入内存，病毒被激活。

3. 按病毒破坏力分类

按病毒破坏力分类，可分为良性病毒和恶性病毒两类。

（1）良性病毒：对系统没有严重影响。如浪费一些磁盘空间、降低系统工作效率、影响图像的显示、发出声响等。

（2）恶性病毒：可以破坏系统资源，对系统造成严重危害。如删除程序、破坏数据、格式化硬盘等。

从计算机病毒的传播机理分析可知，只要是能够进行数据交换的介质都可能成为计算机病毒的传播途径。目前，计算机病毒主要通过互联网、局域网、移动存储介质和光盘等途径传播。其中，随着 Internet 的不断发展壮大，计算机病毒通过互联网下载或浏览进行传播的比例与之前相比较有大幅上升，多年排在病毒传播主要途径的首位。移动存储介质，如 U 盘、移动播放器、智能手机等，也成为计算机病毒传播的主要途径。由于用户对于免费资源的危险程度认识不足，导致大量网站成为病毒传播的主要根源之一。目前，计算机病毒的传播途径最主要有两方面。

（1）通过互联网。随着互联网的风靡，Internet 成为计算机病毒的第一传播途径。Internet 带来两种安全威胁：一种威胁来自文件下载或网页浏览，这些被浏览或是被下载的文件可随之含有病毒代码；另一种威胁来自电子邮件，大多数 Internet 邮件系统提供了在网络间传送附带格式化文档邮件的功能，因此，遭受病毒的文档或文件就可能通过网关和邮件服务器涌入企业网络。网络使用的简易性和开放性使得这种威胁越来越严重。

（2）通过移动存储介质。携带病毒的移动存储介质将病毒传给与其连接的计算机系统。大量合法或非法的程序复制，在计算机上不加控制地使用各种软件造成了病毒感染、泛滥蔓延的温床。目前，使用 U 盘成为计算机病毒第二大传播途径。

计算机病毒的防范要针对病毒传播途径和病毒特点，养成良好地使用计算机的习惯，采用有目的性的防范手段。主要包括以下 3 方面。

（1）在计算机系统中安装防病毒软件，定期升级病毒库、检查计算机系统。作为防范计算机病毒方法，这是第一要素。

（2）计算机病毒的主要来源是移动存储介质和网络。因此，必须做到以下 4 点：如果要在计算机上使用外来移动存储设备，则在使用前先对移动存储设备进行病毒查杀；在网络下载软件时要小心，应谨慎地使用公共软件和共享软件，确保里面没有病毒等威胁，下载后要及时进行查杀病毒处理和木马扫描处理，也尽量避免从网络下载不知名软件、游戏等程序，下载之后也要及时查杀病毒和木马；不要打开来历不明的电子邮件，不要随意下载不明电子邮件中的附件，如需下载，在下载之后一定要及时查杀病毒和木马；尽量不使用盗版软件等有可能带来威胁的软件；尽量不要访问即时通信软件发送的不明网站，如需访问，要向对方确认后再访问，也不要随意打开即时通信软件发送来的不明文件，除非对方明确告诉文件内容。

（3）为了能够在系统感染病毒后恢复系统，应将主引导区、BOOT 区和 FAT 表做好备份，备份干净系统（整个 C 盘）。此外，应将重要数据文件经查杀病毒后备份到 U 盘、移动硬盘，或刻录到光盘中保证数据的安全性。

在计算机病毒防范中，也要注意计算机是否已经感染病毒。当计算机的启动速度较慢或者无故自动重启，工作中计算机经常出现无故死机的时候，很可能计算机已经感染病毒。当计算机启动后在运行某一正常应用软件时，系统报告内存不足，或者发现硬盘中文件的数据被窜改或丢失，甚至系统不能识别硬盘，此时计算机也可能已经被病毒感染。在这种情况下，一定要进行病毒查杀和数据恢复工作，清除计算机中的病毒。

第 10 章　计算机发展新技术

计算机技术的发展日新月异。在近几年涌现的新技术里,大数据、云计算、人工智能和量子计算是最具代表性的技术。本章将简要介绍这些新计算机技术的概念、发展和相关知识。

10.1　大数据

10.1.1　大数据的概念

大数据(big data)指无法在一定时间范围内用常规软件工具进行捕捉、管理和处理的数据集合,是需要新处理模式才能具有更强的决策力、洞察发现力和流程优化能力的海量、高增长率和多样化的信息资产。

大数据技术的战略意义不在于掌握庞大的数据信息,而在于对这些含有意义的数据进行专业化处理。换言之,如果把大数据比作一种产业,那么这种产业实现盈利的关键,在于提高对数据的"加工能力",通过"加工"实现数据的"增值"。

10.1.2　大数据的特征

大数据的特点有 4 个层面:第一,数据体量大,从 TB 级别跃升到 PB 级别;第二,数据类型繁多,如网络日志、视频、图片、地理位置信息等;第三,处理速度快,可从各种类型的数据中快速获得高价值的信息,这一点也与传统的数据挖掘技术有着本质的不同;第四,价值密度低,只要合理利用数据并对其进行准确的分析,将会带来很高的价值回报。可以归纳为 4 个 V——Volume(数据体量大)、Variety(数据类型繁多)、Velocity(处理速度快)、Value(价值密度低)。

10.1.3　大数据处理的流程

大数据处理的流程主要包括数据收集、数据预处理、数据存储和管理、数据处理与分析、数据可视化与应用等环节,其中数据质量贯穿整个大数据处理流程,每个数据处理环节都会对大数据质量产生影响作用。通常一个好的大数据产品要有大量的数据规模、快速的数据处理、精确的数据分析与预测、优秀的可视化图表以及简练易懂的结果解释,本文将基于以上环节分别分析不同阶段对大数据质量的影响及其关键影响因素。

1. 数据收集

在数据收集过程中,数据源会影响大数据质量的真实性、完整性、一致性、准确性和安全性。对于 Web 数据,多采用网络爬虫的方式进行收集,这需要对爬虫软件进行时间设置以保障收集到的数据的时效性。

2. 数据预处理

大数据采集过程中通常有一个或多个数据源，这些数据源包括同构或异构的数据库、文件系统、服务接口等，易受到噪声数据、数据值缺失、数据冲突等影响，因此需首先对收集到的大数据集合进行预处理，以保证大数据分析与预测结果的准确性与价值性。

大数据的预处理环节主要包括数据清洗、数据集成、数据归约与数据转换等，可以大大提高大数据的总体质量，是大数据过程质量的体现。

（1）数据清理技术包括对数据的不一致检测、噪声数据的识别、数据过滤与修正等方面，有利于提高大数据的一致性、准确性、真实性和可用性等方面的质量。

（2）数据集成是将多个数据源的数据进行集成，从而形成集中、统一的数据库、数据立方体等，这一过程有利于提高大数据的完整性、一致性、安全性和可用性等方面的质量。

（3）数据归约是在不损害分析结果准确性的前提下降低数据集规模，使之简化，包括维归约、数据归约、数据抽样等技术，这一过程有利于提高大数据的价值密度，即提高大数据存储的价值性。

（4）数据转换处理包括基于规则或元数据的转换、基于模型与学习的转换等技术，可通过转换实现数据统一，这一过程有利于提高大数据的一致性和可用性。

总之，数据预处理环节有利于提高大数据的一致性、准确性、真实性、可用性、完整性、安全性和价值性等方面的质量，而大数据预处理中的相关技术是影响大数据过程质量的关键因素。

3. 数据存储和管理

收集好的数据需要根据成本、格式、查询、业务逻辑等需求，存放在合适的存储器中，方便进一步的分析。

利用分布式文件系统、数据仓库、关系数据库、NoSQL 数据库、云数据库等，可以实现对结构化、半结构化和非结构化海量数据的存储和管理。

4. 数据处理与分析

1）数据处理

大数据的分布式处理技术与存储形式、业务数据类型等相关，针对大数据处理的主要计算模型有 MapReduce 分布式计算框架、分布式内存计算系统、分布式流计算系统等。MapReduce 是一个批处理的分布式计算框架，可对海量数据进行并行分析与处理，它适合对各种结构化、非结构化数据的处理。分布式内存计算系统可有效减少数据读写和移动的开销，提升大数据的处理性能。分布式流计算系统则是对数据流进行实时处理，以保障大数据的时效性和价值性。

总之，无论哪种大数据分布式处理与计算系统，都有利于提高大数据的价值性、可用性、时效性和准确性。大数据的类型和存储形式决定了其所采用的数据处理系统，而数据处理系统的性能与优劣直接影响大数据质量的价值性、可用性、时效性和准确性。因此，在进行大数据处理时，要根据大数据的类型选择合适的存储形式和数据处理系统，以实现大数据质量的最优化。

2）数据分析

大数据的分析技术主要包括已有数据的分布式统计分析技术、未知数据的分布式挖掘和深度学习技术。分布式统计分析可由数据处理技术完成,分布式挖掘和深度学习技术则在大数据分析阶段完成,包括聚类与分类、关联分析、深度学习等,可挖掘大数据集合中的数据关联性,形成对事物的描述模式或属性规则,可通过构建机器学习模型和海量训练数据提升数据分析与预测的准确性。

数据分析是大数据处理与应用的关键环节,它决定了大数据集合的价值性和可用性,以及分析预测结果的准确性。在数据分析环节,应根据大数据的应用情境与决策需求,选择合适的数据分析技术,提高大数据分析结果的可用性、价值性和准确性。

5. 数据可视化与应用

数据可视化是指将大数据分析与预测结果以计算机图形或图像的直观方式显示给用户的过程,并可与用户进行交互式处理。数据可视化技术有利于发现大量业务数据中隐含的规律性信息,以支持管理决策。数据可视化环节可大大提高大数据分析结果的直观性,便于用户理解与使用,故数据可视化是影响大数据可用性和易于理解的关键因素。

大数据应用是指将经过分析处理后挖掘得到的大数据结果应用于管理决策、战略规划等的过程,它是对大数据分析结果的检验与验证,大数据应用过程直接体现了大数据分析处理结果的价值性和可用性。大数据应用对大数据的分析处理具有引导作用。

在大数据收集、处理等一系列操作之前,通过对应用情境的充分调研、对管理决策需求信息的深入分析,可明确大数据处理与分析的目标,从而为大数据收集、存储、处理、分析等过程提供明确的方向,并保障大数据分析结果的可用性、价值性和对用户需求的满足。

10.1.4 相关技术

1. SOA 模型

SOA 的 3 个数据中心模型分别是数据即服务(DaaS)模型、物理层次结构模型和架构组件模型。DaaS 模型描述了数据是如何提供给 SOA 组件的;物理层次结构模型描述了数据是如何存储的,以及存储的层次图是如何传送到 SOA 数据存储器上的;架构组件模型描述了数据、数据管理服务和 SOA 组件之间的关系。

2. Hadoop

Hadoop 旨在通过一个高度可扩展的分布式批量处理系统,对大型数据集进行扫描,以产生其结果。Hadoop 项目包括 3 部分:Hadoop Distributed File System(HDFS)、Hadoop MapReduce 编程模型、Hadoop Common。

Hadoop 平台对于操作非常大型的数据集而言是一个强大的工具。为了抽象 Hadoop 编程模型的一些复杂性,已经出现了多个在 Hadoop 之上运行的应用开发语言。Pig、Hive 和 Jaql 是其中的代表。而除了 Java 外,还能够以其他语言编写 map 和 reduce 函数,并使用称为 Hadoop Streaming(简写为 Streaming)的 API 调用它们。

3. Streams

在 IBM InfoSphere Streams(简称 Streams)中,数据将会流过有能力操控数据流(每秒钟可能包含数百万个事件)的运算符,然后对这些数据执行动态分析。这项分析可触发大量事件,使企业利用即时的智能实时采取行动,最终改善业务成果。

当数据流过这些分析组件后,Streams 将提供运算符将数据存储至各个位置,或者如果经过动态分析某些数据被视为毫无价值,则会丢弃这些数据。人们可能会认为 Streams 与复杂事件处理(CEP)系统非常相似,不过 Streams 的设计可扩展性更高,并且支持的数据流量也比其他系统更多。此外,Streams 还具备更高的企业级特性,包括高可用性、丰富的应用程序开发工具包和高级调度。

10.2 云计算

10.2.1 云计算的概念

云计算的概念最早由 Google 公司提出,一方面是因为当时在网络拓扑图中用云来代表远程的大型网络,另一方面也用来指代通过网络应用模式来获取服务。

狭义云计算是指 IT 基础设施的交付和使用模式,指通过网络以按需、易扩展的方式获得所需的资源;广义云计算是指服务的交付和使用模式,指通过网络以按需、易扩展的方式获得所需的服务。这种服务可以是与 IT 和软件、互联网相关的服务,也可以是任意其他的服务,它具有超大规模、虚拟化、可靠安全等独特功效。

云计算一个比较全面的定义为:云计算是一种大规模分布式的计算模式,由规模经济所驱动,能够把抽象化的、虚拟化的、动态可扩展的计算、存储、平台及服务以资源池的方式管理,并通过互联网按需提供给客户。

云计算(cloud computing)是分布式计算(distributed computing)、并行计算(parallel computing)、效用计算(utility computing)、网络存储技术(network storage technologies)、虚拟化(virtualization)、负载均衡(load balancing)等传统计算机和网络技术发展融合的产物。

10.2.2 云计算的主要特征

云计算是一种按使用量付费的模式,这种模式提供可用的、便捷的、按需的网络访问,进入可配置的计算资源共享池(资源包括网络、服务器、存储、应用软件、服务),这些资源能够被快速提供,只需投入很少的管理工作,或与服务供应商进行很少的交互。

云计算具有以下 5 个主要特征。

(1) 资源配置动态化。根据消费者的需求动态划分或释放不同的物理和虚拟资源,当增加一个需求时,可通过增加可用的资源进行匹配,实现资源的快速弹性提供;如果用户不再使用这部分资源时,可释放这些资源。云计算为客户提供的这种能力是无限的,实现了 IT 资源利用的可扩展性。

(2) 需求服务自助化。云计算为客户提供自助化的资源服务,用户无须同提供商交互就可自动得到自助的计算资源能力。同时云系统为客户提供一定的应用服务目录,客户可采用自助方式选择满足自身需求的服务项目和内容。

(3) 以网络为中心。云计算的组件和整体构架由网络连接在一起并存在于网络中,同时通过网络向用户提供服务。而客户可借助不同的终端设备,通过标准的应用实现对网络的访问,从而使得云计算的服务无处不在。

(4) 服务可计量化。在提供云服务过程中,针对客户不同的服务类型,通过计量的方法来自动控制和优化资源配置。即资源的使用可被监测和控制,是一种即付即用的服务模式。

(5) 资源的池化和透明化。对云服务的提供者而言,各种底层资源(计算、存储、网络、资源逻辑等)的异构性(如果存在某种异构性)被屏蔽,边界被打破,所有的资源可以被统一管理和调度,成为"资源池",从而为用户提供按需服务;对用户而言,这些资源是透明的、无限大的,用户无须了解内部结构,只关心自己的需求是否得到满足即可。

10.2.3 云计算的分类

云计算的类型从不同的角度有不同的划分。从云计算部署的角度,云计算分为私有云、社区云、公共云和混合云。私有云被一个组织管理操作;社区云由多个组织共同管理操作,具有一致的任务调度和安全策略;公共云由一个组织管理维护,提供对外的云服务,可以被公众所拥有;混合云是以上两种或两种以上云的组合。

从云计算服务的角度,云计算服务类型可以分为基础设施即服务(Infrastructure as a Service,IaaS)、平台即服务(Platform as a Service,PaaS)、软件即服务(Software as a Service,SaaS)。

(1) IaaS 在服务层次上是底层服务,接近物理硬件资源,通过虚拟化的相关技术,为用户提供计算、存储、网络以及其他资源方面的服务,以便用户能够部署操作系统和运行软件。这一层典型的服务是亚马逊弹性计算云(Amazon elastic compute cloud)。

(2) PaaS 是构建在 IaaS 之上的服务,用户通过云服务提供的软件工具和开发语言,部署自己需要的软件运行环境和配置。用户不必控制底层的网络、存储、操作系统等技术问题,底层服务对用户是透明的,这一层服务是软件的开发和运行环境。这一层服务是一个开发、托管网络应用程序的平台,代表性的服务有谷歌应用程序引擎(google App engine)和 Microsoft Azure。

(3) SaaS 是前两层服务所开发的软件应用,不同用户以简单客户端的方式调用该层服务,如以浏览器的方式调用服务。用户可以根据自己的实际需求,通过网络向提供商定制所需的应用软件服务,按服务多少和时间长短支付费用。最早提供该服务模式的是Saleforce 公司运行的客户关系管理(CRM)系统,它是在该公司 PaaS 层 force.com 平台之上开发的 SaaS。Google 的在线办公软件(如文档、表格、幻灯片)处理也采用 SaaS 服务模式。

10.3 人工智能

10.3.1 人工智能的概念

人工智能(Artificial Intelligence,AI)是研究、开发用于模拟、延伸和扩展人的智能的理论、方法、技术及应用系统的一门新的技术科学。

人工智能是计算机科学的一个分支,它企图了解智能的实质,并生产出一种新的能以人类智能相似的方式做出反应的智能机器,该领域的研究包括机器人、语言识别、图像识别、自然语言处理和专家系统等。

人工智能自20世纪70年代以来被称为世界三大尖端技术(空间技术、能源技术、人工智能)之一,也被认为是21世纪三大尖端技术(基因工程、纳米科学、人工智能)之一。近30年来它获得了迅速的发展,在很多学科领域都获得了广泛应用,并取得了丰硕的成果,人工智能已逐步成为一个独立的分支,无论在理论和实践上都已经自成一个系统。

10.3.2 人工智能的发展

1942年,美国科幻巨匠阿西莫夫提出"机器人三定律",后来成为学术界默认的研发原则。

1956年,达特茅斯会议上,科学家们探讨用机器模拟人类智能等问题,并首次提出了人工智能的术语,AI(人工智能)的名称和任务得以确定,同时出现了最初的成就和最早的一批研究者。

1959年,德沃尔与美国发明家约瑟夫·英格伯格联手制造出第一台工业机器人。随后,成立了世界上第一家机器人制造工厂——Unimation公司。

1965年,约翰·霍普金斯大学应用物理实验室研制出Beast机器人。它已经能通过声呐系统、光电管等装置,根据环境校正自己的位置。

1968年,美国斯坦福研究所公布它们研发成功的机器人Shakey。它带有视觉传感器,能根据人的指令发现并抓取积木,不过控制它的计算机有一个房间那么大,可以算是世界第一台智能机器人。

1997年,IBM公司研制的深蓝(Deep Blue)计算机战胜了国际象棋大师卡斯帕罗夫(Kasparov)。

2002年,第一台家用机器人诞生。美国iRobot公司推出了吸尘器机器人Roomba,它能避开障碍,自动设计行进路线,还能在电量不足时,自动驶向充电座。Roomba是目前世界上销量较大的家用机器人。

2014年,在英国皇家学会举行的"2014图灵测试"大会上,尤金·古斯特曼(Eugene Goostman)聊天软件首次通过了图灵测试,预示着人工智能进入全新时代。

2016年3月,AlphaGo对战世界围棋冠军、职业九段选手李世石,并以4∶1的总比分获胜。

10.3.3 人工智能的相关技术

用来研究人工智能的主要物质基础以及能够实现人工智能技术平台的机器就是计算机,人工智能的发展历史是与计算机科学技术的发展史联系在一起的。除了计算机科学以外,人工智能还涉及信息论、控制论、自动化、仿生学、生物学、心理学、数理逻辑、语言学、医学和哲学等多门学科。人工智能学科研究的主要内容包括知识表示、自动推理和搜索方法、机器学习和知识获取、知识处理系统、自然语言理解、计算机视觉、智能机器人、自动程序设计等方面。

1. 研究方法

如今没有统一的原理或范式指导人工智能研究。在许多问题上,研究者都存在争论。其中,几个长久以来仍没有结论的问题如下:是否应从心理或神经方面模拟人工智能或者像鸟类生物学对于航空工程一样,人类生物学对于人工智能研究是没有关系的?智能行为能否用简单的原则(如逻辑或优化)来描述?还是必须解决大量完全无关的问题?人工智能是否可以使用高级符号表达(如词和想法?)还是需要"子符号"的处理?John Haugeland 提出了 GOFAI(有效的老式人工智能)的概念,也提议人工智能应归类为 Synthetic Intelligence,这个概念后来被某些非 GOFAI 研究者采纳。

1) 大脑模拟:控制论和计算神经科学

20 世纪 40—50 年代,许多研究者探索神经病学、信息理论及控制论之间的联系。其中还制造出一些使用电子网络构造的初步智能,如 W. Grey Walter 的 Turtles 和 Johns Hopkings Beast。这些研究者还经常在普林斯顿大学和英国的 Ration Club 举行技术协会会议。直到 1960 年,大部分人已经放弃这个方法,但是在 20 世纪 80 年代再次提出这些原理。

2) 符号处理:GOFAI

20 世纪 50 年代,数字计算机研制成功,研究者开始探索人类智能是否能简化成符号处理。研究主要集中在卡内基·梅隆大学、斯坦福大学和麻省理工学院,而它们各自有独立的研究风格。John Haugeland 称这些方法为 GOFAI。20 世纪 60 年代,符号方法在小型证明程序上模拟高级思考有很大成就。基于控制论或神经网络的方法则置于次要。20 世纪 60—70 年代的研究者确信符号方法最终可以成功创造强人工智能的机器,同时这也是他们的目标。

认知模拟经济学家赫伯特·西蒙和艾伦·纽厄尔研究人类问题解决能力和尝试将其形式化,同时他们为人工智能的基本原理打下基础,如认知科学、运筹学和经营科学。他们的研究团队使用心理学实验的结果开发模拟人类解决问题方法的程序。该方法一直在卡内基·梅隆大学沿袭下来,并在 20 世纪 80 年代于 SOAR 发展到高峰。基于逻辑,不像艾伦·纽厄尔和赫伯特·西蒙,John McCarthy 认为机器不需要模拟人类的思想,而应尝试找到抽象推理和解决问题的本质,不管人们是否使用同样的算法。他在斯坦福大学的实验室致力于使用形式化逻辑解决多种问题,包括知识表示、智能规划和机器学习。致力于逻辑方法的还有爱丁堡大学,而促成欧洲的其他地方开发编程语言 Prolog 和逻辑编程科学。"反逻辑"斯坦福大学的研究者(如马文·明斯基和西摩尔·派普特)发现要解决计算机视觉和自然语言处理的困难问题,需要专门的方案,他们主张不存在简单和通用原理(如逻辑)能够达到所有的智能行为。Roger Schank 描述他们的"反逻辑"方法为 SCRUFFY。常识知识库(如 Doug Lenat 的 CYC)就是 SCRUFFY AI 的例子,因为他们必须人工一次编写一个复杂的概念。基于知识,大约在 1970 年出现大容量内存计算机,研究者分别以 3 个方法开始把知识构造成应用软件。这场"知识革命"促成专家系统的开发与计划,这是第一个成功的人工智能软件形式。"知识革命"同时让人们意识到许多简单的人工智能软件可能需要大量的知识。

3) 子符号法

20 世纪 80 年代,符号处理人工智能停滞不前,很多人认为符号处理系统永远不可能模仿人类所有的认知过程,特别是感知、机器人、机器学习和模式识别。很多研究者开始关注子符号方法解决特定的人工智能问题。

自下而上,接口 Agent、嵌入环境(机器人)、行为主义、新式 AI 机器人领域相关的研究者,如 Rodney Brooks,他否定符号人工智能,而专注于机器人移动和求生等基本的工程问题。他们的工作再次关注早期控制论研究者的观点,同时提出在人工智能中使用控制理论。这与认知科学领域中的表征感知论点一致:更高的智能需要个体的表征(如移动、感知和形象)。计算智能在 20 世纪 80 年代 David Rumelhart 等再次提出神经网络和联结主义。这与其他的子符号法(如模糊控制和进化计算)都属于计算智能学科的研究范畴。

4) 统计学法

20 世纪 90 年代,人工智能研究发展出复杂的数学工具来解决特定的分支问题。这些工具是真正的科学方法,即这些方法的结果是可测量的和可验证的,同时也是人工智能成功的原因。共用的数学语言也允许已有学科的合作(如数学、经济学或运筹学)。Stuart J.Russell 和 Peter Norvig 指出这些进步不亚于"革命"和"NEATS 的成功"。有人批评这些技术太专注于特定的问题,而没有考虑长远的强人工智能目标。

5) 集成方法

智能 Agent 是一个会感知环境并做出行动以达到目标的系统。最简单的智能 Agent 是那些可以解决特定问题的程序。更复杂的 Agent 包括人类和人类组织(如公司)。这些范式可以让研究者研究单独的问题和找出有用且可验证的方案,而不需考虑单一的方法。一个解决特定问题的 Agent 可以使用任何可行的方法——一些 Agent 用符号方法和逻辑方法,一些 Agent 则是子符号神经网络或其他新的方法。范式同时也给研究者提供一个与其他领域沟通的共同语言——如决策论和经济学(也使用 Abstract Agents 的概念)。20 世纪 90 年代,智能 Agent 范式被广泛接受。Agent 体系结构和认知体系结构研究者设计出一些系统来处理多 Agent 系统中智能 Agent 之间的相互作用。一个系统中包含符号和子符号部分的系统称为混合智能系统,而对这种系统的研究则是人工智能系统集成。分级控制系统则给反应级别的子符号 AI 和最高级别的传统符号 AI 提供桥梁,同时放宽了规划和世界建模的时间。Rodney Brooks 的 Subsumption Architecture 就是一个早期的分级系统计划。

2. 思维模拟

人工智能就其本质而言,是对人的思维的信息过程的模拟。

对于人的思维模拟可以从两条道路进行:一是结构模拟,仿照人脑的结构机制,制造出"类人脑"的机器;二是功能模拟,暂时撇开人脑的内部结构,而从其功能过程进行模拟。现代电子计算机的产生便是对人脑思维功能的模拟,是对人脑思维的信息过程的模拟。

弱人工智能如今不断地迅猛发展,尤其是 2008 年经济危机后,美日欧希望借机器人等实现再工业化,工业机器人以比以往任何时候更快的速度发展,更加带动了弱人工智能和相关领域产业的不断突破,很多必须用人来做的工作如今已经能用机器人实现。

而强人工智能则暂时处于瓶颈,还需要科学家们和人类的努力。

3. 实现方法

人工智能在计算机上实现有两种不同的方式。一种是采用传统的编程技术,使系统呈现智能的效果,而不考虑所用方法是否与人或动物机体所用的方法相同。这种方法叫工程学方法(engineering approach),它已在一些领域内做出了成果,如文字识别、计算机下棋等。另一种是模拟法(modeling approach),它不仅要看效果,还要求实现方法也和人类或生物机体所用的方法相同或相类似。遗传算法(Generic Algorithm,GA)和人工神经网络(Artificial Neural Network,ANN)均属后一类型。

10.3.4 人工智能的分支

人工智能主要有如下 3 个分支。

1. 认知 AI

认知 AI(cognitive AI)是最受欢迎的一个人工智能分支,负责所有感觉"像人一样"的交互。认知 AI 能够轻松地处理复杂性和二义性,同时还能持续不断地在数据挖掘、NLP(自然语言处理)和智能自动化的经验中学习。

现在人们越来越倾向于认为认知 AI 混合了人工智能做出的最好决策和人类工作者们的决定,用于监督更棘手或不确定的事件。这可以帮助扩大人工智能的适用性,并生成更快、更可靠的答案。

2. 机器学习 AI

机器学习 AI(machine learning AI)应用的例子是能在高速公路上自动驾驶特斯拉的那种人工智能。它还处于计算机科学的前沿,但将来有望对日常工作场所产生极大的影响。机器学习是要在大数据中寻找一些"模式",然后在没有过多的人为解释的情况下,用这些模式来预测结果,而这些模式在普通的统计分析中是看不到的。

然而机器学习需要 3 个关键因素才能有效。

1) 数据(大量的数据)

为了教给人工智能新的技巧,需要将大量的数据输入给模型,用于实现可靠的输出评分。例如,特斯拉已经向其汽车部署了自动转向特征,同时发送它所收集的所有数据、驾驶员的干预措施、成功逃避、错误警报等到总部,从而在错误中学习并逐步锐化感官。一个产生大量输入的好方法是通过传感器,无论你的硬件是内置的,如雷达、相机、方向盘(如果它是一辆汽车)等,还是你倾向于物联网(Internet of Things,IoT)。蓝牙信标、健康跟踪器、智能家居传感器、公共数据库等只是越来越多的通过互联网连接的传感器中的一小部分,这些传感器可以生成大量数据。

2) 发现

为了理解数据和克服噪声,机器学习使用的算法可以对混乱的数据进行排序、切片并转换成可理解的见解。

从数据中学习的算法有两种:无监督算法和有监督算法。

(1) 无监督算法只处理数字和原始数据,因此没有建立起可描述性标签和因变量。该算法的目的是找到一个人们没想到会有的内在结构。这对于深入了解市场细分、相关性、离群值等非常有用。

(2) 有监督算法通过标签和变量知道不同数据集之间的关系,使用这些关系来预测未来的数据。这可能在气候变化模型、预测分析、内容推荐等方面都能派上用场。

3) 部署

机器学习需要从计算机科学实验室进入到软件当中。例如像 CRM、Marketing、ERP 等的供应商,正在提高嵌入式机器学习或与提供它的服务紧密结合的能力。

3. 深度学习 AI

如果机器学习是前沿的,那么深度学习 AI(deep learning AI)则是尖端的。这是一种会把人们送去参加智力问答的 AI。它将大数据和无监督算法的分析相结合。它的应用通常围绕着庞大的未标记数据集,这些数据集需要结构化成互连的群集。深度学习的这种灵感完全来自人们大脑中的神经网络,因此可恰当地称其为人工神经网络。

深度学习是许多现代语音和图像识别方法的基础,并且与以往提供的非学习方法相比,随着时间的推移具有更高的准确度。

希望在未来,深度学习 AI 可以自主回答客户的咨询,并通过聊天或电子邮件完成订单。或者它们可以基于其巨大的数据池在建议新产品和规格上帮助营销。或者也许有一天它们可以成为工作场所里的全方位助理,完全模糊机器人和人类之间的界限。

人工智能通过在其上使用的数据规模来生存和改进,这意味着不但我们能够随着时间的推移看到更好的人工智能,而且它们的发展将会围绕着那些可以挖掘最大数据集的组织。

10.4 量子计算

10.4.1 基本原理

量子力学态叠加原理使得量子信息单元的状态可以处于多种可能性的叠加状态,从而导致量子信息处理从效率上相比于经典信息处理具有更大潜力。普通计算机中的 2 位寄存器在某一时间仅能存储 4 个二进制数(00、01、10、11)中的一个,而量子计算机中的 2 位量子位(qubit)寄存器可同时存储这 4 种状态的叠加状态。随着量子位数目的增加,对于 n 个量子位而言,量子信息可以处于 2 种可能状态的叠加,配合量子力学演化的并行性,可以展现比传统计算机更快的处理速度。

1. 量子位

量子位是量子计算的理论基石。在常规计算机中,信息单元用二进制的 1 位来表示,它不是处于 0 态就是处于 1 态。在二进制量子计算机中,信息单元称为量子位,它除了处于 0 态或 1 态外,还可处于叠加态(superposed state)。

叠加态是 0 态和 1 态的任意线性叠加,它既可以是 0 态又可以是 1 态,0 态和 1 态各以一定的概率同时存在。通过测量或与其他物体发生相互作用而呈现出 0 态或 1 态。任何两态的量子系统都可用来实现量子位,例如,氢原子中的电子的基态(ground state)和第 1 激发态(first excited state)、质子自旋在任意方向的 $+1/2$ 分量和 $-1/2$ 分量、圆偏振光的左旋和右旋等。

一个量子系统包含若干粒子，这些粒子按照量子力学的规律运动，称此系统处于态空间的某种量子态。这里所说的态空间是指由多个本征态（eigenstate，即基本量子态）所组成的矢量空间，基本量子态简称基本态（basic state）或基矢（basic vector）。态空间可用 Hilbert 空间（线性复向量空间）来表述，即 Hilbert 空间可以表述量子系统的各种可能的量子态。为了便于表示和运算，Dirac 提出用符号 $|x\rangle$ 来表示量子态，$|x\rangle$ 是一个列向量，称为 ket；它的共轭转置（conjugate transpose）用 $\langle x|$ 表示，$\langle x|$ 是一个行向量，称为 bra。一个量子位的叠加态可用二维 Hilbert 空间（即二维复向量空间）的单位向量来描述。

2. 叠加原理

把量子考虑成磁场中的电子。电子的旋转可能与磁场一致，称为上旋转状态，或者与磁场相反，称为下旋转状态。如果我们在消除外界影响的前提下，用一份能量脉冲能将下自旋态翻转为上自旋态；那么，我们用一半的能量脉冲，将会把下自旋状态制备到一种下自旋与上自旋叠加的状态上（处在每种状态上的概率为 50%）。对于 n 个量子位而言，它可以承载 2^n 个状态的叠加状态。而量子计算机的操作过程被称为幺正演化，幺正演化将保证每种可能的状态都以并行的方式演化。这意味着量子计算机如果有 500 个量子位，则量子计算的每一步都会对 2^{500} 种可能性同时做出了操作。2^{500} 是一个可怕的数，它比地球上已知的原子数还要多（这是真正的并行处理，当今的经典计算机，并行处理器仍然是一次只做一件事情）。

10.4.2 量子计算的发展

1. 概念的提出

量子计算（quantum computation）的概念最早由 P.Benioff 于 20 世纪 80 年代初期提出，他提出二能阶的量子系统可以用来仿真数字计算；随后，费曼也对这个问题产生兴趣而着手研究，并在 1981 年于麻省理工学院举行的 First Conference on Physics of Computation 中做了一场演讲，勾勒出以量子现象实现计算的愿景。1985 年，牛津大学的 D. Deutsch 提出量子图灵机（quantum Turing machine）的概念，量子计算才开始具备了数学的基本形式。然而上述的量子计算研究多半局限于探讨计算的物理本质，还停留在相当抽象的层次，尚未进一步跨入发展算法的阶段。

2. 中期发展

1994 年，贝尔实验室的应用数学家 P. Shor 指出，相对于传统电子计算器，利用量子计算可以在更短的时间内将一个很大的整数分解成质因子的乘积。这个结论开启量子计算的一个新阶段：有别于传统计算法则的量子算法（quantum algorithm）确实有其实用性，绝非科学家口袋中的戏法。自此之后，新的量子算法陆续被提出来，而物理学家接下来所面临的重要的课题之一，就是如何去建造一部真正的量子计算器，来执行这些量子算法。许多量子系统都曾被点名作为量子计算器的基础架构，例如光子的偏振（photon polarization）、腔量子电动力学（Cavity Quantum Electrodynamics，CQED）、离子阱（ion trap）以及核磁共振（Nuclear Magnetic Resonance，NMR）等。截至 2017 年，考虑到系统的可扩展性和操控精度等因素，离子阱与超导系统走在了其他物理系统的前面。

3. 最新发展

加拿大量子计算公司 D-Wave 于 2011 年 5 月 11 日正式发布了全球第一款商用型量子计算机 D-Wave One。D-Wave 公司的口号就是——"Yes, you can have one."。D-Wave On 采用了 128qubit(量子位)的处理器,理论运算速度已经远远超越现有的任何超级电子计算机。严格说这不是真正意义的通用量子计算机,只是能用一些量子力学方法解决特殊问题的机器。通用任务方面,它还远不是传统硅处理器的对手,而且编程方面也需要重新学习。另外,为尽可能降低 qubit 的能级,需要利用低温超导状态下的铌产生 qubit,D-Wave 的工作温度需保持在绝对零度附近。

2016 年 8 月,中国科学技术大学的量子信息重点实验室李传锋教授研究组首次研制出非局域量子模拟器,并且模拟了宇称-时间(Parity-Time,PT)世界中的超光速现象。这一实验充分展示了非局域量子模拟器在研究量子物理问题中的重要作用。

2017 年 1 月,D-Wave 公司推出 D-Wave 2000Q,它声称该系统由 2000qubit 构成,可以用于求解最优化、网络安全、机器学习和采样等问题。对于一些基准问题测试,如最优化问题和基于机器学习的采样问题,D-Wave 2000Q 胜过当前高度专业化的算法 1000~10 000 倍。

2018 年 10 月 12 日,华为公司公布了在量子计算领域的最新进展:量子计算模拟器 HiQ 云服务平台问世,平台包括 HiQ 量子计算模拟器与基于模拟器开发的 HiQ 量子编程框架两部分,这是这家公司在量子计算基础研究层面迈出的第一步。

量子计算将有可能使计算机的计算能力大大超过今天的计算机,但仍然存在很多障碍。大规模量子计算所存在的一个问题是提高所需量子装置的准确性有困难。

附录 A　全国计算机等级考试二级 MS Office 高级应用考试大纲（2023 年版）

基本要求

1. 正确采集信息并能在文字处理软件 Word、电子表格软件 Excel、演示文稿制作软件 PowerPoint 中熟练应用。
2. 掌握 Word 的操作技能，并熟练应用编制文档。
3. 掌握 Excel 的操作技能，并熟练应用进行数据计算及分析。
4. 掌握 PowerPoint 的操作技能，并熟练应用制作演示文稿。

考试内容

一、Microsoft Office 应用基础

1. Office 应用界面使用和功能设置。
2. Office 各模块之间的信息共享。

二、Word 的功能和使用

1. Word 的基本功能，文档的创建、编辑、保存、打印和保护等基本操作。
2. 设置字体和段落格式、应用文档样式和主题、调整页面布局等排版操作。
3. 文档中表格的制作与编辑。
4. 文档中图形、图像（片）对象的编辑和处理，文本框和文档部件的使用，符号与数学公式的输入与编辑。
5. 文档的分栏、分页和分节操作，文档页眉、页脚的设置，文档内容引用操作。
6. 文档的审阅和修订。
7. 利用邮件合并功能批量制作和处理文档。
8. 多窗口和多文档的编辑，文档视图的使用。
9. 控件和宏功能的简单应用。
10. 分析图文素材，并根据需求提取相关信息引用到 Word 文档中。

三、Excel 的功能和使用

1. Excel 的基本功能，工作簿和工作表的基本操作，工作视图的控制。
2. 工作表数据的输入、编辑和修改。
3. 单元格格式化操作，数据格式的设置。
4. 工作簿和工作表的保护、版本比较与分析。
5. 单元格的引用，公式、函数和数组的使用。
6. 多个工作表的联动操作。
7. 迷你图和图表的创建、编辑与修饰。

8. 数据的排序、筛选、分类汇总、分组显示和合并计算。

9. 数据透视表和数据透视图的使用。

10. 数据的模拟分析、运算与预测。

11. 控件和宏功能的简单应用。

12. 导入外部数据并进行分析，获取和转换数据并进行处理。

13. 使用 Power Pivot 管理数据模型的基本操作。

14. 分析数据素材，并根据需求提取相关信息引用到 Excel 文档中。

四、PowerPoint 的功能和使用

1. PowerPoint 的基本功能和基本操作，幻灯片的组织与管理，演示文稿的视图模式和使用。

2. 演示文稿中幻灯片的主题应用、背景设置、母版制作和使用。

3. 幻灯片中文本、图形、SmartArt、图像（片）、图表、音频、视频、艺术字等对象的编辑和应用。

4. 幻灯片中对象动画、幻灯片切换效果、链接操作等交互设置。

5. 幻灯片放映设置，演示文稿的打包和输出。

6. 演示文稿的审阅和比较。

7. 分析图文素材，并根据需求提取相关信息引用到 PowerPoint 文档中。

考试方式

上机考试，考试时长 120 分钟，满分 100 分。

一、题型及分值

单项选择题 20 分（含公共基础知识部分[①] 10 分）；

Word 操作 30 分；

Excel 操作 30 分；

PowerPoint 操作 20 分。

二、考试环境

操作系统：中文版 Windows 7。

考试环境：Microsoft Office 2016。

[①] 公共基础知识部分内容详见高等教育出版社出版的《全国计算机等级考试二级教程——公共基础知识》。

参 考 文 献

[1] 张秋余,张聚礼.软件工程[M].西安:西安电子科技大学出版社,2014.
[2] 林子雨.大数据基础编程、实验和案例教程[M].北京:清华大学出版社,2017.
[3] 李国杰.信息科学技术的长期发展趋势和我国的战略取向[J].中国科学:信息科学,2010,40(1): 128-138.
[4] 张莉.大学计算机基础教程[M].北京:清华大学出版社,2013.
[5] 山东省地方税务局.税务信息化基础及应用[M].北京:中国税务出版社,2012.
[6] 赵勇.架构大数据——大数据技术及算法解析[M].北京:清华大学出版社,2015.
[7] 朝乐门.数据科学理论与实践[M].北京:清华大学出版社,2017.
[8] 张赵管,李应勇,刘经天.大学计算机应用基础(Windows 7+Office 2010)[M].天津:南开大学出版社,2013.
[9] 汤小丹,梁红兵,哲凤屏,等.计算机操作系统[M].西安:西安电子科技大学出版社,2007.
[10] 赵建敏,张海娜,郭燕,等.Windows 7 案例教程[M].北京:航空工业出版社,2012.
[11] 赵江.Windows 7 从入门到精通[M].北京:电子工业出版社,2009.
[12] 丛书编委会.计算机应用基础——Windows 7+Office 2010[M].北京:清华大学出版社,2011.
[13] 高万萍,吴玉萍,叶强,等.计算机应用基础教程(Windows 7,Office 2010)[M].北京:清华大学出版社,2013.
[14] 高万萍,吴玉萍,叶强,等.计算机应用基础实训指导(Windows 7,Office 2010)[M].北京:清华大学出版社,2013.
[15] 宋翔.Office 2010 办公专家从入门到精通[M].北京:北京希望电子出版社,2010.
[16] 华诚科技.Office 2010 从入门到精通[M].北京:机械工业出版社,2011.
[17] WEISS M A.数据结构与算法分析:Java 语言描述[M].冯舜玺,译.2 版.北京:机械工业出版社,2004.
[18] 萨默维尔.软件工程[M].程成,等译.北京:机械工业出版社,2011.
[19] 张海藩,吕云翔.软件工程[M].北京:人民邮电出版社,2013.
[20] 张海藩,牟永敏.软件工程导论[M].6 版.北京:清华大学出版社,2013.
[21] 张海藩.软件工程[M].3 版.北京:人民邮电出版社,2010.
[22] 尤晓东,闫俐,叶向,等.大学计算机应用基础[M].3 版.北京:中国人民大学出版社,2013.
[23] 尤晓东,闫俐,叶向,等.大学计算机应用基础习题与实验指导[M].2 版.北京:中国人民大学出版社,2011.
[24] 王作鹏,殷慧文.PowerPoint 2010 从入门到精通[M].北京:人民邮电出版社,2013.
[25] 宋翔.Office 2010 办公专家从入门到精通[M].北京:北京希望电子出版社,2010.
[26] 丁喜纲.计算机网络技术基础项目化教程[M].北京:北京大学出版社,2011.
[27] 李松树,周利民,付开耀.大学计算机基础[M].长沙:国防科技大学出版社,2010.
[28] 鄢涛,刘容.大学计算机基础教程[M].北京:科学出版社,2012.
[29] 宋耀文.新编计算机基础教程[M].北京:清华大学出版社,2014.
[30] 尹琳,张春燕.计算机基础教程[M].重庆:重庆大学出版社,2016.
[31] 张晓芳,王志海,张磊.大学计算机基础[M].北京:北京邮电大学出版社,2017.
[32] 汪文斌.移动互联网[M].武汉:武汉大学出版社,2013.

[33] 潘银松,颜烨.大学计算机基础[M].重庆:重庆大学出版社,2017.
[34] 教育部考试中心.全国计算机等级考试二级教程 MS Office 高级应用(2018 年版)[M].北京:高等教育出版社,2017.
[35] 教育部考试中心.全国计算机等级考试二级教程 MS Office 高级应用上机指导(2018 年版)[M].北京:高等教育出版社,2017.
[36] 严蔚敏,李冬梅.数据结构(C 语言版)[M].北京:清华大学出版社,2011.
[37] 陈越,何钦铭,等. 数据结构[M].北京:高等教育出版社,2012.
[38] 王红梅,胡明,王涛.数据结构(C++版)[M].2 版.北京:清华大学出版社,2011.

图书资源支持

感谢您一直以来对清华版图书的支持和爱护。为了配合本书的使用,本书提供配套的资源,有需求的读者请扫描下方的"书圈"微信公众号二维码,在图书专区下载,也可以拨打电话或发送电子邮件咨询。

如果您在使用本书的过程中遇到了什么问题,或者有相关图书出版计划,也请您发邮件告诉我们,以便我们更好地为您服务。

我们的联系方式:

清华大学出版社计算机与信息分社网站:https://www.shuimushuhui.com/

地　　址:北京市海淀区双清路学研大厦 A 座 714

邮　　编:100084

电　　话:010-83470236　010-83470237

客服邮箱:2301891038@qq.com

QQ:2301891038(请写明您的单位和姓名)

资源下载:关注公众号"书圈"下载配套资源。

书　圈

清华计算机学堂

观看课程直播